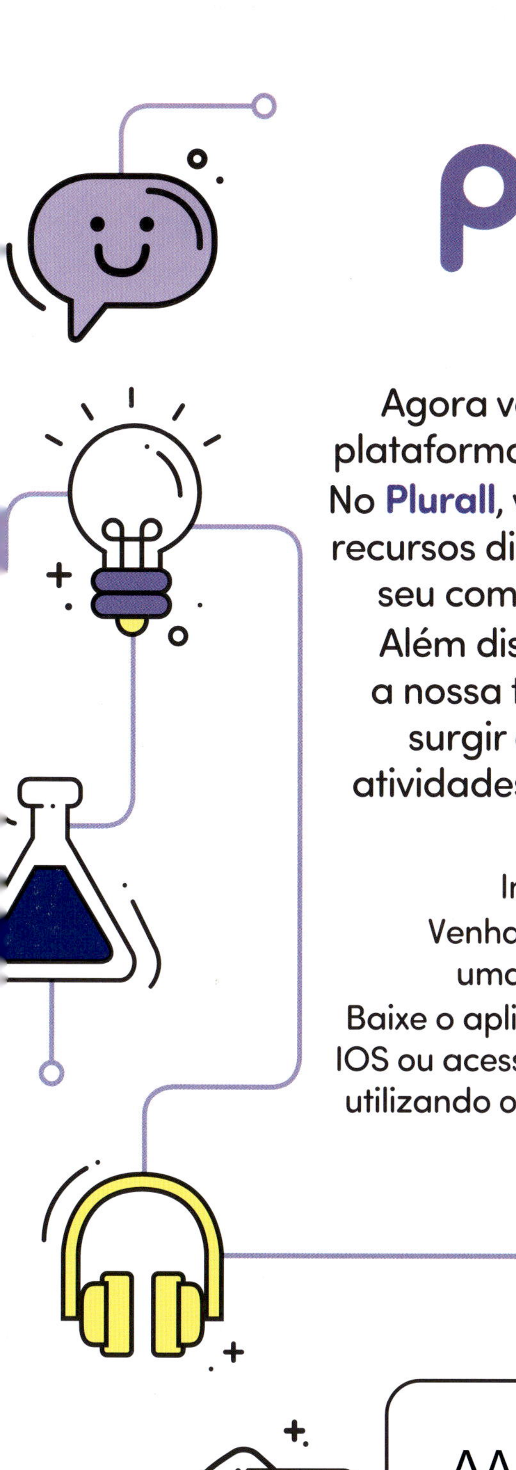

plurall

Parabéns!
Agora você faz parte do **Plurall**, a plataforma digital do seu livro didático!
No **Plurall**, você tem acesso gratuito aos recursos digitais deste livro por meio do seu computador, celular ou *tablet*.
Além disso, você pode contar com a nossa tutoria *on-line* sempre que surgir alguma dúvida sobre as atividades e os conteúdos deste livro.

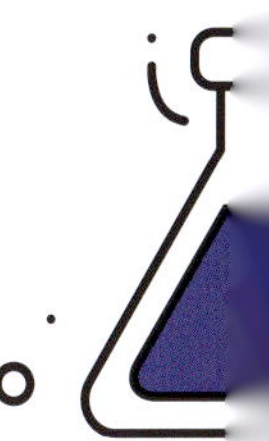

Incrível, não é mesmo?
Venha para o **Plurall** e descubra uma nova forma de estudar!
Baixe o aplicativo do **Plurall** para Android e IOS ou acesse **www.plurall.net** e cadastre-se utilizando o seu código de acesso exclusivo:

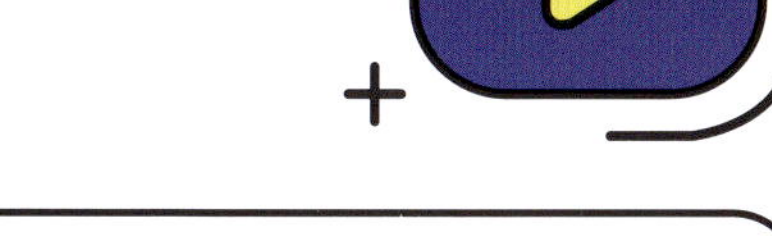

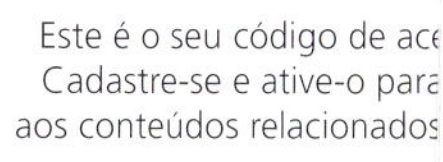

AAAGT2YPW

Este é o seu código de ace
Cadastre-se e ative-o para
aos conteúdos relacionados

 @plurallnet

 @plurallnetoficial

Os cinco domínios estão alinhados com as competências gerais da BNCC[3], das quais as três ıltimas (8, 9 e 10) são as que mais explicitamente procuram promover o desenvolvimento so- ioemocional. O quadro abaixo explicita essa relação:

COMPETÊNCIA SOCIOEMOCIONAL	COMPETÊNCIA GERAL DA BNCC
AUTOCONHECIMENTO AUTORREGULAÇÃO	8. Conhecer-se, apreciar-se e cuidar de sua saúde física e emocional, compreendendo-se na diversidade humana e reconhecendo suas emoções e as dos outros, com autocrítica e capacidade para lidar com elas.
PERCEPÇÃO SOCIAL COMPETÊNCIA DE RELACIONAMENTO	9. Exercitar a empatia, o diálogo, a resolução de conflitos e a cooperação, fazendo-se respeitar e promovendo o respeito ao outro e aos direitos humanos, com acolhimento e valorização da diversidade de indivíduos e de grupos sociais, seus saberes, identidades, culturas e potencialidades, sem preconceitos de qualquer natureza.
TOMADA DE DECISÃO RESPONSÁVEL	10. Agir pessoal e coletivamente com autonomia, responsabilidade, flexibilidade, resiliência e determinação, tomando decisões com base em princípios éticos, democráticos, inclusivos, sustentáveis e solidários.

ıA PRÁTICA

Escola e família devem ser parceiras na promoção do desenvolvimento socioemocional das ianças, adolescentes e jovens. Para isso, é importante que existam políticas públicas e práticas ıe levem em consideração o desenvolvimento integral dos estudantes em todos os espaços e mpos escolares, apoiadas e intensificadas por outros espaços de convivência.

Professoras e professores já incorporam em suas práticas pedagógicas aspectos que pro- ovem competências socioemocionais, ou de forma intuitiva ou intencional. Ao trazermos luz ıra o tema nesta coleção, buscamos garantir espaço nos processos de ensino e de aprendi- gem para que esse desenvolvimento aconteça de modo proposital, por meio de interações anejadas, e de forma integrada ao currículo, tornando-se ainda mais significativo para os tudantes.

Ao longo do material, professoras e professores dos diferentes componentes curriculares ɔderão promover experiências de desenvolvimento socioemocional em sala de aula com base ı uma mediação que:

- instigue o estudante a aprender e pensar criticamente, por intermédio de problematizações;
- valorize a participação dos estudantes, seus conhecimentos prévios e suas potencialidades;
- esteja atenta às diferenças e ao novo;
- demonstre confiança e compromisso com a aprendizagem dos estudantes;
- incentive a convivência, o trabalho colaborativo e a aprendizagem entre pares.

Nossa proposta é trabalhar pelo desenvolvimento integral das crianças, adolescentes e jo- ns, desenvolvendo-os em sua totalidade, nas dimensões cognitiva, sensório-motora e socioe- ɔcional de forma estruturada e reflexiva!

---

ara ler na íntegra as competências gerais da Educação Básica, consulte o documento nas páginas 9 e 10.

J. William Vesentini

Livre-docente em Geografia pela Universidade de São Paulo (USP)

Doutor em Geografia pela USP

Professor e pesquisador do Departamento de Geografia da USP

Especialista em Geografia Política/Geopolítica e Ensino de Geografia

Professor de educação básica na rede pública e em escolas particulares do estado de São Paulo por 15 anos

Vânia Vlach

Doutora em Geopolítica pela Université Paris 8

Mestra em Geografia Humana pela USP

Bolsista de Produtividade em Pesquisa do Conselho Nacional de Desenvolvimento Científico e Tecnológico (CNPq) por 4 anos

Professora do Curso de Graduação e pesquisadora do Programa de Pós-Graduação em Geografia da Universidade Federal de Uberlândia (UFU) por 22 anos

Professora de educação básica na rede pública e em escolas particulares do estado de São Paulo por 12 anos

O nome ***Teláris*** se inspira na forma latina *telarium*, que significa "tecelão", para evocar o entrelaçamento dos saberes na construção do conhecimento.

TELÁRIS

GEOGRAFIA

7

editora ática

Direção Presidência: Mario Ghio Júnior
Direção de Conteúdo e Operações: Wilson Troque
Direção editorial: Luiz Tonolli e Lidiane Vivaldini Olo
Gestão de projeto editorial: Mirian Senra
Gestão de área: Wagner Nicaretta
Coordenação: Jaqueline Paiva Cesar
Edição: Mariana Albertini, Bruno Rocha Nogueira e Tami Buzaite (assist. editorial)
Planejamento e controle de produção: Patrícia Eiras e Adjane Queiroz
Revisão: Hélia de Jesus Gonsaga (ger.), Kátia Scaff Marques (coord.), Rosângela Muricy (coord.), Ana Curci, Ana Paula C. Malfa, Arali Gomes, Brenda T. M. Morais, Daniela Lima, Flavia S. Vênezio, Gabriela M. Andrade, Hires Heglan, Luciana B. Azevedo, Luís M. Boa Nova, Patrícia Travanca, Paula T. de Jesus, Sueli Bossi, Vanessa P. Santos; Amanda T. Silva e Bárbara de M. Genereze (estagiárias)
Arte: Daniela Amaral (ger.), Claudio Faustino e Erika Tiemi Yamauchi (coord.); Katia Kimie Kunimura, Simone Zupardo Dias, Lívia Vitta Ribeiro e Karen Midori Fukunaga (edição de arte)
Diagramação: Renato Akira dos Santos, Arte Ação
Iconografia e tratamento de imagem: Sílvio Kligin (ger.), Denise Durand Kremer (coord.), Daniel Cymbalista e Mariana Sampaio (pesquisa iconográfica); Cesar Wolf e Fernanda Crevin (tratamento)
Licenciamento de conteúdos de terceiros: Thiago Fontana (coord.), Luciana Sposito (licenciamento de textos), Erika Ramires, Luciana Pedrosa Bierbauer, Luciana Cardoso e Claudia Rodrigues (analistas adm.)
Ilustrações: André Araújo, David Martins, Gustavo Ramos, Julio Dian, Luiz Fernando Rubio e Milton Rodrigues
Cartografia: Eric Fuzii (coord.), Robson Rosendo da Rocha (edit. arte) e Portal de Mapas
Design: Gláucia Correa Koller (ger.), Adilson Casarotti (proj. gráfico e capa), Erik Taketa (pós-produção), Gustavo Vanini e Tatiane Porusselli (assist. arte)
Foto de capa: João Paulo Bernardes/Getty Images

Avenida das Nações Unidas, 7221, 3º andar, Setor A
Pinheiros – São Paulo – SP – CEP 05425-902
Tel.: 4003-3061
www.atica.com.br / editora@atica.com.br

Dados Internacionais de Catalogação na Publicação (CIP)

Vesentini, J.W.
Teláris geografia 7º ano / J.W. Vesentini, Vânia Vlach. - 3. ed. - São Paulo : Ática, 2019.

Suplementado pelo manual do professor.
Bibliografia.
ISBN: 978-85-08-19308-0 (aluno)
ISBN: 978-85-08-19309-7 (professor)

1. Geografia (Ensino fundamental). I. Vlach, Vânia. II. Título.

2019-0091 CDD: 372.891

Julia do Nascimento - Bibliotecária - CRB-8/010142

2020
Código da obra CL 742194
CAE 648336 (AL) / 648340 (PR)
3ª edição
3ª impressão
De acordo com a BNCC.

Impressão e acabamento Ricargraf

Uma publicação SOMOS EDUCAÇÃO

Apresentação

Há livros-estrela e livros-cometa.

Os cometas passam. São lembrados apenas pelas datas de sua aparição. As estrelas, porém, permanecem.

Há muitos livros-cometa, que duram o período de um ano letivo. Mas o livro-estrela quer ser uma luz permanente em nossa vida.

O livro-estrela é como uma estrela guia, que nos ajuda a construir o saber, nos estimula a perceber, refletir, discutir, estabelecer relações, fazer críticas e comparações.

Ele nos ajuda a ler e transformar o mundo em que vivemos e a nos tornar cada vez mais capazes de exercer nossos direitos e deveres de cidadão.

Estudaremos vários tópicos neste livro, entre os quais:

- A formação do Estado e do território do Brasil;
- Economia e disparidades socioterritoriais;
- A população brasileira;
- Indústria e industrialização;
- Urbanização;
- Meio rural;
- O meio fisiológico: relevo, clima, biomas, hidrografia.

Esperamos que ele seja uma estrela para você.

Os autores

CONHEÇA SEU LIVRO

Introdução

Aparece no início de cada volume e trata de assuntos que serão aprofundados no decorrer dos estudos de Geografia.

Abertura da unidade

Em página dupla, apresenta uma imagem e um breve texto de introdução que relacionam algumas competências que você vai desenvolver na unidade. As questões ajudam você a refletir sobre os conceitos que serão trabalhados e a discuti-los previamente.

Abertura do capítulo

O capítulo inicia-se com um pequeno texto introdutório acompanhado de uma ou duas imagens.

Para começar

O boxe traz questões sobre as ideias fundamentais do capítulo. Elas possibilitam a você ter um contato inicial com os assuntos que serão estudados e também expressar suas opiniões, experiências e conhecimentos prévios sobre o tema.

Saiba mais

A seção traz curiosidades e informações que complementam o tema estudado na unidade.

Texto e ação

Ao fim dos tópicos principais há algumas atividades para você verificar o que aprendeu, resolver dúvidas e comentar os assuntos em questão, antes de continuar o estudo do tema do capítulo.

Geolink

Apresenta textos com informações complementares aos temas tratados no capítulo para ampliar seu conhecimento. No fim da seção, há sempre questões para você avaliar o que leu, discutir e expressar sua opinião.

Glossário

Os termos e as expressões destacados remetem ao glossário na lateral da página, que apresenta o seu significado.

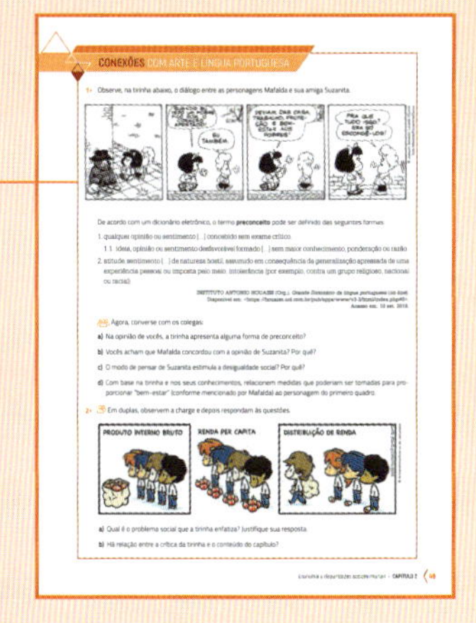

Conexões

Contém atividades que possibilitam conexões com outras áreas do conhecimento.

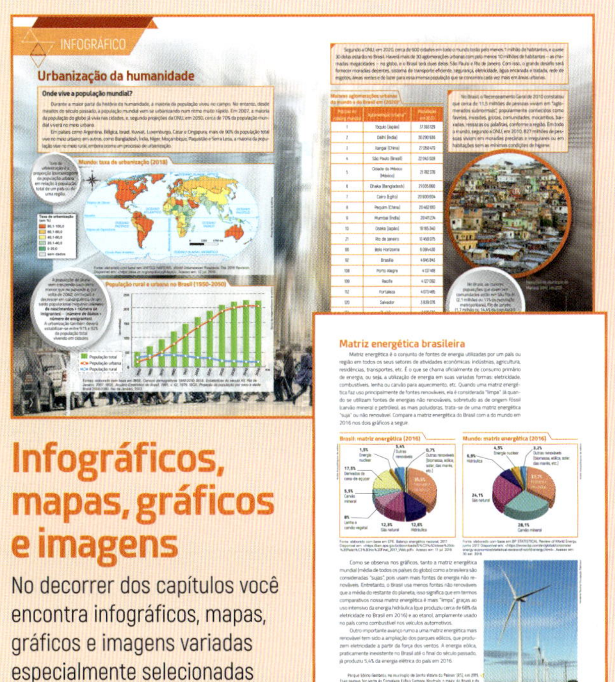

Infográficos, mapas, gráficos e imagens

No decorrer dos capítulos você encontra infográficos, mapas, gráficos e imagens variadas especialmente selecionadas para ajudá-lo em seu estudo.

Atividades

No fim de cada capítulo, esta seção está dividida em duas subseções:

+ Ação - Trata-se de atividades relacionadas à compreensão de texto.

Lendo a imagem - Apresenta atividades relacionadas à observação e à análise de fotos, mapas, infográficos, obras de arte, etc.

Autoavaliação - Convida os alunos a refletir sobre o próprio aprendizado.

Minha biblioteca

Apresenta indicações de leitura que podem enriquecer os temas estudados.

De olho na tela

Contém sugestões de filmes e vídeos que se relacionam com o conteúdo estudado.

Mundo virtual

Apresenta indicações de *sites* que ampliam o que foi estudado.

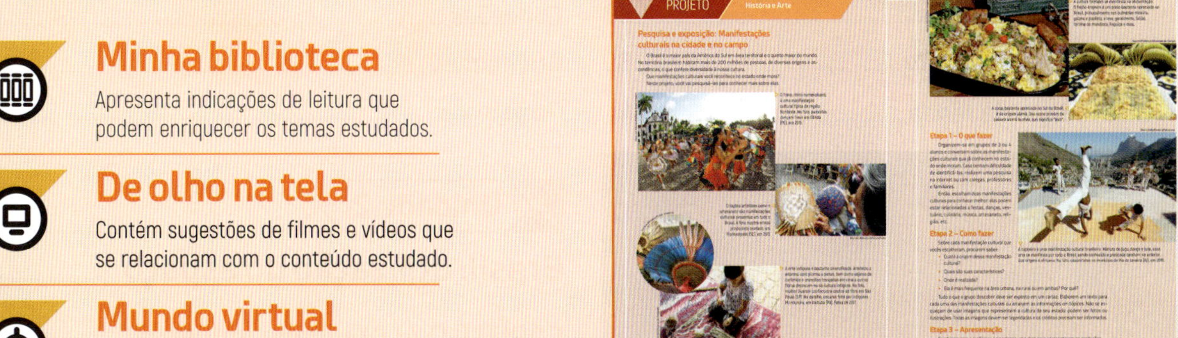

Projeto

No final de cada unidade, há uma proposta de atividade interdisciplinar, que levará você a trabalhar com variados temas e a refletir sobre eles.

SUMÁRIO

Tomas Griger/DepositPhotos/Glow Images

Tales Azzi/Pulsar Imagens

Jose Caldas/Brazil Photos/LightRocket via Getty Images

INTRODUÇÃO

Território: a apropriação do espaço geográfico

As ciências são como caixas de ferramentas que podemos utilizar para entender e explicar a realidade. Entre essas ferramentas, que são usadas para auxiliar na compreensão e na interpretação do mundo, estão os **conceitos**.

Se imaginássemos a Geografia como uma dessas caixas, encontraríamos entre suas ferramentas o conceito de **território**. Você sabe o que é território? Junte-se a um colega e, em dupla, procurem em um dicionário a definição dessa palavra.

O termo "território" tem sua origem no latim *terri* (que significa "terra") e *torium* ("pertencente a"), ou seja, a primeira definição de território remete a uma área de terra ocupada, apropriada por alguém. É um espaço ocupado, construído e vivenciado por pessoas.

O território compreende uma porção da superfície terrestre delimitada em determinado momento histórico. Ele dispõe aos seres humanos os recursos necessários para a vida: é no território que as pessoas trabalham, socializam umas com as outras, vivem.

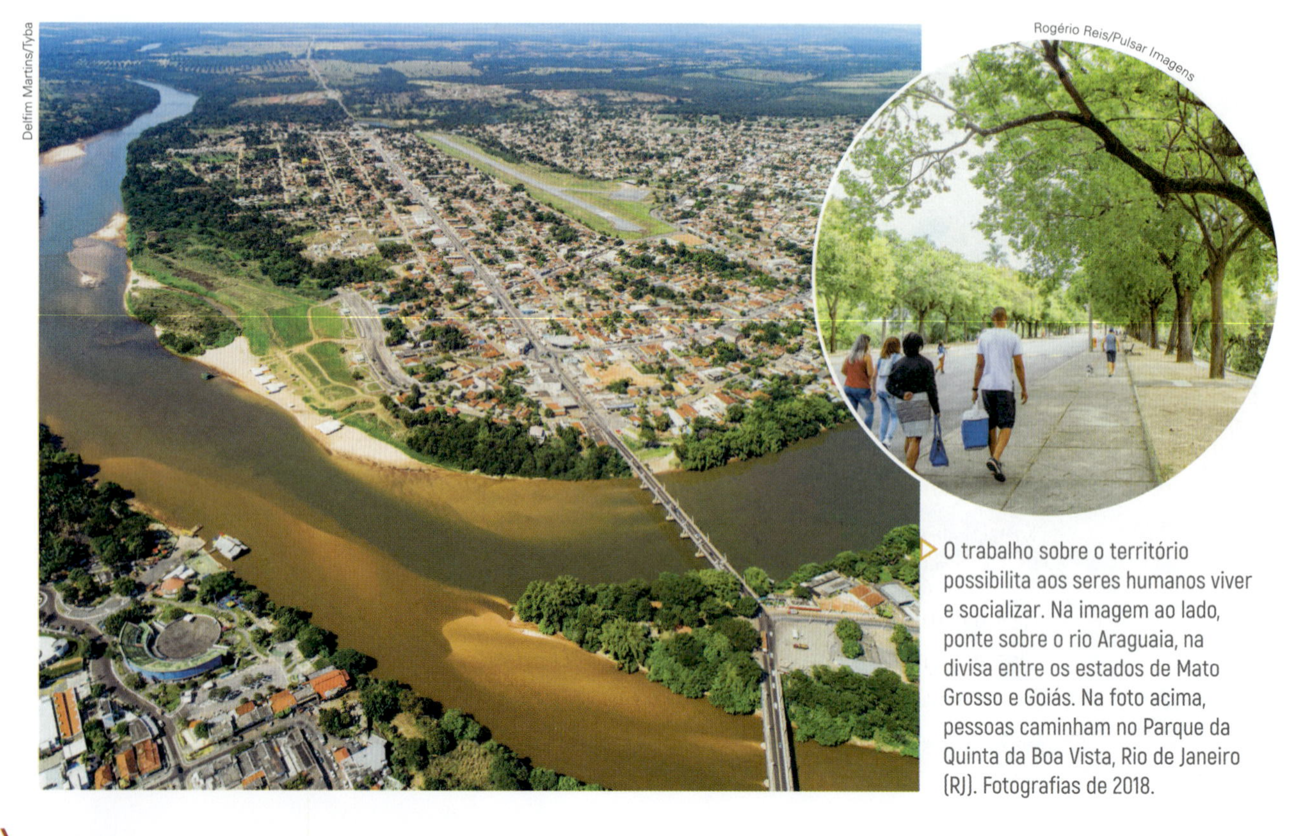

Delfim Martins/Tyba

Rogério Reis/Pulsar Imagens

O trabalho sobre o território possibilita aos seres humanos viver e socializar. Na imagem ao lado, ponte sobre o rio Araguaia, na divisa entre os estados de Mato Grosso e Goiás. Na foto acima, pessoas caminham no Parque da Quinta da Boa Vista, Rio de Janeiro (RJ). Fotografias de 2018.

Tradicionalmente, o território era entendido como o espaço ou a área pertencente a um Estado, ou seja, um recorte do espaço geográfico onde se dá o exercício do poder de um Estado e de suas instituições. Por exemplo, o território brasileiro corresponde ao espaço geográfico que pertence ao Brasil, no qual o Estado brasileiro exerce sua soberania.

O conceito de território também pode expressar, em alguns casos, as formas de apropriação, uso e ocupação do espaço por algum sujeito ou ator – um povo, um grupo social, uma pessoa – em um momento determinado, extrapolando, portanto, o entendimento centrado no Estado.

Para entender melhor, pense no que acontece na sua casa: quantas pessoas moram com você? Todos os cômodos são utilizados da mesma forma por essas pessoas? Há algum cômodo que você considere "seu território"?

1 Leia sobre território indígena no trecho a seguir e observe as imagens abaixo. Perceba que o território oferece os recursos necessários para a vida humana e possibilita aos seres humanos criar suas tradições.

Território indígena

[...] As terras tradicionalmente ocupadas pelos índios são aquelas por eles habitadas em caráter permanente, as que são utilizadas para suas atividades produtivas, as imprescindíveis à preservação dos recursos ambientais necessários a seu bem-estar e as necessárias à sua reprodução física e cultural, segundo seus usos, costumes e tradições. [...]

O território é fonte permanente de socialização para os índios. Trocam-se notícias sobre caçadas, abundância ou escassez de um determinado produto, sobre os aspectos sobrenaturais da floresta, dos rios ou das montanhas, acerca do encontro com espíritos na mata, etc. O território não é, afinal, apenas fonte da subsistência material, mas também lugar onde os índios constroem sua realidade social e simbólica.

Fonte: MUSEU do Índio. *Território indígena*. Disponível em: <www.museudoindio.gov.br/educativo/pesquisa-escolar/51-territorio-indigena>. Acesso em: 29 jan. 2018.

Marcos Amend/Pulsar Imagens

Delfim Martins/Pulsar Imagens

À esquerda, comunidade Kumaipá, da etnia Ingarikó, na Terra Indígena Raposa Serra do Sol, em Roraima. À direita, índios da etnia Kalapalo fazem dança da Taquara na aldeia Aiha, em Querência, Mato Grosso. Fotos de 2018.

a) O que mais chama a sua atenção na relação dos indígenas com o território?

b) Descreva a paisagem da foto do território indígena da comunidade Kumaipá.

c) Todas as sociedades humanas constroem o território da mesma maneira? Por quê?

2 Troque ideias com os colegas: quais são as semelhanças e as diferenças entre o entendimento de território para indígenas e para não indígenas?

As dimensões do território

O conceito de território possui diferentes dimensões. A palavra **dimensão** pode se referir tanto ao **tamanho** do território quanto a algum **aspecto importante** dele.

Observe o mapa a seguir, que apresenta os cinco países com os territórios de maior dimensão (tamanho) no mundo.

Planisfério: os cinco maiores países do mundo por território

Fonte: elaborado com base em THÉRY, Hervé; MELLO-THÉRY, Neli A. *Atlas do Brasil*: disparidades e dinâmicas do território. 2. ed. São Paulo: Edusp, 2014. p. 18.

1› Com base no mapa acima, liste os países com maior território no mundo, em ordem decrescente.

2› Qual é a posição do Brasil nessa lista? Pode-se afirmar que o Brasil é um dos países de maior dimensão territorial do planeta?

A grande extensão do território brasileiro pode ficar ainda mais evidente se você a comparar com países do continente europeu, por exemplo. Muitos estados brasileiros são maiores do que países da Europa. Por exemplo, o território do estado do Maranhão se estende por 331 937 km², enquanto o da Itália tem 301 338 km².

Lucio Consul/Shutterstock

Josep Curto/Alamy/Fotoarena

Na foto à esquerda, praia de Porto de Galinhas em Pernambuco, Brasil, em 2018. À direita, praia de Buarcos e São Julião, em Portugal, em 2016. O território do estado de Pernambuco se estende por 98 311 km² e é maior que o de Portugal, na Europa, com 92 212 km².

3› Junte-se a um colega e respondam:

a) Como o Brasil adquiriu esse imenso território?

b) Na sua opinião, ter um território extenso é vantagem ou desvantagem para uma sociedade? Por quê?

Quando se abordam as dimensões do território também se pode considerar seus aspectos de maior relevância. Há pelo menos três dimensões básicas do território que merecem atenção: a dimensão **jurídico-política**, a **econômica** e a **cultural**.

A dimensão jurídico-política do território

Quando tratamos do território como uma porção do espaço geográfico delimitada por um ator político, como o Estado e suas instituições, estamos diante de sua dimensão **jurídico-política**.

O Estado impõe as suas leis sobre toda a extensão do seu território, faz valer as suas decisões, mantém sua autoridade e sua autonomia. Trata-se da **soberania** do Estado, ou seja, ele é o poder supremo nesse território delimitado por fronteiras. Nesse sentido, Estado e território praticamente se confundem e podem ser observados em um mapa político.

- Observe o mapa ao lado e responda:

a) Como é possível reconhecer cada território dos países representados?

b) O território do Brasil é banhado por qual oceano? E o território do Peru?

c) O que você conclui ao comparar o território brasileiro com os dos demais países sul-americanos?

América do Sul: político

Fonte: elaborado com base em IBGE. *Atlas geográfico escolar*. 7. ed. Rio de Janeiro, 2016. p. 32.

O Paraguai e a Colômbia são países cujos territórios se localizam na América do Sul. À esquerda, a cidade de Bogotá, capital da Colômbia, em 2016. À direita, vista de Assunção, capital do Paraguai, em 2017.

A dimensão econômica do território

O território apresenta uma dimensão **econômica**, que inclui a produção e o consumo. Ela abrange os recursos que são usados para suprir as necessidades da sociedade.

Os recursos podem ser naturais, como reservas de petróleo – caso da Venezuela, na América do Sul, e da Arábia Saudita, país árabe situado no Oriente Médio (sudoeste da Ásia) –, ou bens materiais, como produtos industrializados. Entre os países mais industrializados do mundo estão a China, os Estados Unidos e o Japão.

Carlos Garcia Rawlins/Reuters/Fotoarena

Complexo da refinaria de petróleo de Amuay, na Venezuela, uma das maiores reservas petrolíferas do mundo. Foto de 2016.

VCG/VCG via Getty Images

Funcionárias trabalhando em linha de montagem de uma indústria de eletrônicos, em Tianjin, na China. O país é um dos maiores exportadores de produtos industrializados do mundo. Foto de 2018.

A presença de recursos naturais e o acúmulo de riquezas não são iguais entre os distintos territórios. Alguns territórios têm mais recursos naturais e riquezas produzidas do que outros. Nenhum território do mundo é autossuficiente, ou seja, dispõe de todos os recursos necessários para satisfazer as necessidades de sua sociedade: todos dependem, em alguma medida, dos recursos e das riquezas de outros territórios. Daí por que se estabelecem as trocas, o comércio entre eles.

Nem sempre as trocas são vantajosas para todos os envolvidos. Por exemplo, entre os séculos XVI e XIX, nas relações entre as metrópoles europeias e as colônias, as trocas beneficiavam sobretudo as metrópoles, que vendiam às suas colônias caros produtos industrializados enquanto compravam matérias-primas baratas. Assim, estabeleceu-se a chamada divisão territorial do trabalho, que não foi completamente superada até os dias de hoje.

Há desigualdade econômica entre distintos territórios, mas também pode-se notar a desigualdade dentro de um mesmo território: há regiões mais ricas e outras mais pobres, como também há grupos sociais que detêm o poder econômico e controlam a produção e grupos sociais com baixas rendas, que dispõem de padrões de vida menos elevados.

Os diferentes grupos sociais usam o território de modos distintos, produzindo configurações espaciais específicas, que manifestam as disparidades socioeconômicas.

Vitor Marigo/Opção Brasil Imagens

Edifícios de alto padrão na praia de Iracema, em Fortaleza, Ceará. Foto de 2014.

Juca Martins/Olhar Imagem

Casas no bairro de Varjota, no centro da cidade de Fortaleza, Ceará. Foto de 2018.

A dimensão cultural do território

Para a população, o território é sinônimo de abrigo; é nele que ocorre a vida. Há uma relação de identificação entre as pessoas e o território. Essa relação afetiva costuma ser passada de geração em geração e fortalece laços culturais entre o grupo social e o território que ele ocupa.

Um exemplo da identificação de um povo com o seu território é a grande quantidade de canções e poemas que enaltecem as características naturais e culturais de um país, as lendas do folclore popular que se apropriam de características naturais de determinadas áreas e as obras e objetos de arte que retratam as paisagens de um território.

Observe um trecho da letra do samba-enredo *Aquarela Brasileira*, que enaltece os aspectos naturais e culturais do território brasileiro.

Aquarela Brasileira

[...]
Passeando pelas cercanias do Amazonas
Conheci vastos seringais
No Pará, a ilha de Marajó
E a velha cabana do Timbó

Caminhando ainda um pouco mais
Deparei com lindos coqueirais
Estava no Ceará, terra de Irapuã
De Iracema e Tupã

Fiquei radiante de alegria
Quando cheguei na Bahia
Bahia de Castro Alves, do acarajé
Das noites de magia do Candomblé

Depois de atravessar as matas do Ipu
Assisti em Pernambuco
A festa do frevo e do maracatu

Brasília tem o seu destaque
Na arte, na beleza, arquitetura

Feitiço de garoa pela serra!
São Paulo engrandece a nossa terra!

Do Leste, por todo o Centro-Oeste
Tudo é belo e tem lindo matiz

[...]

Brasil, essas nossas verdes matas
Cachoeiras e cascatas de colorido sutil
E este lindo céu azul de anil
Emoldura em aquarela o meu Brasil

Aquarela Brasileira. Composição de Silas Oliveira de Assumpção. Gravadora RCA, 1975. Disponível em: <www.letras.mus.br/imperio-serrano-rj/747715/>. Acesso em: 31 jan. 2019.

Gustavo Ramos/Arquivo da editora

1› Que trechos do texto fazem referência a características naturais do Brasil?

2› Exemplifique com um verso do texto danças típicas ou ritmos musicais que caracterizam a cultura brasileira.

3› Que exemplo de culinária tradicional do território brasileiro é citado?

4› Que aspectos religiosos da cultura brasileira são mencionados na música?

5› Junte-se a um colega e criem um poema que enalteça características do território do estado onde moram. Depois, compartilhem o poema com os colegas e com o professor.

A construção de um território

Apesar de seus aspectos físico-naturais, um território é uma construção da sociedade. Ele é formado ao longo da história e se transforma com o passar do tempo.

Esse processo de constante mudança do território pode ser observado por meio de mapas que sintetizam, em um dado momento, a situação da ocupação e uso do território. A comparação de mapas de distintos tempos possibilita observar a ampliação ou redução das fronteiras.

Observe o mapa a seguir. Ele é parte de um planisfério confeccionado no início do século XVI e representa parte das terras que hoje formam o Brasil de modo diferente dos seus contornos atuais. Ao observar a imagem, você acha que a representação revela muito ou pouco conhecimento sobre o interior desse território colonial?

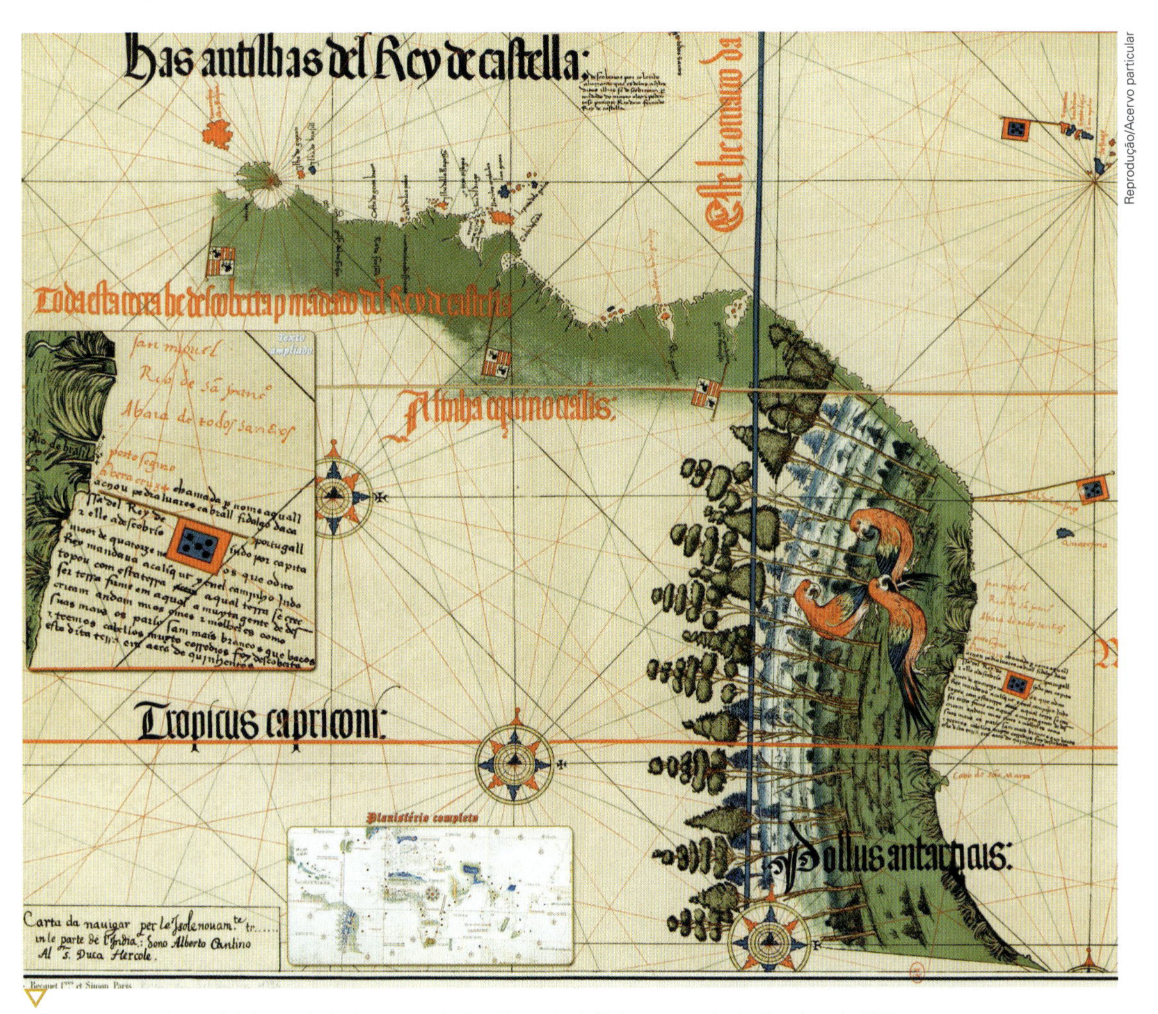

Representação do território que hoje faz parte do Brasil no planisfério português de Cantino, de 1502.

A representação do território no planisfério de Cantino revela que nos primeiros anos da história colonial brasileira os colonizadores concentraram-se na área litorânea. O interior do continente ainda não havia sido explorado e ocupado, portanto ainda não constituía um território português. A expansão territorial do Brasil durou séculos, desde a época colonial até inícios do século XX, quando finalmente o território nacional adquiriu o seu atual formato e a sua dimensão total.

Após a independência, em 1822, quando o Brasil se tornou um país com um Estado e um território autônomos, houve o processo de consolidação dos limites territoriais, que durou até 1909, quando o território adquiriu as fronteiras que conhecemos atualmente. Junto a isso, intensificaram-se as iniciativas de construção de uma infraestrutura que permitisse e facilitasse a circulação dentro do território. Ao longo do ano, você vai conhecer melhor o conceito de território e saber mais sobre o território brasileiro e suas características.

Tomas Griger/DepositPhotos/Glow Images

Esta imagem, de 2016, apresenta a América do Sul e parte da América Central vistas do espaço à noite.

UNIDADE 1

Brasil: território e sociedade

Nesta unidade, vamos estudar a formação do território e da sociedade brasileira. Compreenderemos a ocupação e a expansão do território nacional, a constituição do Estado, a composição étnico-cultural da população do país e seu perfil demográfico. Analisaremos também indicadores sociais do Brasil e de seus estados.

Observe atentamente a imagem e responda:

1. É possível visualizar as fronteiras entre o Brasil e seus países vizinhos? Por quê?
2. O que representam os pontos luminosos? Qual é a região do Brasil que apresenta a menor concentração desses pontos? Por quê?

CAPÍTULO 1

Brasil: formação do Estado e do território

Jogadoras da seleção brasileira de futebol cantam o Hino Nacional Brasileiro antes de uma partida entre Brasil e Canadá, em São Paulo (SP), durante as Olimpíadas de 2016.

Para começar

Observe a imagem e responda:

1. Por que a bandeira e o Hino Nacional, dois símbolos da nação brasileira, foram apresentados no evento retratado na foto?
2. Em que situações você costuma ver a bandeira do Brasil hasteada?
3. Em sua opinião, o que significa viver em sociedade? E o que é ser brasileiro?

Muitas vezes usamos as palavras **sociedade**, **povo**, **nação**, **Estado** e **país** como sinônimos. São palavras que têm sentidos parecidos, mas não significam exatamente a mesma coisa. Compreender o que cada uma significa é importante para ajudar a entender a formação do Estado e do território brasileiros. Neste capítulo você vai estudar o significado de cada um desses conceitos. Vai aprender também como o território, o Estado e a nação brasileiros foram construídos no decorrer de séculos.

1 Sociedade, Estado, povo, nação e país

O ser humano é um animal gregário, o que significa que ele vive em grupos ou conjuntos de indivíduos e famílias, que são chamados de sociedades. Uma **sociedade humana**, portanto, é um conjunto de pessoas que vive em determinado espaço e tempo e de acordo com certas regras. Quando não existem regras, não há uma sociedade, e sim um ajuntamento de pessoas em constante conflito.

Os **povos** são grupos de pessoas que falam a mesma língua e possuem as mesmas tradições. Por exemplo: o povo brasileiro, o povo inglês, o povo judeu, o povo cigano, etc.

Tradição: determinado hábito ou costume transmitido de uma geração para outra. Por exemplo: vestimentas, canções, jogos e brincadeiras, receitas de comidas ou de bebidas, comemorações e festas, rituais religiosos, etc.

Esses dois conceitos podem se referir ao mesmo agrupamento; por exemplo, podemos falar em povo ou em sociedade brasileira. Mas isso não é válido sempre: às vezes um povo pode estar espalhado por vários países e não formar uma sociedade única. Por exemplo, não há judeus apenas em Israel, na sociedade israelense; há milhões deles nos Estados Unidos (nesse caso, eles fazem parte da sociedade norte-americana), em países europeus e em várias outras partes do mundo.

Um povo não precisa necessariamente ter um território próprio. Alguns deles, como parte dos ciganos, se deslocam constantemente pelo espaço geográfico. Eles são povos **nômades**, isto é, não têm residência fixa.

Há também povos **sedentários**, que possuem uma área de permanência fixa. Entretanto, alguns desses povos sedentários não possuem um território próprio, pois vivem em regiões de um país que é formado por outro povo ou, às vezes, por outros povos. Por exemplo: os mongóis, no norte, e os tibetanos, no sudoeste da China; os curdos, que se espalham por trechos do Iraque, do Irã, da Turquia e da Síria; os chechenos, em áreas montanhosas do Cáucaso, na parte asiática da Rússia; ou os bascos, que ocupam uma área na fronteira da Espanha com a França. Esses povos normalmente almejam ter um território próprio e independente, mas, por enquanto, vivem sob o domínio de outros povos.

Tarsila do Amaral Empreendimentos/Acervo Artístico-Cultural dos Palácios do Governo do Estado de São Paulo

Operários, de Tarsila do Amaral. Óleo sobre tela, 150 cm × 205 cm, 1933. Nesta tela, a pintora modernista retratou a variedade da sociedade brasileira. Observando a pintura, podemos perceber que o brasileiro não tem um só rosto: muitos povos e diversas etnias, de várias partes do mundo, compuseram a nossa população.

O termo **nação** é mais complexo e possui dois sentidos principais. No primeiro, mais geral, nação é o mesmo que povo, ou seja, um conjunto de pessoas com língua e tradições comuns. Nesse sentido, podemos falar em nação cigana, nação curda, tibetana, chechena, etc. No outro sentido, nação é **um povo com território**, **governo** e **leis próprias**. Dessa forma, o povo cigano, por exemplo, não constituiria uma nação, pois não tem território nem governo próprios. Neste segundo sentido, nação significa país ou Estado-nação.

Assim, nação é o mesmo que **país**, isto é, um povo que vive num território próprio, tendo um governo que o representa. Esse é o significado de nação empregado internacionalmente e aceito pela Organização das Nações Unidas (ONU). Brasil, Estados Unidos, China, Alemanha, etc. são exemplos de países.

Observe abaixo a foto da sede da ONU, organização internacional formada por quase todos os países do mundo. É nesse local que esses Estados nacionais se reúnem para discutir problemas comuns.

Há povos que chamam a si próprios de nações e almejam alcançar sua independência. É o caso, como vimos, dos mongóis, dos tibetanos, dos curdos e dos bascos, entre outros. Eles podem vir a tornar-se países ou Estados-nações, mas por enquanto são povos dominados, que vivem em um território sob o controle de outros povos.

Drop of Light/Shutterstock

O conceito de nação usado pela ONU é o mesmo adotado neste livro: um povo com território e governo próprios. Na foto, sede da ONU, localizada em Nova York, Estados Unidos, em 2015.

Texto e ação

1. Em duplas, elaborem um pequeno texto sobre o Brasil utilizando os conceitos de sociedade, povo, nação e país.
2. O conceito de nação usado pela ONU é o mesmo adotado neste livro. Qual é esse conceito?
3. Em que cidade e país se localiza a sede da ONU? Ao observar a foto desta página, algum elemento chamou a sua atenção? Qual?

Mundo virtual

Organização das Nações Unidas (ONU)
Disponível em: <http://onu.org.br/>. Acesso em: 30 ago. 2018.

O *site* da ONU traz notícias e artigos relacionados à sua área de atuação, como direitos humanos, ações humanitárias, desenvolvimento sustentável, entre outros temas.

2 O Estado e suas funções

Muitas vezes, o Estado é confundido com o governo. Embora sejam dois conceitos interligados, eles são distintos. Por exemplo, como você chamaria um funcionário público que trabalha num posto de saúde ou numa escola públicos: de funcionário do governo ou funcionário do Estado? Por quê?

Na verdade, eles são funcionários públicos, isto é, do Estado (e não do governo). **Estado** é o conjunto das instituições que formam a organização político-administrativa de um povo ou nação: o governo, as Forças Armadas, as escolas públicas, as prisões, os tribunais, a polícia, os postos de saúde e os hospitais públicos, etc. Nesse sentido, Estado é o mesmo que poder público. **Governo** é somente a cúpula, a parte dirigente do Estado.

Em outras palavras, o governo é somente uma parte do Estado. Este é mais amplo e, como vimos, engloba outros setores, todos os níveis do poder público – federal, estadual e municipal – e todas as atividades ligadas a esses níveis. Por exemplo, toda escola pública e toda delegacia de polícia fazem parte do Estado, mas elas não fazem parte do governo. Outra diferença é que o governo é transitório, temporário, ao passo que o Estado é permanente. Podemos falar em governo de um determinado presidente, governador ou prefeito, que pode durar vários anos. Mas não podemos falar em Estado de algum presidente ou governador, pois ele é de toda a sociedade e prossegue mesmo com as alterações no governo.

Lineu Kohatsu/Olhar Imagem

Posto de saúde no Quilombo Mangal e Barro Vermelho, no município Sítio do Mato (BA), 2015. Os postos de saúde públicos fazem parte da organização político-administrativa do país, ou seja, do Estado.

Dessa forma, cada Estado geralmente corresponde a um povo ou uma nação: o Estado francês, o Estado inglês ou o Estado brasileiro. Existem inúmeras exceções: os chamados Estados multinacionais, onde há povos ou minorias étnicas que falam idiomas diferentes do oficial. Como exemplo temos o Estado canadense, que engloba uma população de origem francesa, concentrada na província de Quebec. Uma parte dessa população gostaria de ter seu próprio Estado, independente do atual, onde predominam pessoas de origem inglesa. Outro exemplo é o povo tibetano, que vive na China. É o Estado chinês que controla o Tibete. Os tibetanos, contudo, são um povo e se consideram uma nação, com idioma, tradições e religião próprios (eles não se consideram chineses). Existem vários Estados na Ásia e na África, como a Índia e a Nigéria, respectivamente, onde há dezenas ou até centenas de povos diferentes, cada um deles com seu idioma e suas tradições.

Todos os funcionários públicos – escriturários, médicos de postos de saúde, garis ou o presidente da República – são trabalhadores do Estado; portanto, exercem atividades públicas ou estatais. Alguns têm empregos estáveis e trabalham no setor público até se aposentar; outros podem exercer temporariamente um cargo ou uma função, como os ministros, os prefeitos ou os governadores. Todos eles são servidores do Estado, ou melhor, da sociedade, pois a principal função do Estado é servir a sociedade, promovendo a lei e a ordem, defendendo o território das ameaças externas e organizando serviços básicos para a população (educação, saúde, aposentadoria, entre outros).

Luciana Whitaker/Pulsar Imagens

Os professores das escolas públicas brasileiras são funcionários do Estado. Na foto, professora em escola estadual em Itaituba (PA), em 2017.

O Estado, portanto, engloba todas as funções ou atividades que não são privadas ou particulares, e sim públicas ou coletivas: das delegacias de polícia à prefeitura, da escola pública à arrecadação de impostos, da polícia rodoviária ao governo federal.

A palavra **estado** pode ter, ainda, outro significado: indicar as divisões territoriais de um país. No Brasil, por exemplo, Minas Gerais, Paraná e Amazonas são considerados estados, ou seja, são unidades político-administrativas que compõem o território brasileiro. Em alguns países essas divisões territoriais recebem o nome de províncias; em outros são chamadas de cantões ou departamentos. Para existir um Estado, no sentido estrito do termo, ele deve ter uma soberania, algo que somente o Estado federal ou nacional possui. É por isso que o verdadeiro Estado brasileiro – aquele que representa o país na ONU e em outras organizações internacionais, que cuida da moeda, da economia e das relações externas – é o chamado Estado federal ou Estado nacional.

Soberania: autoridade superior a todas as outras num determinado território.

A origem do Estado e as sociedades sem Estado

Na maior parte da história da humanidade, por centenas de milhares de anos, nenhuma sociedade tinha Estado. A origem do Estado é muito discutida. Não se sabe exatamente quando nem onde ele surgiu.

É bem provável que o Estado tenha surgido há milhares de anos, em sociedades que começavam a expandir, tornando-se mais complexas, com diversidade cada vez maior de atividades. Em sociedades muito simples, com pouca divisão do trabalho, não existe Estado. Nessas sociedades há apenas uma divisão do trabalho: em geral, as mulheres plantam e cuidam das crianças, e os homens caçam e pescam ou extraem produtos da floresta. Entretanto, quando a divisão do trabalho se amplia, surgem novas atividades ou profissões: geralmente é nesse momento que surge o Estado. Portanto, um dos motivos para o surgimento do Estado é o crescimento demográfico e o advento das várias divisões do trabalho entre os membros da sociedade.

Minha biblioteca

A presença indígena na formação do Brasil.
Vários autores. Brasília: MEC/Unesco, 2006.
Disponível em: <http://unesdoc.unesco.org/images/0015/a001545/154566por.pdf>. Acesso em: 29 maio 2018.

Ricamente ilustrado, o livro mostra como eram as sociedades indígenas em 1500 e avança até os dias de hoje, apresentando a luta indígena pela conquista de direitos e cidadania.

Em uma sociedade, a desigualdade entre ricos e pobres e entre dominantes e dominados pode provocar disputas entre os grupos sociais. Essa situação também concorre para o surgimento do Estado, que serve como anteparo para esses conflitos, instituindo leis e garantindo a ordem social.

Além disso, a defesa do território contra inimigos estrangeiros também é um fator importante para o advento do Estado. Isso explica por que os primeiros funcionários estatais geralmente são os próprios governantes e os soldados, e também por que todos os Estados possuem território. Um povo sem território não pode formar seu Estado.

Renato Soares/Pulsar Imagens

Indígenas Kaiamurá participam da pescaria de timbó, em lagoa no município de Feliz Natal (MT), em 2016. Em geral, os homens ficam encarregados de bater a planta conhecida como timbó na água, para atordoar os peixes; as mulheres coletam os peixes.

Ainda hoje há alguns povos ou sociedades sem Estado, como os indígenas sul-americanos ou os inuítes, povo que habita regiões árticas do Canadá, do Alasca e da Groenlândia. Nessas sociedades praticamente não existe a divisão entre ricos e pobres. Todos vivem em habitações semelhantes e partilham o que foi obtido na caça, na pesca e na lavoura. Ninguém pode dispor de abundância à custa dos outros, possuir mais de uma moradia e estocar instrumentos ou alimentos em vez de distribuí-los.

Muitas vezes, o território de uma sociedade indígena precisa ser defendido da invasão de outros grupos. Mas apenas essa necessidade não determina o surgimento do Estado, pois todos os homens jovens são considerados guerreiros e guardiães do território e do povo contra inimigos externos.

Assim, não existe divisão social entre os membros das sociedades indígenas. Todos podem ser ao mesmo tempo guerreiros, artesãos, agricultores, caçadores e pescadores. É incorreta a ideia de que o chefe indígena e o pajé representam o governo, a autoridade política. Se isso ocorre, é porque já não é mais uma sociedade indígena na sua forma original. Nesta, o chefe ou o pajé não mandam de fato, não exercem um poder igual ao de um governante. Eles são apenas líderes, isto é, orientadores e representantes do grupo. Não podem mandar prender ninguém (não há prisões nessas sociedades), não cobram impostos e, normalmente, não são mais ricos que os outros membros do grupo. Quando algum chefe enriquece e se torna diferente dos demais membros, é porque essa sociedade já passou a adotar valores não indígenas, ou seja, valores da moderna sociedade industrial.

Texto e ação

1› Muitas vezes o Estado é confundido com o governo. Com suas próprias palavras, diferencie esses dois conceitos.

2› Qual a principal função do Estado? Para que ele existe? Dê exemplos da função do Estado no seu dia a dia.

3› Em duplas, relacionem os motivos que levam ao surgimento do Estado e opinem sobre qual deles seria o mais importante. Justifiquem a resposta.

3 Território e fronteiras

O que você vê quando observa um mapa-múndi político? Ali estão representados os Estados nacionais que existem na superfície terrestre – China, Rússia, Brasil, Canadá e inúmeros outros – com as linhas divisórias que separam uns dos outros. E qual é o significado das linhas divisórias entre os países?

Essas linhas divisórias são as **fronteiras**, que marcam os limites da soberania de cada Estado-nação. Esse espaço que cada Estado ocupa é chamado de território. Logo, **território** é um espaço delimitado por fronteiras ou limites e no qual um sujeito (neste caso, o Estado) exerce poder e controle. Território, nesta acepção, portanto, é uma porção do espaço geográfico definida por dois elementos essenciais: limites e um sujeito que aí exerce a sua dominação. No caso dos territórios nacionais, as fronteiras estabelecem onde começa e onde termina a soberania de cada Estado. Elas podem ser definidas, por exemplo, por um rio, uma cadeia de montanhas, um lago ou por um marco artificial.

As fronteiras também podem ser alteradas: recuam, avançam ou deixam de existir. Essas alterações são determinadas por várias causas: guerras (conquista ou perda de territórios), rebeliões internas (independência de uma colônia ou de uma região, por exemplo) ou tratados diplomáticos (como a união de dois ou mais países, a venda de uma parcela do território a outro Estado, etc.).

Se observarmos o mapa-múndi de meados do século XX, notaremos grandes diferenças em relação ao de hoje. Por exemplo: muitos países desapareceram, porque foram unificados ou divididos em outros Estados, como ocorreu com a antiga Iugoslávia ou com a União Soviética; outros, principalmente na África, ainda não existiam, pois seus territórios eram colônias europeias.

Texto e ação

- Observe o mapa histórico ao lado, que retrata a América do Sul no início do século XIX, e compare-o com um mapa atual em um atlas ou globo terrestre. Responda:

  a) Como era a divisão político-territorial da América do Sul nessa época? Quais potências europeias controlavam essa região do globo?

  b) Quais países compõem hoje a América do Sul? E qual parte dessa região ainda continua ligada à sua antiga metrópole?

  c) O que ocorreu para o mapa político da América do Sul mudar tão radicalmente de 1801 até hoje?

  d) Pesquise na biblioteca da escola ou na internet outros mapas que datam de antes de 1800. O que é possível observar? Compartilhe com os colegas.

América do Sul no início do século XIX (1801)

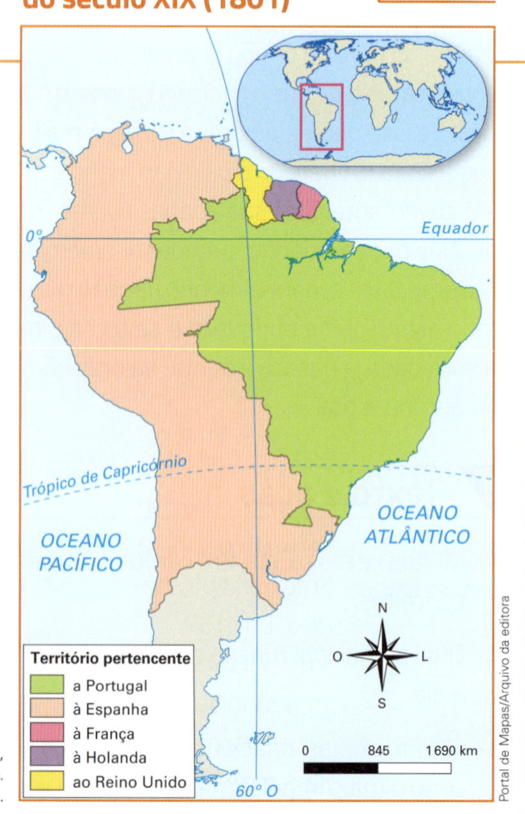

Fonte: elaborado com base em ARRUDA, José Jobson de A. *Atlas histórico básico*. São Paulo: Ática, 2002. p. 22.

4 Formação do Estado e do território no Brasil

Muitas vezes, encontramos na mídia a ideia do "descobrimento" do Brasil, como se ele já estivesse "pronto" e faltasse somente um navegador português encontrá-lo. Essa é uma ideia equivocada, pois como alguém poderia "descobrir" um país que ainda não existia? Se o Brasil somos nós – o povo, a sociedade ou a nação brasileira, com a sua cultura, o seu território e as suas instituições –, então ele ainda não existia em 1500. O que havia era uma parcela do espaço geográfico, a América do Sul, sem os atuais Estados nacionais e habitada por muitas sociedades indígenas, cada uma com seu território.

O Brasil, na realidade, foi uma **construção**: os colonizadores portugueses se apropriaram de certas áreas, geralmente expulsando, escravizando ou exterminando os indígenas que as ocupavam; com o tempo, expandiram o seu território e criaram neste novo mundo uma sociedade diferente, que um dia se tornou um Estado-nação independente. Vários povos formaram a nação brasileira: os europeus, principalmente portugueses, os indígenas e os negros africanos, que, durante séculos, foram escravizados.

Essa construção do país durou vários séculos e teve dois aspectos principais: a formação territorial, isto é, a ocupação da terra e sua delimitação por meio de fronteiras; e a criação de uma sociedade ou de uma nação com sua cultura (valores e hábitos) e instituições próprias (em especial o Estado, ou o poder público em todos os níveis e esferas).

Formação histórica e expansão territorial do Brasil

Até 1534 os colonizadores portugueses consideravam mais importante o comércio com as Índias. Eles somente fizeram algumas expedições às terras que hoje formam o Brasil para a proteção do território e a extração do pau-brasil, árvore nativa da Mata Atlântica. Em 1534, o rei de Portugal dividiu o território em capitanias hereditárias, faixas de terra que seriam administradas cada uma por um donatário, um nobre português rico. Era o início da colonização. Veja o mapa de como era o Brasil colônia na época.

Brasil: capitanias hereditárias (1534-1536)

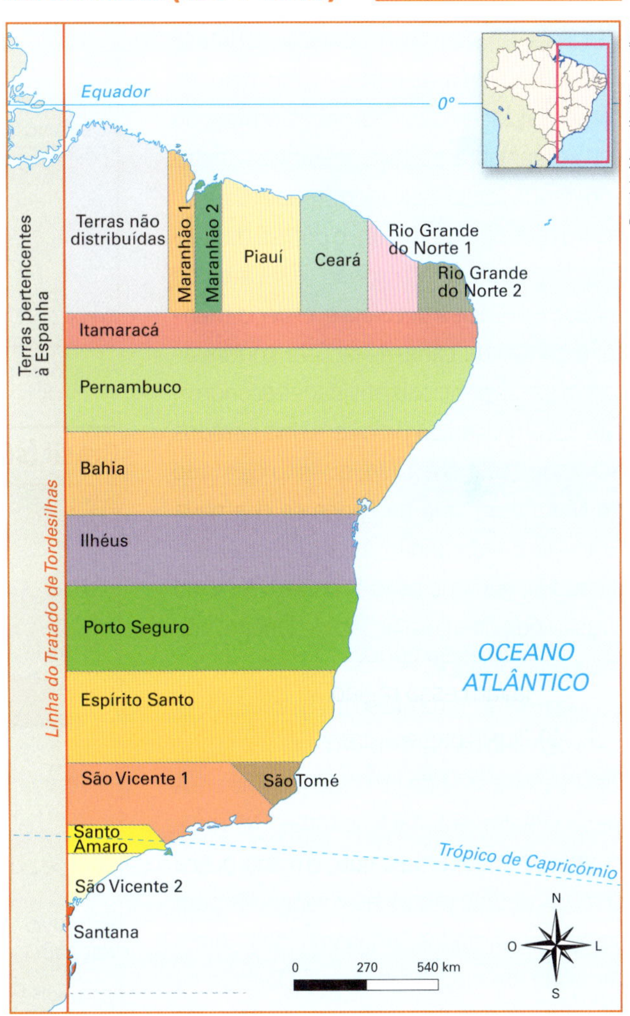

Fonte: elaborado com base em CINTRA, Jorge Pimentel. *Anais do Museu Paulista*, v. 21, n. 2, São Paulo, jul./dez. 2013.

Mapa das capitanias elaborado com base em documentos cartográficos da época. Podemos perceber que o território da colônia era bem menor que o do Brasil atual e que uma mesma capitania podia ser composta de lotes separados, como São Vicente 1 e 2.

Com a implantação das capitanias hereditárias, houve de fato o início da colonização do Brasil, que foi praticamente loteado para pessoas ricas. A escassez de portugueses para viver nas capitanias motivou o tráfico de pessoas. Africanos foram trazidos e escravizados para trabalhar na colônia.

A primeira atividade econômica, que se tornou a mais importante durante quase todo o período colonial, foi o cultivo de cana-de-açúcar, inicialmente na capitania de São Vicente, numa faixa de terra próxima ao litoral da atual região Nordeste, a chamada Zona da Mata. Essa área possui bons solos de massapê e uma maior proximidade com o continente europeu.

Em 1621, ocasião em que Portugal estava sob o domínio da Espanha, o rei espanhol Felipe II dividiu o Brasil em dois estados: Maranhão, com capital em São Luís; e Brasil, com capital em Salvador. A defesa militar da colônia, ao norte, e o aumento da comercialização das chamadas drogas do sertão (gengibre, piaçava, castanha, canela-do-mato, cacau-selvagem, madeiras, etc.) com a metrópole explicam o porquê da criação do estado do Maranhão. Já na área do estado do Brasil, a pecuária e, especialmente, o cultivo da cana-de-açúcar continuavam a ser as principais atividades econômicas. Essa divisão do Brasil em dois estados durou de 1621 até 1774, quando o estado do Maranhão, que na época se chamava Grão-Pará e Maranhão, passou a ser subordinado ao governo central, o Vice-Reino do Brasil, sediado agora no Rio de Janeiro, não mais em Salvador.

Em 1709, o território do Brasil já havia se expandido bastante para o oeste, e a colônia estava dividida em sete províncias. A de São Paulo era a maior de todas. Dela partiram os bandeirantes, que, em sua busca de ouro, pedras preciosas e indígenas para serem escravizados, ampliaram bastante o território até então conhecido. Observe os mapas desta página.

Massapê: tipo de solo de cor bastante escura, textura argilosa, bastante comum no Nordeste. Por ser muito fértil, é propício para a cultura da cana-de-açúcar.

Brasil (1621 a 1774)

Fonte: elaborado com base em VICENTINO, Cláudio. *Atlas histórico*. São Paulo: Scipione, 2011. p. 104.

Brasil (século XVIII)

Fonte: elaborado com base em CAMPOS, Flávio de; DOLHNIKOFF, Miriam. *Atlas*: história do Brasil. São Paulo: Scipione, 2007. p. 16.

Até o fim do século XVIII, a capital do Brasil era a cidade nordestina de Salvador (Bahia). Sua transferência, em 1763, para o Rio de Janeiro, ou seja, para o centro-sul, ocorreu por causa da mudança do eixo econômico do país mais para o sul, para a chamada "região das Minas" (parte de Mato Grosso, Goiás e Minas Gerais).

A exploração do ouro se tornou a atividade central da economia brasileira da época. Isso marcou o início do declínio econômico e político do Nordeste, que era até então a região mais importante, rica e populosa do país, em virtude principalmente do cultivo da cana-de-açúcar.

Em 1822, quando o Brasil se tornou independente, ele estava dividido em dezenove províncias. O território brasileiro havia sido muito ampliado pelos bandeirantes, que iam para o chamado "sertão" (áreas interioranas a oeste e ao sul) em busca de ouro e pedras preciosas, além de indígenas para serem escravizados. Nessa época, muitas vilas, que depois se tornaram cidades, foram fundadas. No Nordeste, a pecuária bovina continuava a se expandir pelo interior, destinada a abastecer o litoral nordestino açucareiro e, posteriormente, a região das minas.

Brasil (1822)

Fonte: elaborado com base em VICENTINO, Cláudio. *Atlas histórico*. São Paulo: Scipione, 2011. p. 128.

Como se observa no mapa do território brasileiro em 1822, o oeste de Santa Catarina ainda não pertencia ao país, nem uma parte a oeste da Amazônia. No extremo sul, havia a província Cisplatina, que em 1828 se tornou independente e passou a se chamar Uruguai.

De 1760 até o início do século XIX, o Brasil passou a exportar algodão: esse período ficou conhecido como período algodoeiro. Era o início da Revolução Industrial na Inglaterra e este país – o mais rico do mundo na época – necessitava de suprimento de algodão para suas indústrias têxteis. O algodão mocó, também chamado de "algodão do Seridó", é uma planta nativa da América, especialmente das áreas semiáridas, e já era cultivado no Brasil desde o início da colonização. Entretanto, só ganhou importância – sendo chamado na época de "ouro branco" – quando a Inglaterra passou a importá-lo em grandes quantidades, e os seus preços subiram.

O período em que o Brasil exportou algodão gerou muitas riquezas e povoamento e ocorreu principalmente no Maranhão e no Ceará. Contudo, com o fim da Guerra de Independência dos Estados Unidos (1775-1783), esse país voltou a ser o maior produtor de algodão. Porém, entre 1861 e 1865, os Estados Unidos entraram em uma guerra civil, conhecida como Guerra de Secessão, com o Sul escravagista se rebelando contra o final da escravidão promovida pelo Norte do país. Dessa forma, o algodão brasileiro voltou a ser valorizado. Com o final dessa guerra, os estados do Sul se recompuseram, e a produção americana novamente derrubou a brasileira. As regiões algodoeiras no Nordeste, que tinham se tornado as mais prósperas do Brasil, começaram a entrar em declínio econômico.

Em 1889, quando foi proclamada a República, o território brasileiro já tinha crescido um pouco em relação a 1822, mas o território a sudoeste e noroeste do país ainda não tinha a configuração atual. As antigas províncias passaram a ser estados.

O café começou a se destacar na Baixada Fluminense e no Vale do Paraíba e se tornou o principal produto da economia brasileira. O café foi essencial para o surgimento das ferrovias e o início do processo de industrialização, que foi possível com os recursos oriundos das exportações do café.

Em 1943, o Brasil já tinha o tamanho e o formato atual, pois as últimas aquisições de terras ocorreram em 1903, com o Acre, e em 1904, quando o Brasil ficou com uma parte do território de Pirara, ao norte do Amapá, na divisa com a Guiana Francesa. Depois disso, as nossas fronteiras externas (com os demais países sul-americanos) permaneceram. Já as fronteiras internas mudaram. Em 1943, por exemplo, ainda existiam os chamados territórios federais (Acre, Amapá, Guaporé, Ponta Porã, Iguaçu e Rio Branco, além do arquipélago de Fernando de Noronha). Depois, eles se tornaram estados ou foram incorporados a estados já existentes. O estado de Mato Grosso ainda não havia sido dividido em dois, e Tocantins ainda fazia parte de Goiás.

Brasil (1889)

Fonte: elaborado com base em SIMIELLI, Maria Elena. *Geoatlas*. São Paulo: Ática, 2013. p. 145. CAMPOS, Flávio de; DOLHNIKOFF, Miriam. *Atlas*: história do Brasil. São Paulo: Scipione, 2011. p. 16 e 39.

Brasil (1943)

Fonte: elaborado com base em CAMPOS, Flávio de; DOLHNIKOFF, Miriam. *Atlas*: história do Brasil. São Paulo: Scipione, 2011. p. 57.

Geolink

Leia o texto a seguir.

Culinária afro-brasileira: africanos enriqueceram a cozinha brasileira

Os indígenas se alimentavam da mandioca, das frutas, dos peixes e das carnes de caça. Com a chegada dos colonizadores portugueses, o pão, o queijo, o arroz, os doces e os vinhos foram se incorporando à nossa alimentação.

Mas uma das contribuições mais importantes aos nossos hábitos alimentares, durante todo o período de colonização, foi aquela que veio da África [...]. Se os comerciantes de escravos traziam os ingredientes (especiarias), os escravos traziam na memória os usos e os gostos de sua terra. Era aí que estava o segredo.

[...] Os ingredientes nobres, o preparo requintado e as maneiras europeias à mesa aconteciam na casa-grande. Enquanto isso, a cozinha negra se desenvolvia na senzala, em tachos de ferro.

Alguns escravos conseguiam criar algum animal ou cultivar uma pequena horta. Talvez por isso o tempero e o uso de uma grande variedade de pimentas deram um sabor especial aos seus pratos. O azeite de dendê também foi um dos ingredientes mais importantes da culinária negra. [...]

Uma outra tradição, a de vender comida nas ruas, em grandes tabuleiros, se estabeleceu na mesma época na cidade de Salvador, na Bahia. Esses tabuleiros traziam de tudo. [...] Entre essas iguarias estava, além do acarajé, do vatapá e do abará, angu, mingau, pamonha e canjica. [...]

Um outro fator que ajudou a difundir a comida de origem negra foi a religião africana – o candomblé. O candomblé tem uma relação muito especial com a comida. Os devotos servem para os santos comidas que pertencem à tradição africana. Como as comunidades negras se espalharam pelo Brasil, a culinária que veio da África se espalhou por todo o país.

[...]. Os caldos, extraídos dos alimentos assados, misturados com farinha de mandioca (o pirão) ou com farinha de milho (o angu), são uma herança dos africanos. Podemos lembrar que da África também vieram ingredientes tão importantes como o coco e o café.

Para terminar, não se pode deixar de mencionar um dos pratos favoritos do país: a feijoada, que também se originou nas senzalas. Enquanto as melhores carnes iam para a mesa dos senhores, os escravos ficavam com as sobras: pés e orelhas de porco, linguiça, carne-seca etc., eram misturados com feijão-preto [...] e cozidos num grande caldeirão.

Fabio Colombini/Acervo do fotógrafo

A tradição da venda de quitutes nos tabuleiros das baianas é muito comum nas ruas da Bahia e de outras regiões do Nordeste. Essa prática, considerada um patrimônio imaterial do país, é herança da cultura africana trazida pelos povos escravizados. Na foto, baiana fritando a massa do acarajé, em Salvador (BA), em 2015.

STRECKER, Heidi. Culinária afro-brasileira: africanos enriqueceram a cozinha brasileira. *Centro de Estudos das Relações de Trabalho e Desigualdades*. Disponível em: <www.ceert.org.br/noticias/historia-cultura-arte/10124/culinaria-afro-brasileira-africanos-enriqueceram-a-cozinha-brasileira>. Acesso em: 29 maio 2018.

Agora, responda:

1. Você já comeu algum dos alimentos citados no texto? Quais?
2. O texto afirma que a culinária africana contribuiu muito para os hábitos alimentares no Brasil. De que forma isso ocorreu?

O princípio do *uti possidetis*

Depois de ler sobre a formação territorial do Brasil, é possível comparar o território brasileiro atual com a área de colonização portuguesa no século XVI. Percebe-se que aquela área mal chegava a um terço do território atual.

A expansão do território da colônia e, mais tarde, do país independente, em detrimento das áreas de colonização espanhola ou de países sul-americanos (Paraguai, Peru, Bolívia, etc.), ocorreu por causa dos deslocamentos de portugueses ou brasileiros para essas áreas, da implantação de habitações e atividades econômicas (especialmente mineração e agricultura) e da anexação dessas terras pelo princípio do *uti possidetis*.

O *uti possidetis* – termo originário da expressão latina *uti possidetis, ita possideatis* ("como possui, continuará a possuir") – foi uma solução diplomática que conferia a um Estado o direito de se apropriar de um novo território com base na ocupação, na posse efetiva da área, e não em títulos anteriores de propriedade. É evidente que esse princípio foi utilizado apenas entre Portugal e Espanha ou entre Brasil e países da América do Sul, sem levar em conta a posse dos diversos povos indígenas. Isso porque os colonizadores não consideravam que o indígena tinha pleno direito, com a sua cultura e o seu território.

Só nas últimas décadas, em especial a partir da Constituição de 1988, é que as sociedades indígenas passaram a ter reconhecido o direito sobre suas terras. Entretanto, muitas vezes os indígenas sofrem com a invasão de madeireiras, garimpeiros e fazendeiros em suas terras.

O território brasileiro atual possui uma área de 8 515 759 km², segundo as mais recentes estimativas do Instituto Brasileiro de Geografia e Estatística (IBGE), sendo um dos países mais extensos do mundo. Possui 7 367 km de contorno marítimo (o litoral com o oceano Atlântico) e 15 719 km de contorno terrestre, de fronteiras com os vizinhos sul-americanos. Todos os países da América do Sul, com exceção do Equador e do Chile, possuem fronteiras com o Brasil. Veja o mapa.

Brasil: pontos extremos e fronteiras

Fonte: elaborado com base em IBGE. *Atlas geográfico escolar*. 7. ed. Rio de Janeiro: 2016. p. 91.

A construção da nação

Assim como o território, também a nação – isto é, um povo ou sociedade com traços culturais comuns, com um sentimento de identidade, a identidade nacional – foi o resultado de um processo, de uma construção que levou centenas de anos. Por exemplo, entre os séculos XVI e XVIII, as pessoas livres (isto é, as que não eram escravizadas) que aqui viviam não se consideravam brasileiros, mas sim portugueses vivendo na colônia. Os indígenas, bem como os negros trazidos da África, também não se identificavam como brasileiros. Somente depois da abolição da escravidão, no final do século XIX, e principalmente no século XX, é que se expandiu a ideia de uma nação brasileira. Com isso, praticamente todos que vivem neste território passaram a se considerar brasileiros, mas – por conta de reações contrárias – levou certo tempo para a inclusão dos afrodescendentes e dos indígenas nessa ideia de nação.

O nacionalismo ou identidade nacional é algo indispensável para a formação de uma nação. No Brasil essa identidade só se consolidou no século passado, em especial a partir dos anos 1930, embora tenha começado timidamente no século XIX. Na terceira década do século XIX, após a independência (1822), uma preocupação da elite governante do país era mostrar que existia um povo brasileiro que seria diferente do português (embora a independência tenha sido proclamada por um príncipe português, D. Pedro I, que, além disso, era herdeiro do trono de Portugal).

Foi o movimento literário do Romantismo, especialmente a partir da segunda metade do século XIX, que construiu uma imagem do povo brasileiro: a mistura entre os portugueses, os indígenas e os africanos, que teria criado nesta terra uma gente e uma cultura diferentes daquelas de Portugal e dos povos nativos. O principal autor romântico que ajudou a construir essa ideia de povo e nação brasileiros foi José de Alencar.

Depois de Alencar, vários outros autores contribuíram para a imagem da nação brasileira como resultado da mestiçagem. Mas foi a partir dos anos 1930, com o governo de Getúlio Vargas, que o Estado brasileiro procurou reforçar e consolidar essa identidade nacional. O governo passou a financiar escritores e meios de comunicação (na época, principalmente o rádio, além de jornais e revistas), para divulgar essa imagem do Brasil, tanto aqui como no exterior. Para isso, foram criados símbolos que seriam típicos de nossa nacionalidade: a feijoada (que seria a comida brasileira típica), o futebol (a paixão do brasileiro), o samba e o carnaval (nossa música e festa popular), além de outros, como a capoeira.

Arquivo/Agência Estado

Na década de 1940, o esporte, principalmente o futebol, tornou-se símbolo da identidade nacional brasileira. Na foto, evento de inauguração do estádio do Pacaembu, em São Paulo (SP), em 1940.

Primeiro o Estado e depois a sociedade

Como se formou o Estado brasileiro? Aqui o Estado foi criado antes da sociedade, ao contrário do que ocorreu nos países europeus, por exemplo. Lá o Estado foi formado e reconstruído a partir das contradições e lutas da sociedade, das normas e formas de organização que os diversos grupos humanos desenvolveram no decorrer da história.

Portugal criou primeiro as instituições estatais – capitanias hereditárias e governo central, no período colonial – e só depois disso buscou mão de obra (trouxe africanos e os escravizou). Também os indígenas foram escravizados e permitiu-se a vinda de pessoas livres europeias, em geral pobres. A sociedade, portanto, foi criada para servir aos objetivos da metrópole colonizadora e os dominados sofriam violência (castigos físicos de escravos, prisões arbitrárias de pessoas livres pobres, grandes proprietários de terra usando jagunços para tomar áreas de famílias pobres, etc.).

A precedência do Estado sobre a sociedade gerou um sistema político autoritário, em que os governos, muitas vezes, não procuraram servir à sociedade, mas servir-se dela. É como se o Estado – e em particular os governantes – pudesse ser o "dono" do país.

Esse é um dos motivos por que até hoje os direitos dos cidadãos no Brasil constituem algo tão difícil de se garantir: em vez de serem uma realidade efetiva, eles são em grande parte uma promessa e uma conquista a ser realizada, é uma batalha que envolve todos nós.

Na imagem, de 1914, jagunços em fazenda em Juazeiro (BA). Os jagunços eram capangas armados, contratados por fazendeiros para vigiar suas terras e, muitas vezes, invadir terras alheias.

Texto e ação

1› Em duplas, pensem sobre este assunto: Seria possível, do ponto de vista dos indígenas, falar em descobrimento do Brasil? Por quê?

2› Por que até o século XIX não existia de fato uma nação brasileira? E como se deu a construção da nação brasileira?

3› Em sua opinião, os símbolos tidos como nacionais do Brasil – a feijoada, o carnaval, o samba, etc. – são de fato representativos do povo brasileiro? Justifique.

4› Explique como foi criado o Estado brasileiro e qual é a relação disso com as dificuldades do brasileiro em conquistar os direitos de cidadania.

CONEXÕES COM HISTÓRIA E LÍNGUA PORTUGUESA

Você conhece a influência das línguas africanas no idioma falado no Brasil? Leia o texto:

A língua de um povo é o reflexo dele mesmo, mas vertido em sons e palavras. Através dela nos expressamos e manifestamos nossa própria existência. E a nossa língua portuguesa é resultado de muitas e diversas existências, dentre elas, a do negro africano. [...]

Adam Jan Figel/Shutterstock

A língua portuguesa falada no Brasil reflete a influência africana. A palavra "caçula", por exemplo, que designa o irmão mais novo, é de origem banto, *cassula*. Na foto, irmãos em Lubanyi, em Uganda (África). Foto de 2017.

A vinda do negro para o Brasil está diretamente relacionada com a questão da mão de obra empregada pelos portugueses na colônia. Para tirar o máximo de lucro e contornar sua escassez populacional, a Coroa portuguesa precisou recorrer ao trabalho escravo. Diante da falta de mão de obra para a exploração econômica de um território imenso como o Brasil, a primeira saída encontrada pelos colonizadores foi a escravização dos indígenas. Mas esse modelo teve curta duração. A partir de 1550, a mão de obra indígena (embora ainda continuasse) foi substituída pela do negro africano. Economicamente mais interessante, o negro permitia lucros muito maiores aos portugueses, que ganhavam com tráfico de escravos da África. [...]

Os escravos africanos utilizavam o português como segunda língua, portanto imprimiam nela antigos hábitos linguísticos, executando-a com sotaque peculiar [...], simplificando sua morfologia até reduzir-lhe as reflexões. [...]

A inclinação do falante brasileiro em omitir a última consoante das palavras ou transformá-las em vogais: "falá", "dizê", "dirigî", "Brasiu", coincide com a estrutura silábica das em banto e em ioruba (os dois principais grupos de povos africanos que vieram para o Brasil), que nunca terminam em consoante.

Na estrutura silábica dessas línguas africanas também não há o encontro consonantal, como ocorre na linguagem popular brasileira. Ocorre a tendência de desfazer esse encontro e fazer uma nova sílaba ao se colocar uma vogal entre elas: sarava (salvar), fulô (flor), etc. É considerado como de origem africana a semivocalização do l palatal (lh na nossa grafia), que se observa na pronúncia popular em algumas regiões do Brasil: muyé por mulher; fiyo por filho; paya por palha.

Outros aspectos importantes são os fenômenos de deglutinação e aglutinação de fonemas, como acontece com o s do determinante, que se incorpora à vogal seguinte, produzindo uma nova forma autônoma. Como, por exemplo, as palavras: zome (nascido de os home) e zarreio (resultado de os arreio). [...]

YOSHINO et al. A influência das línguas africanas no português do Brasil. *Entretextos*, 1º ago. 2009. Disponível em: <www.usp.br/cje/entretextos/exibir.php?texto_id=90>. Acesso em: 5 mar. 2018.

1 Você concorda com esta afirmação: "A língua de um povo é o reflexo dele mesmo, mas vertido em sons e palavras"? Justifique.

2 Algumas palavras de origem banto no nosso vocabulário são berimbau, cachimbo, caçula, capanga, jiló, maxixe, moleque e sunga. E algumas palavras de origem ioruba são acarajé, fé, jabá, axé, bobó. Faça uma pesquisa para descobrir outros exemplos da influência africana no português brasileiro e, depois, compartilhe com os colegas.

ATIVIDADES

+ Ação

1› Leia o texto a seguir, que mostra um exemplo de sociedade sem Estado.

As pessoas importantes para nós

Primeiro tem o chefe.
O chefe escuta o pessoal,
depois ele resolve junto com todo o povo.
O costume nosso de governar é assim.
O chefe não precisa de polícia para mandar.
Nosso povo aprendeu com os antigos.
[...]
Na aldeia tem outras pessoas importantes.
Tem o pajé,
tem aqueles velhos que contam para nós
a sabedoria dos antigos.
Tem o chefe de dança.
Tem o chefe de guerra.
Todas essas pessoas
são importantes para nós.

PAULA, Eunice Dias de et al. *História dos povos indígenas*: 500 anos de luta no Brasil. Brasília/Petrópolis: Cimi/Vozes, 1982. p. 50.

a) Compare o papel do cacique (chefe) e o do pajé na sociedade indígena com o papel dos governantes na sociedade moderna.

b) Qual é a sua opinião sobre o modo indígena de governar citado no texto?

2› A atual Constituição brasileira contém as leis fundamentais que regem a nossa nação. Elas são elaboradas e votadas por políticos que são os representantes do povo. Essas leis estabelecem as relações entre governantes e governados, trazem os direitos e deveres dos cidadãos e suas garantias individuais. A Constituição é a lei máxima à qual todas as outras leis devem ajustar-se.

a) Se você tivesse de explicar para alguém o que é Constituição, o que você diria?

b) Certamente você já ouviu a expressão: "Isto é inconstitucional". Pesquise o que significa uma lei ser considerada inconstitucional e compartilhe com os colegas.

Agora, leia um trecho presente na Constituição:

Capítulo VIII

VIII – DOS ÍNDIOS (ARTS. 231 E 232)

Art. 231. São reconhecidos aos índios sua organização social, costumes, línguas, crenças e tradições, e os direitos originários sobre as terras que tradicionalmente ocupam, competindo à União demarcá-las, proteger e fazer respeitar todos os seus bens.

§ 1º São terras tradicionalmente ocupadas pelos índios as por eles habitadas em caráter permanente, as utilizadas para suas atividades produtivas, as imprescindíveis à preservação dos recursos ambientais necessários a seu bem-estar e as necessárias à sua reprodução física e cultural, segundo seus usos, costumes e tradições.

§ 2º As terras tradicionalmente ocupadas pelos índios destinam-se à sua posse permanente, cabendo-lhes o usufruto exclusivo das riquezas do solo, dos rios e dos lagos nelas existentes. [...]

§ 4º As terras de que trata este artigo são inalienáveis e indisponíveis, e os direitos sobre elas, imprescritíveis. [...]

SENADO FEDERAL. Disponível em: <www.senado.leg.br/atividade/const/con1988/con1988_05.10.1988/ind.asp>. Acesso em: 5 mar. 2018.

c) Explique o que a Constituição afirma sobre as terras dos indígenas.

d) A questão da sustentabilidade é considerada? É importante para os indígenas? Por quê?

Autoavaliação

1. Quais foram as atividades mais fáceis para você? Por quê?
2. Algum ponto deste capítulo não ficou claro? Qual?
3. Você participou das atividades em dupla e em grupo e expressou suas opiniões?
4. Como você avalia sua compreensão dos assuntos tratados neste capítulo?
   » **Excelente**: não tive dificuldade.
   » **Bom**: consegui resolver as dificuldades de forma rápida.
   » **Regular**: tive dificuldade para entender os conceitos e realizar as atividades propostas.

Lendo a imagem

- Você conhece os símbolos que representam o Brasil ou o município e o estado onde você mora? Observe a seguir os símbolos nacionais.

Palácio do Planalto/Presidência da República

Bandeira Nacional
Suas estrelas correspondem ao aspecto do céu do dia 15 de novembro de 1889, no Rio de Janeiro, então capital do Brasil.

Palácio do Planalto/Presidência da República

Brasão Nacional
Elaborado na presidência de Deodoro da Fonseca, é de uso obrigatório pelos três poderes da República, pelas Forças Armadas e nos prédios públicos.

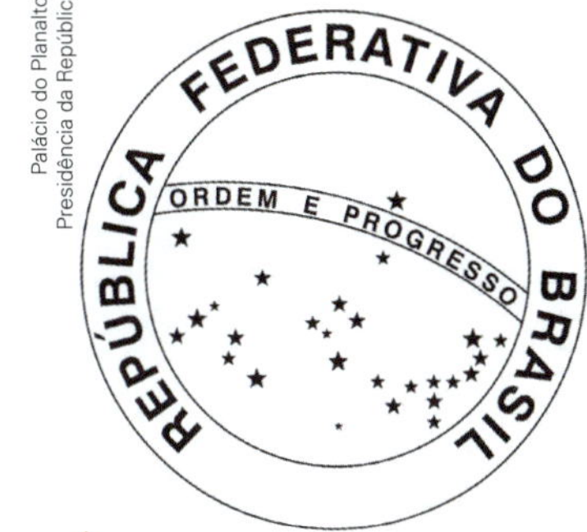

Palácio do Planalto/Presidência da República

Selo Nacional
É usado para autenticar atos do governo, diplomas e certificados expedidos por escolas oficiais ou reconhecidas.

Secretaria da Cultura e Desporto/Governo do Estado do Ceará/Shutterstock

Hino Nacional
Detalhe da primeira página da partitura do Hino Nacional. Sua letra é de Osório Duque Estrada e data de 1909, mas foi oficializada apenas em 1922.

a) Em livros, revistas e *sites*, pesquisem a letra do Hino Nacional e ouçam a música. Em seguida, respondam:

- Vocês ouvem o Hino Nacional com frequência ou apenas em algumas circunstâncias? Quais são essas circunstâncias ou acontecimentos? Onde ocorrem?
- O que mais chama a atenção de vocês na letra do Hino Nacional? Por quê?
- Vocês têm preferência por alguma interpretação do Hino Nacional (orquestrada ou cantada)? Por quê?

b) Pesquisem em livros, enciclopédias e na biblioteca da escola os símbolos que representam o estado e o município onde fica a escola.

c) Com o professor e os colegas, pensem em como divulgar na escola os símbolos do Estado e do município e o significado deles.

CAPÍTULO 2

Economia e disparidades socioterritoriais

Linha de montagem de computadores em Manaus (AM), em 2016.

Colheita de maçãs em pomar no município de Fraiburgo (SC), em 2016.

▶ Para começar

Converse com o professor e com os colegas:

1. Que atividade da economia brasileira você identifica na primeira foto? E na segunda?
2. O que mais chama a sua atenção nas fotos? Por quê?
3. Você sabe quais são as atividades econômicas mais importantes no seu município?

O que é economia? E crescimento econômico? Que indicadores são importantes para avaliar a situação econômica de um país e a qualidade de vida da população? Existem desigualdades na sociedade brasileira? Este capítulo discute essas e outras questões que envolvem a economia e a sociedade do Brasil.

1 PIB e renda *per capita*

Quase todos os dias lemos nos jornais, na internet ou vemos na televisão que algumas economias do mundo se expandem ou experimentam certo crescimento econômico, enquanto outras se retraem. Mas o que significa economia? E o que é crescimento econômico?

Chamamos de **economia** toda a produção e comercialização de bens e serviços. **Bens** são produtos materiais, como automóveis, canetas, móveis, casas, rodovias, computadores, etc. **Serviços** são atividades que não produzem bens físicos, mas são importantíssimas para a economia, tais como o comércio, os transportes e as telecomunicações, o setor bancário, as atividades remuneradas exercidas por uma grande diversidade de profissionais, como professores, advogados, contadores, médicos, etc.

O total da produção econômica anual – de todas as riquezas, isto é, tanto de bens como de serviços – de um país ou região é chamado de **Produto Nacional Bruto (PNB)**. É quase o mesmo que **Produto Interno Bruto (PIB)**, com a diferença de que este último se refere somente à produção interna, dentro do território, de empresas nacionais ou não. Já o PNB engloba toda a produção nacional, inclui os capitais recebidos do exterior e exclui os capitais enviados ao exterior (remessa de lucros de filiais de empresas estrangeiras, pagamento de parcelas da dívida, etc.). A taxa de expansão (ou, às vezes, de retração) do PIB e do PNB de um país é o seu ritmo de crescimento econômico, que pode ser medido mensalmente, por semestre, por ano, durante vários anos seguidos, etc.

A soma de todos os rendimentos (salários, lucros, juros, honorários, aluguéis, entre outros) da população de um país durante um ano compõe a **Renda Nacional**. Ela mede o rendimento das pessoas e das empresas durante um período e tem valor igual ao da produção econômica durante esse mesmo período. Portanto, o valor anual da renda nacional de um país é exatamente igual ao valor do PNB desse país no mesmo período.

No primeiro quadro, ao lado, observam-se as maiores economias do mundo em 2016, isto é, as que possuíam os maiores PIBs naquele ano. Contudo, o valor do PNB ou do PIB de um país ou de uma região mostra apenas o valor total da sua produção econômica. Temos de levar em conta, ainda, a população do país, pois às vezes um PIB elevado, quando dividido por uma grande população, resulta em baixa renda por habitante. A esse cálculo damos o nome de **renda *per capita***, que é o valor do PIB dividido pelo número de habitantes. O resultado indica a renda média da população de um país ou de uma região. Tanto o PIB como a renda *per capita* costumam ser usados para medir o desenvolvimento econômico de um país. O segundo quadro mostra também os países com as maiores economias e rendas *per capita* no mundo em 2016.

Juros: lucros ou rendimentos que se obtêm sobre dinheiro emprestado durante certo período.
Honorários: vencimentos ou remuneração daqueles que exercem profissões liberais (advogados, médicos, dentistas, etc.).

Maiores PIBs do mundo (2016)*

País	PIB (em bilhões de dólares)
Estados Unidos	18 624
China	11 199
Japão	4 940
Alemanha	3 477
Reino Unido	2 647

Fonte: elaborado com base em dados do Banco Mundial. Disponíveis em: <https://data.worldbank.org/indicator/NY.GDP.MKTP.CD?view=chart>. Acesso em: 31 ago. 2018.

* A moeda utilizada por órgãos internacionais, como o Banco Mundial, para esse tipo de análise é o dólar estadunidense.

Maiores rendas *per capita* (2016)*

País	Renda *per capita* (em dólares)
Luxemburgo	100 738
Suíça	79 887
Noruega	70 868
Irlanda	64 175
Islândia	59 764

Fonte: elaborado com base em dados do Banco Mundial. Disponíveis em: <https://data.worldbank.org/indicator/NY.GDP.PCAP.CD?view=chart>. Acesso em: 31 ago. 2018.

* A moeda utilizada por órgãos internacionais, como o Banco Mundial, para esse tipo de análise é o dólar estadunidense.

De acordo com os dados dos quadros da página anterior, podemos notar que nenhum dos cinco países com as maiores economias do mundo entra na lista dos Estados com maiores rendas *per capita*. O país com maior renda *per capita* é Luxemburgo, com renda média anual por habitante superior a 100 mil dólares. A renda *per capita* dos Estados Unidos, de 57 638 dólares, é a 7ª do mundo.

Há casos em que o PIB de um país não é tão alto, mas a renda média, sim. É o que ocorre com Luxemburgo, Suíça e Islândia, pequenos Estados com uma produção econômica razoável, porém com elevadíssima renda média por habitante. Não é o que acontece na China, que tem uma imensa produção econômica, mas apresentou renda *per capita* de 8 123 dólares em 2016.

Nesse *ranking* de maiores economias e rendas *per capita* do mundo, segundo dados de 2016, o Brasil apresentou um PIB de aproximadamente 1,7 trilhão de dólares, ocupando o 9º lugar entre as maiores economias do mundo. No entanto, a renda *per capita*, de 8 649 dólares, colocava o país no 62º lugar no *ranking* mundial, fazendo parte das rendas *per capita* consideradas médias.

Tanto o PIB como a renda *per capita* também podem ser indicados por unidades da Federação, por cidades ou até por bairros. Veja o exemplo no gráfico a seguir, que mostra as desigualdades de rendimentos no Brasil por unidades da Federação.

Brasil: rendimento *per capita* (2017)*

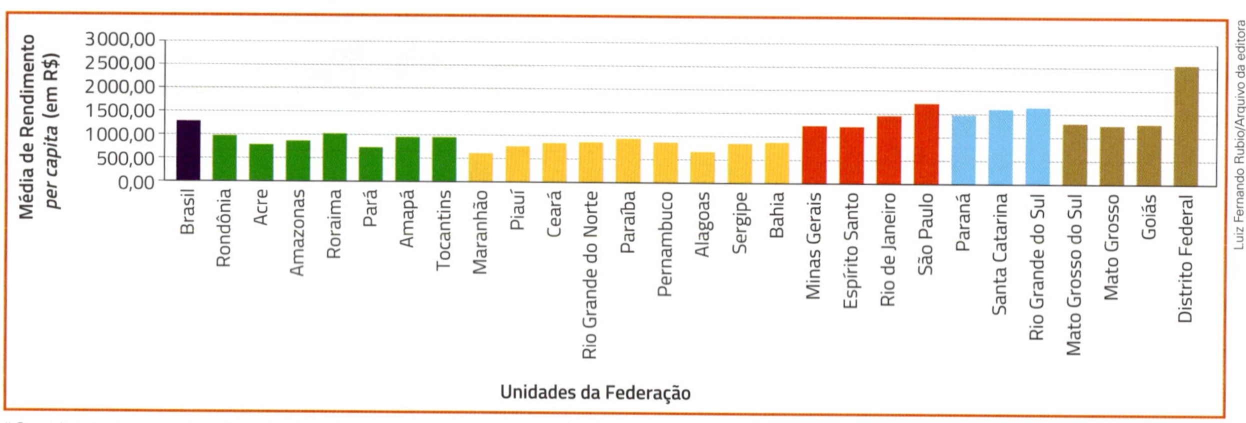

Luiz Fernando Rubio/Arquivo da editora

*Os valores correspondem à renda de cada pessoa sem contar as perdas decorrentes da inflação.

Fonte: elaborado com base em *Agência IBGE notícias*, 28 fev. 2018. Disponível em: <https://agenciadenoticias.ibge.gov.br/agencia-noticias/2013-agencia-de-noticias/releases/20154-ibge-divulga-o-rendimento-domiciliar-per-capita-2017.html>. Acesso em: 6 jun. 2018.

É preciso compreender que essa renda média não reflete a situação real de cada uma das parcelas que compõem uma população, pois não leva em conta as desigualdades sociais. Por exemplo, quando se diz que o consumo médio de carne bovina no Brasil é de 30 quilos por ano, isso não significa que todos os brasileiros consomem essa quantidade: enquanto uns consomem uma quantidade maior, o consumo da maioria é bem menor. O mesmo ocorre com a renda *per capita*.

Texto e ação

- Observe o gráfico desta página e responda:
  a) Qual é a diferença entre o maior rendimento domiciliar médio e o menor?
  b) Em sua opinião, há desigualdades regionais nos rendimentos médios ou *per capita* no Brasil? Justifique.
  c) Considerando os dados do gráfico, o que você pode concluir a respeito da renda média no estado onde você mora?

2 Distribuição da renda

Um indicador importante da situação econômica e social de uma população é a distribuição social da renda, que mostra como está distribuída a renda nacional pela população: se está muito ou pouco concentrada.

Outro importante indicador é o índice de Gini, usado internacionalmente para medir as desigualdades sociais. Vai de 0 (situação hipotética na qual a renda nacional está distribuída de forma totalmente igualitária entre a população) até 1 (situação também hipotética, na qual uma única pessoa concentra toda a renda do país). Portanto, quanto menor for esse índice, mais igualitária será a distribuição social da renda. Inversamente, quanto maior for o índice, maior a concentração na distribuição da renda nacional entre a população. Geralmente, nos países ricos ou **desenvolvidos**, a renda nacional é menos concentrada do que nos países pobres ou subdesenvolvidos e em parte das economias emergentes.

Saiba mais

O termo **países ricos** ou **desenvolvidos** – e seu oposto, **países pobres** ou **subdesenvolvidos** – popularizou-se após a Segunda Guerra Mundial (1939-1945), quando as organizações internacionais mostraram a enorme disparidade entre países que se industrializaram e se modernizaram a partir do século XIX (Reino Unido, França, Estados Unidos, Japão, etc.) em relação a Estados que, em geral, foram colônias das potências europeias e só começaram a se modernizar mais tarde (Haiti, Afeganistão, Bangladesh, etc.). Mais recentemente, alguns autores criaram o termo **economias emergentes** para se referir a países que se industrializaram rapidamente, em especial desde os anos 1970, como China, Índia, Coreia do Sul, Brasil, México, Turquia e outros.

Distribuição social da renda em alguns países selecionados (2015)

País	Porcentagem da renda nacional dos 10% mais ricos da população	Porcentagem da renda nacional dos 60% mais pobres da população	Índice de Gini
Noruega	21,6%	41,3%	0,268
Estados Unidos	25,3%	30,8%	0,346
Bolívia	33,4%	27,5%	0,458
Brasil	**40,5%**	**24,4%**	**0,513**
Zâmbia	44,4%	19,5%	0,571

Fonte: elaborado com base em WORLD BANK. *World Development Indicators, 2016*. Disponível em: <https://data.worldbank.org/indicator/SI.DST.10TH.10?locations=BR&view=map>; <https://data.worldbank.org/indicator/SI.POV.GINI?view=chart>. Acesso em: 4 abr. 2018.

O Brasil se destaca de forma negativa nesse assunto, pois a renda nacional é concentrada nas mãos de uma minoria. No quesito desigualdades sociais, a situação brasileira, embora tenha melhorado um pouco nos últimos anos, ainda está entre uma das mais concentradas e injustas de todo o mundo. Observe o gráfico.

Brasil: índice de Gini por regiões (2016)*

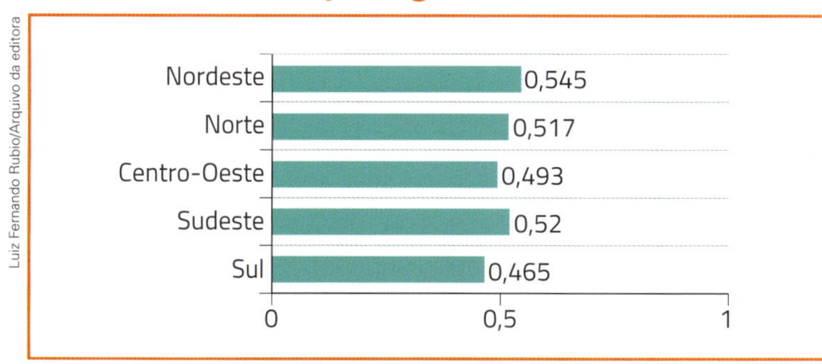

Fonte: elaborado com base em IBGE. Pnad Contínua 2016. In: VENTURINI, Lilian. *Nexo*. Como está a desigualdade de renda no Brasil segundo o IBGE. Disponível em: <www.nexojornal.com.br/expresso/2017/11/30/Como-est%C3%A1-a-desigualdade-de-renda-no-Brasil-segundo-o-IBGE>. Acesso em: 6 mar. 2018.

*Para apresentar os dados indicados ao lado, o IBGE levou em consideração o rendimento mensal real do brasileiro, que inclui salário, pensão e aposentadoria, entre outras fontes, ou seja, tudo o que foi recebido.

3 Indicadores sociais

Há ainda outros indicadores do desenvolvimento humano ou social de uma sociedade, um deles é a **escolaridade** da população. Todo país desenvolvido tem uma população com escolaridade média elevada. Observa-se o contrário nos países em desenvolvimento e subdesenvolvidos, muitos deles com elevada porcentagem de analfabetos.

Gerson Gerloff/Pulsar Imagens

Crianças guaranis e professor em sala de aula em escola da aldeia Tekoa Koenju, no município de São Miguel das Missões (RS), em 2016.

Em países desenvolvidos, como o Canadá, a Áustria ou a Dinamarca, por exemplo, a taxa de **analfabetismo** entre a população com 15 anos de idade ou mais é praticamente zero; no Brasil é de 7,2%, segundo dados de 2017; em Angola, de 29%; e no Sudão do Sul, de 68%. A taxa de pessoas com 25 anos ou mais com curso superior no Japão foi de 60% (em 2016); no Canadá foi de 61%. Em contrapartida, essa taxa no Brasil foi de 14%; na Turquia, de 17%; na Indonésia, de 8%; e na África do Sul, de apenas 7% no mesmo ano.

Outro indicador importante para avaliar as condições de vida de um povo é a porcentagem da população que vive abaixo da **linha internacional da pobreza**, ou seja, que vive com menos de 2 dólares por dia. No Brasil, cerca de 20 milhões de pessoas (quase 10% do total) vivem nessa condição degradante, segundo dados de 2016. Na Venezuela, são mais de 25% da população e, na Índia, cerca de 22%, ou seja, 290 milhões de pessoas.

Saiba mais

Linha internacional da pobreza

Trata-se de um parâmetro que busca definir o valor da renda mínima necessária por pessoa para garantir a sua subsistência. Com esse parâmetro é possível diagnosticar a população de um país ou de uma região que não possui nem ao menos esse rendimento, ou seja, pessoas que se encontram em situação de pobreza absoluta. Não existe um consenso sobre qual é o valor exato para esse índice, que costuma variar de 1,25 até 5 dólares ao dia, de acordo com o órgão que faz o cálculo e o momento econômico em que é feito.

Os indicadores ligados à saúde e à longevidade (**expectativa de vida**) da população permitem saber mais sobre o quadro econômico e social de um país. Nos desenvolvidos, a expectativa de vida de recém-nascidos (isto é, quantos anos espera-se que eles vivam em média, levando-se em conta o padrão de vida da população, ou seja, sua alimentação, saúde, atendimento médico-hospitalar, etc.) é bem maior que nos países subdesenvolvidos. Nestes países, a taxa de **mortalidade infantil** é muito superior à dos países ricos. Essa taxa mede, para cada grupo de mil crianças, quantas morrem antes de completar 1 ano de idade.

Padrão de vida: refere-se à qualidade dos serviços e produtos a que se tem acesso, o que depende do poder aquisitivo de uma dada população.

Observe o quadro a seguir.

Indicadores sociais em países selecionados (2015)

	País	PIB *per capita* (em dólares)*	Taxa de mortalidade infantil** (por mil: ‰)	Anos de escolaridade***	Expectativa de vida (em anos)
Países considerados desenvolvidos	Noruega	67 614	2,0	12,7	81,7
	Austrália	42 822	3,0	13,2	82,5
	Estados Unidos	53 245	5,6	13,2	79,2
	Japão	37 268	2,0	12,5	83,7
Países tidos como em desenvolvimento	México	16 383	11,3	8,6	77,0
	Brasil	**14 145**	**14,6**	**7,8**	**74,7**
	China	13 345	9,2	7,6	76,0
	Botsuana	14 663	34,8	9,2	64,5
Países considerados subdesenvolvidos	Angola	6 291	96,0	5,0	52,7
	Nigéria	5 443	69,4	6,0	54,7
	Haiti	1 657	52,2	5,2	63,1
	Níger	889	57,1	1,7	61,4

* PIB *per capita* é praticamente a mesma coisa que renda *per capita*: é o PIB do país dividido pelo número de habitantes.

** A taxa de mortalidade infantil normalmente indica quantas crianças com até 1 ano de idade morrem a cada ano por cada grupo de mil.

*** Anos de escolaridade indica o número de anos que um adulto (de 25 anos ou mais) frequentou a escola durante sua vida.

Fonte: elaborado com base em Programa das Nações Unidas para o Desenvolvimento (Pnud). *Human Development Report, 2016*. Disponível em: <http://hdr.undp.org/sites/default/files/2016_human_development_report.pdf>. Acesso em: 24 maio 2018.

Em resumo, medir o desenvolvimento humano ou social de um país ou de uma região é algo complexo. Mas é possível concluir, pelos dados disponíveis, que há uma sensível desigualdade internacional.

Dentro do território brasileiro, esses índices também indicam a desigualdade existente entre as regiões do país. O mapa ao lado mostra a porcentagem de pessoas acima dos 10 anos de idade que sabiam ler e escrever em 2013.

Brasil: população que sabe ler e escrever (2013)

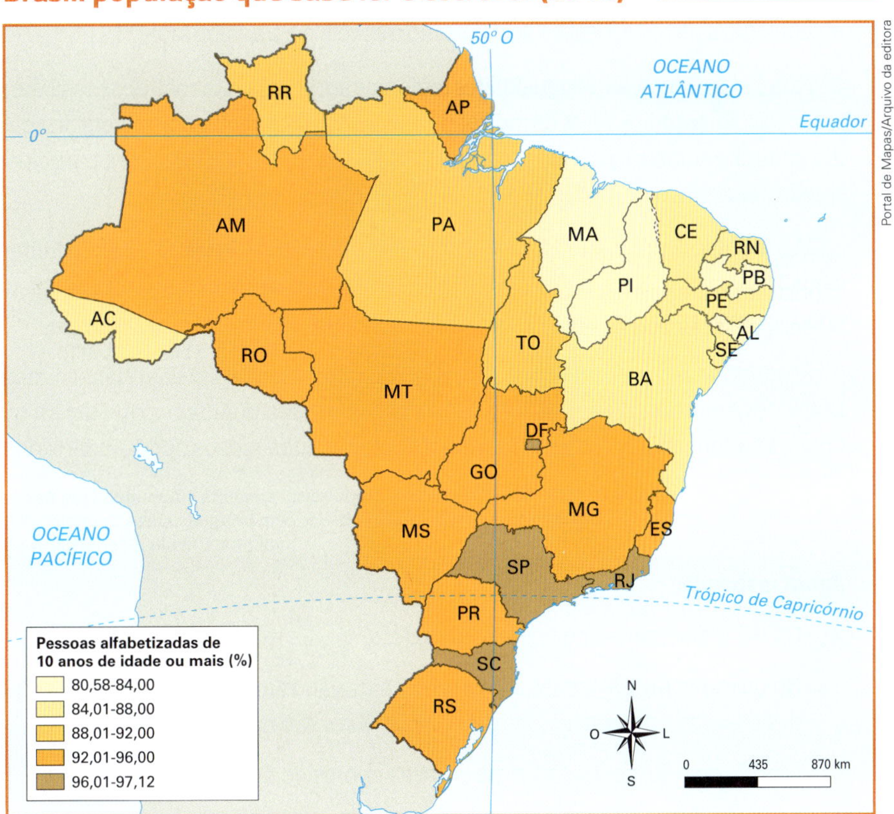

Fonte: elaborado com base em IBGE. *Atlas geográfico escolar*. 7. ed. Rio de Janeiro: IBGE, 2016. p. 120.

Geolink

Leia o texto a seguir.

Desigualdade social aumenta vulnerabilidade de crianças e adolescentes

A desigualdade social aumenta a vulnerabilidade de quem o Estatuto da Criança e do Adolescente (ECA) há 19 anos deve proteger. Cerca de 55% das crianças com até 6 anos de idade estão abaixo da linha da pobreza [no Brasil]. Entre crianças e adolescentes de 7 a 14 anos, o percentual de pobres é de 50% e entre os jovens com idade de 15 a 17 anos, de 40%.

Os percentuais de crianças e adolescentes pobres estão acima do que se verifica entre os adultos, 25% desses estão abaixo da linha de pobreza (meio salário mínimo *per capita* de renda familiar).

"As crianças são mais pobres que os adultos", confirma Enide Rocha, pesquisadora do Instituto de Pesquisa Econômica Aplicada (Ipea), especializada na área dos direitos da infância e da adolescência.

G. Evangelista/Opção Brasil Imagens

Crianças compartilham merenda na Escola Municipal Mestra Gabriela, no município de Turmalina (MG), em 2015. O ECA estabelece que a garantia dos direitos e do bem-estar das crianças e adolescentes deve ser a maior prioridade do poder público e da sociedade em geral.

Segundo ela, "para cada adulto pobre, há duas ou três crianças mais pobres". Ela afirma que o desrespeito aos direitos dos adolescentes aumenta a vulnerabilidade. "Envolve-se em um delito quem já estava fora de qualquer mecanismo lícito de ascensão social, como a escola e o trabalho legal." [...]

Para Enide Rocha, as desigualdades regionais agravam a situação dos brasileiros mais jovens. A Região Nordeste tem os piores indicadores de mortalidade infantil, analfabetismo, universalização e qualidade do ensino e trabalho infantil, enumera a pesquisadora que está fazendo doutorado sobre a participação da sociedade civil na construção das políticas públicas.

Mário Volpi, coordenador do Programa de Cidadania dos Adolescentes do Fundo das Nações Unidas para o Desenvolvimento da Infância (Unicef), também destaca a desigualdade como obstáculo para as políticas e programas criados para a promoção de direitos de crianças e adolescentes.

Segundo o oficial do Unicef, o país deve, para melhorar o futuro das crianças, diminuir as suas desigualdades. "O Brasil deve enfrentar essas disparidades. São essas desigualdades que fazem que uma criança negra [...], uma criança no semiárido ou uma criança na Amazônia tenha menos oportunidade de realizar os seus direitos."

Fonte: COSTA, Gilberto. Desigualdade social aumenta vulnerabilidade de crianças e adolescentes. *Agência Brasil*. Disponível em: <http://memoria.ebc.com.br/agenciabrasil/noticia/2009-07-13/desigualdade-social-aumenta-vulnerabilidade-de-criancas-e-adolescentes>. Acesso em: 6 jun. 2018.

Agora responda:

1. Qual é a ideia central do primeiro parágrafo?
2. No quinto parágrafo temos a enumeração de vários indicadores sociais que ajudam a compreender a situação das crianças e dos adolescentes no Brasil. Quais são esses indicadores?
3. Em sua opinião, por que há mais crianças pobres do que adultos?

Índice de Desenvolvimento Humano (IDH)

Até o final dos anos 1980, apenas os indicadores econômicos, como o PIB, o PNB, além da renda *per capita*, eram utilizados para medir o desenvolvimento de um país ou região. Os estudiosos, todavia, sempre alertaram que esses indicadores econômicos, apesar de importantes, são insuficientes, pois não levam em conta os aspectos sociais ou humanos. Daí a Organização das Nações Unidas (ONU) ter dado maior ênfase a dois fatores que antes eram negligenciados: a saúde e a educação das pessoas, que passaram também a ser medidos para avaliar o grau de desenvolvimento de cada país.

Com isso, surgiu um novo critério para estudar o desenvolvimento econômico e social dos Estados nacionais: o **Índice de Desenvolvimento Humano (IDH)**. Criado em 1990, ele introduziu uma mudança significativa na maneira de medir o desenvolvimento de um país, porque leva em conta também aspectos sociais da população. Ele passou a ser medido em praticamente todos os países do mundo e divulga os resultados por meio de relatórios anuais.

O cálculo do IDH de cada país é feito com base nos índices de renda, saúde e educação, chegando-se a valores em uma escala que vai de 0 a 1. O índice 1, jamais alcançado por nenhum país, corresponderia a uma situação perfeita, isto é, taxas excelentes em todos os indicadores, como uma alta renda *per capita*, toda população adulta com muitos anos de estudo e expectativa de vida altíssima. O índice 0, também inexistente na prática, seria uma situação extremamente precária de baixíssima expectativa de vida e renda média, além de altas taxas de analfabetismo, o que indicaria uma enorme pobreza.

Os países que possuem IDH mais próximo a 1 (superiores a 0,8) são os considerados desenvolvidos; os que possuem esse indicador mais próximo de 0 (inferiores a 0,550) são os subdesenvolvidos; e as nações que possuem esse indicador num nível intermediário a esses valores são consideradas pelas organizações internacionais como em desenvolvimento.

Há, ainda, o IDHM, que é o Índice de Desenvolvimento Humano Municipal. Ele utiliza os mesmos critérios do IDH, porém, calcula os índices de municípios e unidades da Federação. Observe o mapa ao lado e repare nas diferenças internas no Brasil.

Brasil: IDHM por unidades da Federação (2014)

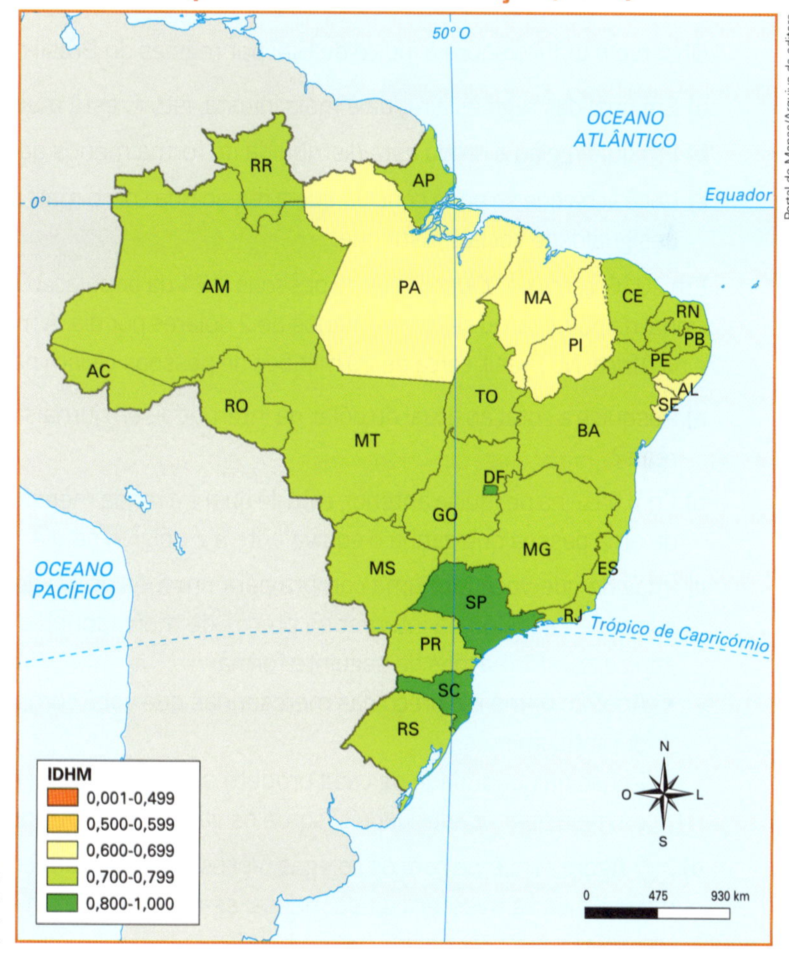

Fonte: elaborado com base em *Radar IDHM*. p. 10. Disponível em: <www.atlasbrasil.org.br/2013/data/rawData/RadarIDHM_Analise.pdf>. Acesso em: 21 abr. 2018.

Observe o quadro a seguir, que mostra as unidades da Federação com os maiores e menores IDHM e os dados de cada indicador utilizado na composição desse cálculo.

Brasil: unidades da Federação com maiores e menores IDHMs

	Unidade da Federação	Rendimento domiciliar *per capita* – 2016 (em reais)	Mortalidade infantil em 2015 (por mil)	Proporção de população com 25 anos ou mais com Ensino Superior completo em 2015	IDHM em 2014
Maiores IDHM	Distrito Federal	2351,00	10,76	32,36%	0,839
	São Paulo	1723,00	10,16	20,55%	0,819
	Santa Catarina	1458,00	9,19	24,44%	0,813
	Paraná	1398,00	9,71	21,44%	0,790
Menores IDHM	Alagoas	662,00	20,86	13,10%	0,667
	Pará	708,00	17,09	11,53%	0,675
	Maranhão	575,00	22,37	10,27%	0,678
	Piauí	747,00	19,72	10,94%	0,678
	Brasil	**1226,00**	**13,82**	**17,96%**	**0,761**

Fontes: RADAR IDHM. Análise de Resultados para Brasil, UFs e RMs – 2011 a 2014. Disponível em: <www.atlasbrasil.org.br/2013/pt/radar-idhm>; IBGE. *IBGE divulga o rendimento domiciliar* per capita *2016*. Disponível em: <ftp://ftp.ibge.gov.br/Trabalho_e_Rendimento/Pesquisa_Nacional_por_Amostra_de_Domicilios_continua/Renda_domiciliar_per_capita/Renda_domiciliar_per_capita_2016.pdf>. Acesso em: 21 maio 2018.

Texto e ação

1› Observe o gráfico sobre o índice de Gini por regiões do Brasil na página 41. Responda:

a) Em qual das regiões a renda é mais injusta, isto é, está mais concentrada?

b) Em qual região a renda está distribuída de forma menos desigual?

c) Você acha que se pode concluir que a região tida como mais pobre é também a que apresenta maior desigualdade social? Justifique.

2› Em 2016, cerca de 900 milhões de pessoas (12% da população mundial) viviam abaixo da linha internacional da pobreza, ou seja, com menos de 2 dólares por dia. A maior parte dessa população vive na Ásia e na África. No Brasil, cerca de 20 milhões de pessoas viviam nessa situação. Sobre este assunto:

a) Pesquise a cotação atual do dólar na internet ou em jornais. Qual é o equivalente a dois dólares em reais?

b) Com base na pesquisa anterior, calcule qual é a renda mensal em reais (supondo um mês de 30 dias) de uma pessoa que ganha o equivalente a 2 dólares ao dia.

c) Imagine que você fará uma compra para um mês de 30 dias. Para isso, pesquise em folhetos de supermercados ou na internet os preços de mercadorias que são essenciais no seu dia a dia. Organize as informações da seguinte forma:

- Anote o nome e o preço das mercadorias que você compraria para garantir a sua sobrevivência durante um mês;
- Pense na quantidade de cada produto que você anotou e multiplique ou divida o preço de cada um pela quantidade. Depois, some os valores encontrados.

d) Agora converse com os colegas: Vocês conseguiriam comprar tudo o que geralmente utilizam em um mês se tivessem renda mensal semelhante a essa?

4 Cidadania e democracia

Um aspecto importante no desenvolvimento econômico e social de um país é a qualidade de sua democracia. Afinal, o desenvolvimento não é somente um processo de avanços na economia, uma modernização com industrialização e urbanização, mas envolve outras esferas, como a sustentabilidade e a democracia.

Nos atuais países desenvolvidos, não foi apenas a industrialização que ampliou a qualidade de vida. Isso resultou de um longo processo, que se iniciou no final do século XIX, com as conquistas populares que são a base da democracia e que prosseguem até os dias de hoje.

Até o final do século XIX, na maioria dos países, pessoas sem propriedades ou sem um nível mínimo de rendimento não tinham o direito de votar. Somente após muitas lutas, em diversos países, é que se conseguiu o voto universal, com o mesmo valor para todos os cidadãos. Também as mulheres só conquistaram o seu direito ao voto – e o direito de serem elegíveis – no decorrer do século XX, graças à sua mobilização pela conquista desse direito.

Em vários países, incluindo o Brasil, também foram resultado de reivindicações e lutas sociais o direito à escolarização gratuita para todos, a redução da jornada de trabalho e as melhorias nas suas condições (direito a férias remuneradas, pagamento de hora extra, licença-maternidade ou paternidade, etc.).

A cidadania é sempre uma conquista. Uma conquista do povo, dos cidadãos que pressionam as autoridades para obter ou ampliar certos direitos: o direito de ir e vir livremente dentro do território nacional, de votar e ser votado, de igualdade de todos perante as leis, de livre opinião e expressão (sem qualquer forma de censura), de poder escolher livremente sua religião, profissão, local de moradia, etc. Esses direitos nem sempre existiram (em alguns lugares muitos deles não existem até hoje) e só nos últimos séculos ou anos, conforme o caso, é que foram sendo efetivados.

Danilo Verpa/Folhapress

Evento no dia 1º de maio em São Paulo (SP), em 2017. A data é o feriado internacional do Dia do Trabalho, que foi instituído em homenagem às lutas trabalhistas na Europa do final do século XIX, responsáveis pela redução da jornada de trabalho para 40 horas semanais, uma conquista que determina legislações trabalhistas do mundo todo até hoje.

Até as primeiras décadas do século passado, por exemplo, não existiam, na maioria dos países, escolas públicas e obrigatórias para os jovens; as pessoas não podiam expressar opiniões contrárias ao governo por causa do risco de serem presas e até torturadas. Esses direitos democráticos se transformam com o tempo, conforme surgem novas necessidades e mudanças na sociedade. Hoje, há direitos democráticos que não existiam até recentemente, como o de atendimento médico-hospitalar, de moradia, de meio ambiente sadio, entre outros.

Eduardo Knapp/Folhapress

Segundo o Ministério da Saúde, todos os cidadãos devem ter acesso igualitário e gratuito a atendimento médico, desde atendimento ambulatorial até cirurgias e transplante de órgãos. O direito à saúde é um dever do Estado. Na foto, área interna do Hospital Geral de Vitória da Conquista (HGVC), em Vitória da Conquista (BA), em 2015.

Uma grande desigualdade social, como a que existe no Brasil, não é boa para a democracia nem para a cidadania. Por sinal, ambas são interligadas. Já vimos que na história do Brasil, no período colonial, a sociedade foi criada para servir aos objetivos da metrópole colonizadora. Nessas condições, a cidadania pouco se desenvolveu no Brasil.

Até o fim do século XIX, a maioria da população era escravizada ou muito pobre e quase não possuía direitos políticos. Houve mudanças desde essa época: abolição da escravatura, a vinda de grandes contingentes de imigrantes, intensa urbanização com volumosas migrações do campo para as cidades, introdução de eleições e do direito ao voto, etc.

Dessa forma, a construção da cidadania, base da democracia, é algo ainda a ser ampliado no Brasil. É um desafio para esta e para as novas gerações.

Luciana Whitaker/Pulsar Imagens

Brasileira votando no município do Rio de Janeiro (RJ), nas eleições de 2014. O voto é obrigatório para os cidadãos entre 18 e 70 anos e facultativo para quem tem 16 ou 17 anos e mais de 70 anos.

Texto e ação

1. Explique por que desenvolvimento e democracia são processos interligados.
2. Por que a cidadania plena – isto é, sem restrições – só existe em sociedades democráticas?
3. Você acha que a cidadania plena existe no Brasil tal como nos países desenvolvidos e democráticos? Converse com os colegas.

CONEXÕES COM ARTE E LÍNGUA PORTUGUESA

1› Observe, na tirinha abaixo, o diálogo entre as personagens Mafalda e sua amiga Suzanita.

© Joaquín Salvador Lavado (Quino) Toda Mafalda/Fotoarena/Quino

De acordo com um dicionário eletrônico, o termo **preconceito** pode ser definido das seguintes formas:

1. qualquer opinião ou sentimento [...] concebido sem exame crítico.
   1.1. ideia, opinião ou sentimento desfavorável formado [...] sem maior conhecimento, ponderação ou razão.
2. atitude, sentimento [...] de natureza hostil, assumido em consequência da generalização apressada de uma experiência pessoal ou imposta pelo meio; intolerância (por exemplo, contra um grupo religioso, nacional ou racial).

INSTITUTO ANTONIO HOUAISS (Org.). *Grande Dicionário da língua portuguesa* (*on-line*). Disponível em: <https://houaiss.uol.com.br/pub/apps/www/v3-3/html/index.php#0>. Acesso em: 10 set. 2018.

Agora, converse com os colegas:

a) Na opinião de vocês, a tirinha apresenta alguma forma de preconceito?

b) Vocês acham que Mafalda concordou com a opinião de Suzanita? Por quê?

c) O modo de pensar de Suzanita estimula a desigualdade social? Por quê?

d) Com base na tirinha e nos seus conhecimentos, relacionem medidas que poderiam ser tomadas para proporcionar "bem-estar" (conforme mencionado por Mafalda) ao personagem do primeiro quadro.

2› Em duplas, observem a charge e depois respondam às questões.

© Armandinho/Acervo do cartunista

a) Qual é o problema social que a tirinha enfatiza? Justifique sua resposta.

b) Há relação entre a crítica da tirinha e o conteúdo do capítulo?

ATIVIDADES

1 › Pesquise em jornais, revistas e na internet informações sobre bens e serviços produzidos ou existentes no estado onde você mora. Depois, responda às questões abaixo.

a) Que atividades econômicas mais se destacam no estado onde você mora?

b) As indústrias estão presentes nas paisagens do estado? Que tipos?

c) Quais são os tipos de estabelecimento comercial que existem no estado onde você mora?

d) Que profissionais prestam serviços à população do seu estado?

2 › Leia o texto abaixo e responda às questões.

Em 79º lugar, Brasil estaciona no *ranking* de desenvolvimento humano da ONU

O Programa das Nações Unidas para o Desenvolvimento (Pnud) divulgou [...] o Relatório de Desenvolvimento Humano (RDH), e o Brasil se manteve no 79º lugar no *ranking* que abrange 188 países, do mais ao menos desenvolvido. O relatório foi elaborado em 2016 e tem como base os dados de 2015.

O IDH é um índice medido anualmente pela ONU e utiliza indicadores de renda, saúde e educação [...].

O *ranking* mundial de desenvolvimento humano dos países apresenta o índice de cada nação, que varia de 0 a 1 – quanto mais próximo de um, mais desenvolvido é o país. No RDH divulgado nesta terça, o Brasil registrou IDH de 0,754, mesmo índice que havia sido registrado em 2014. [...]

Na América do Sul, alguns países vizinhos ao Brasil apresentaram índices de desenvolvimento humano melhores.

O Chile, por exemplo, ficou em 38º lugar, com IDH 0,847; a Argentina, em 45º lugar (IDH 0,827); o Uruguai, em 54º lugar (IDH 0,795); e a Venezuela, em 71º lugar (IDH 0,767).

Desigualdade

Ao elaborar o Relatório de Desenvolvimento Humano, o Programa das Nações Unidas para o Desenvolvimento também divulga o "IDH ajustado à desigualdade". [...]

No caso do Brasil, o Pnud afirma que, se for levado em conta o "IDH ajustado à desigualdade", o índice de desenvolvimento humano do país cairia de 0,754 para 0,561 e o Brasil cairia 19 posições no *ranking* mundial.

Entre os 20 primeiros países do *ranking*, classificados entre as nações com desenvolvimento humano "muito alto", somente Países Baixos, Islândia, Suécia e Luxemburgo ganhariam posições, se levada em conta a desigualdade social. Estados Unidos, Dinamarca e Israel, por exemplo, cairiam.

Escolaridade e expectativa de vida

Um dos itens que compõem o IDH é a expectativa de anos de estudo dos cidadãos. De 2010 a 2013, esse número subiu de 14 anos para 15,2 anos, mas, desde então, não aumentou, se mantendo o mesmo em 2014 e em 2015.

A média de anos de estudo, por outro lado, manteve neste ano [2015] a trajetória de crescimento que vem sendo registrada desde 2010. Naquele ano, eram 6,9 anos. O número, então, subiu para 7,2 anos em 2012 e para 7,7 anos em 2014, por exemplo, chegando a 7,8 anos em 2015. A média brasileira, porém, está abaixo das registradas no Mercosul [...].

Fonte: MATOSO, Felipe. Em 79º lugar, Brasil estaciona no *ranking* de desenvolvimento humano da ONU. Brasília: *G1 – Mundo*. Disponível em: <https://g1.globo.com/mundo/noticia/em-79-lugar-brasil-estaciona-no-ranking-de-desenvolvimento-humano-da-onu.ghtml>. Acesso em: 8 jun. 2018.

a) O IDH do Brasil em 2015 era de 0,754. Ele é considerado um IDH de país desenvolvido, subdesenvolvido ou emergente (em desenvolvimento)?

b) O IDH brasileiro, conforme o texto afirma, foi de 0,754 em 2015, enquanto o "IDH ajustado à desigualdade" mostra um índice bem menor ao se referir ao país. Com base nisso, o que é possível perceber no nosso país?

c) A desigualdade social é uma exclusividade do Brasil? Justifique sua resposta utilizando algum argumento do texto.

Autoavaliação

1. Quais foram as atividades mais fáceis para você? Por quê?
2. Algum ponto deste capítulo não ficou claro? Qual?
3. Você participou das atividades em dupla e em grupo e expressou suas opiniões?
4. Como você avalia sua compreensão dos assuntos tratados neste capítulo?
   - » **Excelente**: não tive dificuldade.
   - » **Bom**: consegui resolver as dificuldades de forma rápida.
   - » **Regular**: tive dificuldade para entender os conceitos e realizar as atividades propostas.

Lendo a imagem

1 Países do mundo inteiro enfrentam problemas na área de educação, saúde, moradia, saneamento básico e distribuição de renda. Para lidar com essas questões, foi promovida, pela Organização das Nações Unidas (ONU), a Cúpula do Milênio em setembro de 2000. Líderes das grandes potências e representantes de 189 países participaram. O Brasil também participou. Nessa cúpula, foram criados os Objetivos de Desenvolvimento do Milênio, que deveriam ser alcançados em 2015. Houve melhorias na maioria dos países, porém, como os objetivos não foram totalmente alcançados, novas metas foram estabelecidas até 2030. Em duplas, observem a imagem a seguir e depois façam o que se pede.

Reprodução/ONU

a) Qual é a importância de a ONU estabelecer objetivos e metas de desenvolvimento a serem alcançados em todo o mundo?

b) Expliquem, com suas palavras, pelo menos três das 17 metas para o desenvolvimento sustentável até 2030.

c) Imaginem que vocês tenham que elaborar mais um objetivo a ser alcançado pelos países. Qual seria esse objetivo?

2 Em duplas, observem a imagem abaixo.

a) Ela representa igualdade ou desigualdade social? Que elementos da imagem justificam a sua resposta?

b) No município em que você mora, há paisagens semelhantes a essa? Por que você acha que isso ocorre?

Hans Von Manteuffel/Opção Brasil Imagens

Vista do bairro da Torre, no município de Recife (PE), em 2016.

CAPÍTULO

3 População brasileira

População brasileira (1890-2020)

*Projeção referente a 1º de julho de 2020.

Fontes: elaborado com base em IBGE. *Sinopse do Censo Demográfico 2010*. Disponível em: <https://biblioteca.ibge.gov.br/visualizacao/livros/liv49230.pdf>; IBGE. *Projeção da população do Brasil e das unidades da Federação*. Disponível em: <www.ibge.gov.br/estatisticas-novoportal/sociais/populacao/9109-projecao-da-populacao.html?=&t=resultados>. Acesso em: 26 jun. 2018.

Neste capítulo vamos estudar a população do Brasil, observar a sua distribuição pelo território e como ela vem crescendo nas últimas décadas. Vamos entender como a população se ocupa e trabalha e conhecer as principais etnias que formam nossa gente. Além disso, veremos a composição da população nacional por sexo e por idade.

Para começar

1. Você sabe o que é um recenseamento ou censo demográfico?
2. Qual é a diferença entre um recenseamento e uma estimativa?
3. Observe o gráfico e responda: o ritmo de crescimento populacional do Brasil vem crescendo, diminuindo ou é estável?

1 Crescimento demográfico

O **censo** ou **recenseamento demográfico** é uma pesquisa realizada em todos os domicílios de um país para colher informações sobre a sua população. No Brasil, ele é realizado a cada dez anos pelo Instituto Brasileiro de Geografia e Estatística (IBGE). Esse instituto recolhe dados demográficos, econômicos, sociais, étnico-culturais, entre outros.

É possível calcular o aumento ou a diminuição da população de um país por meio de dois processos: pela diferença entre o número de pessoas que entraram no país (imigrantes) e o número das que saíram (emigrantes), e pelo chamado **crescimento natural** ou **vegetativo**, que é a diferença entre os nascimentos e os óbitos. Quando se observa um crescimento natural negativo em um país, é um indício de que há mais óbitos do que nascimentos para cada grupo de mil pessoas desse local, ao passo que o crescimento vegetativo positivo mostra uma maior taxa de nascimentos se comparada ao número de óbitos por mil pessoas.

No caso do Brasil, apenas o crescimento vegetativo é relevante na atualidade, pois a imigração só teve influência significativa no crescimento da população brasileira entre o fim do século XIX e 1934.

No período compreendido entre os dois últimos recenseamentos realizados no Brasil (2000 a 2010), o número de habitantes do país cresceu 1,17%. Em 2017, observou-se que o número de habitantes do país cresceu cerca de 0,77% em relação a 2016.

A população total do Brasil passou de pouco mais de 169 milhões em 2000 para mais de 190 milhões em 2010. Estimativas do IBGE apontam para a possibilidade de se chegar a 212,6 milhões de pessoas vivendo em território brasileiro em dezembro de 2020. Embora os números sejam altos, o ritmo do crescimento demográfico do Brasil – como ocorre praticamente em todo o mundo – vem diminuindo com o tempo. Era de 1,93% ao ano no período de 1980-1991, caindo para 1,64% no período de 1991 e 2000 e para 1,17% no período 2000-2010. Já em 2011, essa taxa foi inferior a 1%. Ou seja, o país passou – e provavelmente continuará a passar – por uma sensível diminuição das taxas de crescimento demográfico, como podemos ver no quadro abaixo.

Evolução demográfica do Brasil (1950-2020)

Ano	População	Taxas médias anuais
1950	51 944 397	2,39% (1940-1950)
1960	70 070 457	2,99% (1950-1960)
1970	93 139 037	2,89% (1960-1970)
1980	119 002 706	2,48% (1970-1980)
1991	146 825 475	1,93% (1980-1991)
2000	169 799 170	1,64% (1991-2000)
2010	190 755 799	1,17% (2000-2010)
2020*	212 077 375	0,67% (2010-2020)

* Projeção para o ano de 2020 fornecida pelo IBGE.

Fontes: IBGE. *Sinopse do Censo Demográfico 2010.* Disponível em: <https://biblioteca.ibge.gov.br/visualizacao/livros/liv49230.pdf>; IBGE. *Projeção da população do Brasil e das unidades da Federação.* Disponível em: <www.ibge.gov.br/estatisticas-novoportal/sociais/populacao/9109-projecao-da-populacao.html?=&t=resultados>. Acesso em: 26 jun. 2018.

A distribuição da população pelo território se dá de forma bastante irregular. Isso significa que a densidade demográfica é variável de acordo com a região. Há áreas no país (como na Amazônia) com menos de um habitante por quilômetro quadrado e outras (grandes cidades como São Paulo) com mais de mil habitantes por quilômetro quadrado. Veja o mapa ao lado.

O quadro a seguir apresenta as taxas de natalidade e mortalidade no Brasil desde a década de 1940. Note que os números se referem a quantos nascimentos ou mortes ocorrem para cada grupo de mil habitantes (por mil = ‰).

Densidade demográfica: índice que expressa a quantidade de indivíduos de uma população por unidade de área, ou seja, o número de habitantes por quilômetro quadrado (hab./km²). Um mapa de densidade demográfica mostra como se distribui a população num determinado espaço.

Brasil: densidade demográfica (2010)

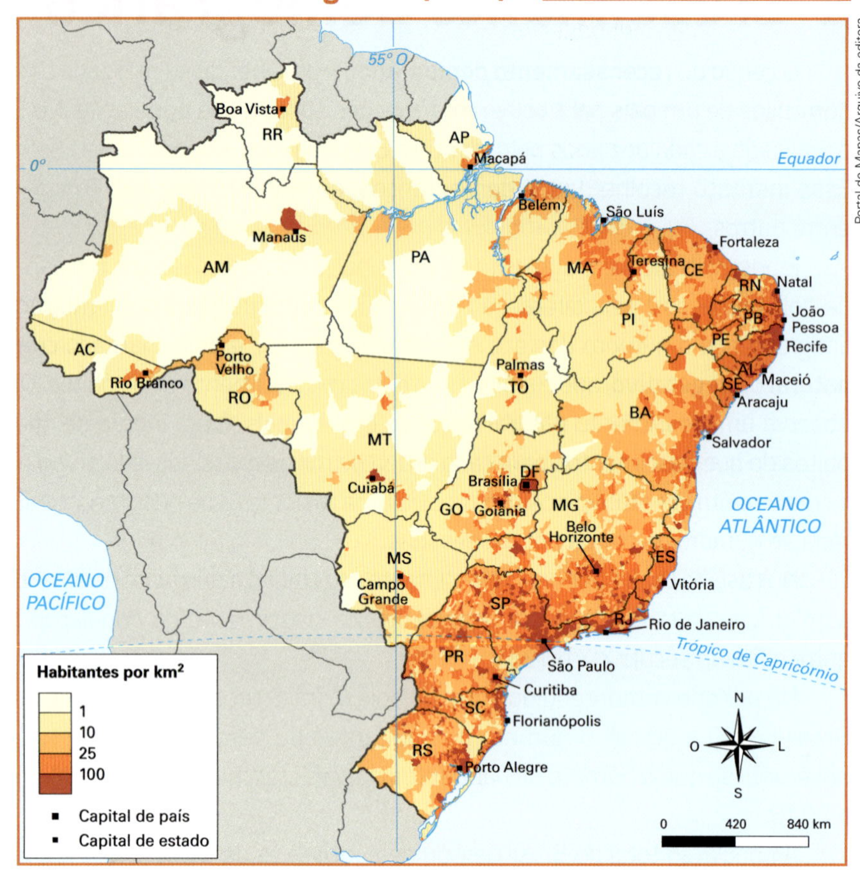

Fonte: elaborado com base em IBGE. *Atlas geográfico escolar*. 7. ed. Rio de Janeiro, 2016. p. 114.

A população brasileira, em geral, se concentra numa faixa litorânea desde o norte do país (Belém) até o sul (Porto Alegre), havendo poucas áreas interioranas bastante povoadas – apenas algumas faixas ao redor de Manaus, Brasília e Goiânia, Belo Horizonte, sudeste de Minas e interior de São Paulo e dos três estados sulinos.

Crescimento vegetativo no Brasil (1940-2010)

Ano	Taxa de natalidade (por mil - ‰)	Taxa de mortalidade (por mil - ‰)	Crescimento natural (por cem - %)
1945	44,40	20,90	2,35
1955	43,20	14,20	2,90
1965	38,70	9,80	2,89
1975	34,20	9,30	2,49
1985	28,99	7,68	2,13
1995	21,93	6,55	1,53
2005	18,15	6,20	1,19
2015	14,16	6,08	0,80

Fontes: elaborado com base em IBGE. *Censos Demográficos e Projeção da população do Brasil por sexo e idade para o período 1980-2050 – Revisão 2008*; IBGE. *Projeção da População do Brasil, 2013*. Disponível em: <https://seriesestatisticas.ibge.gov.br/series.aspx?vcodigo=CD109>; <https://brasilemsintese.ibge.gov.br/populacao/taxas-brutas-de-natalidade.html>; <https://brasilemsintese.ibge.gov.br/populacao/taxas-brutas-de-mortalidade.html>. Acesso em: 4 jul. 2018.

Transição demográfica

Como é possível observar no quadro da página anterior, as taxas de mortalidade vêm diminuindo no Brasil desde os anos 1940. Esse decréscimo foi anterior à redução das taxas de natalidade, o que é comum no mundo todo. Em geral, costuma ocorrer primeiro uma queda na mortalidade e somente após uma ou duas décadas é que se verifica uma queda semelhante na natalidade. A esse período damos o nome de **transição demográfica**, no qual o crescimento da população se acentua muito.

Nos países desenvolvidos, a transição demográfica (veja o boxe abaixo) ocorreu durante o século XIX e início do XX. Atualmente, esses países possuem taxas de natalidade e de mortalidade baixas, com um crescimento vegetativo pequeno. Às vezes, chegam a apresentar até mesmo taxas negativas de crescimento.

Os países subdesenvolvidos e os emergentes encontram-se em duas fases ou estágios. Alguns – como Argentina, Coreia do Sul, Uruguai e Brasil – já estabilizaram seu crescimento demográfico em baixas taxas. Outros, como parte das nações africanas e asiáticas – Libéria, Burundi, Somália, Uganda, Paquistão, Afeganistão –, apresentam mortalidade em declínio e continuam com altas taxas de natalidade (são atualmente os países com o maior crescimento populacional no mundo).

Saiba mais

A evolução demográfica

Como se observa no gráfico ao lado, geralmente, os países passam por etapas da evolução demográfica em sua população. Existem cinco fases de crescimento populacional: a primeira fase, que dura séculos, ocorre quando ambas as taxas (natalidade e mortalidade) são elevadas, resultando num crescimento demográfico pequeno. Na segunda fase, que se inicia com a industrialização e a urbanização do local, há uma grande queda na mortalidade que não é acompanhada pelo declínio da natalidade; o resultado é uma aceleração do crescimento populacional, conhecido como **explosão demográfica**. A terceira fase ocorre quando a taxa de natalidade começa a cair, havendo ainda um crescimento demográfico elevado (embora menor que na fase anterior). A quarta fase é aquela na qual começa a haver uma confluência entre ambas as taxas (natalidade e mortalidade), o que provoca uma diminuição do crescimento da população, tornando-se mínimo. Por fim, a quinta e última fase ocorre quando há um decréscimo populacional, ou seja, as taxas de natalidade são menores que as de mortalidade. Nessa última fase, a fecundidade média da mulher é menor que 2,1 (o número mínimo de filhos por mulher em idade fértil para que a população se mantenha estável).

Modelo de transição demográfica

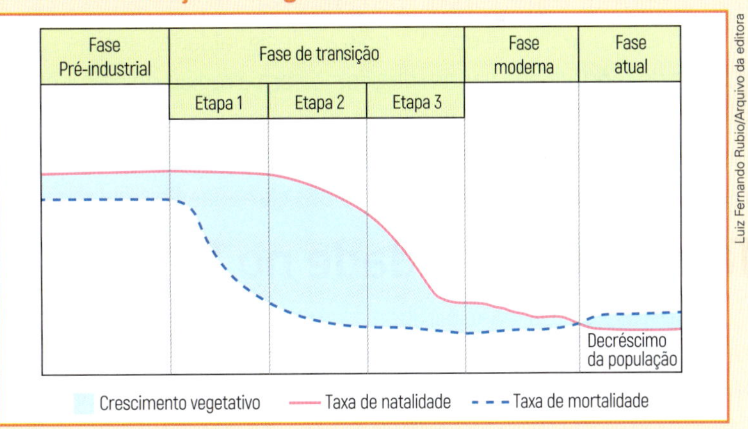

Fonte: elaborado com base em ORT Campus virtual. Disponível em: <http://campus.belgrano.ort.edu.ar/cienciassociales/articulo/204483/modelo-de-transicion-demografica>. Acesso em: 13 jun. 2018.

Taxas de mortalidade no Brasil

Por que a população brasileira cresceu tanto nas últimas décadas e as taxas de mortalidade diminuíram no país?

Desde o final do século XIX, os índices de mortalidade no Brasil vêm diminuindo. Foram registradas taxas de 30,2‰ em 1890, 26,4‰ em 1920, 14,2‰ em 1955 e 6,08‰ em 2015. Essa redução foi consequência, principalmente, da melhoria nas condições sanitárias e de higiene do país, com o saneamento de lagoas e pântanos, a dedetização de locais de trabalho e de moradia, a expansão das redes de esgotos e de água encanada, a vacinação em massa da população, entre outros fatores. A disseminação do uso de antibióticos, como as sulfas, além dos inseticidas possibilitou o controle de muitas enfermidades que, embora hoje sejam consideradas pouco graves, provocavam muitas mortes prematuras no decorrer do século XX.

Sulfa: grupo de antibióticos do tipo sulfonamida, usados para tratar doenças infecciosas.

Houve uma alteração nas principais causas de morte ao longo do tempo: no início do século XX, as doenças que causavam mais mortalidade eram as infecciosas e parasitárias e as que atingem os aparelhos respiratório e digestório; já nos últimos anos, foram observados a diminuição dessas doenças e o aumento de outras, como distúrbios dos sistemas circulatório e nervoso e maior incidência de casos de câncer. Assim, houve grande declínio de doenças como tuberculose, pneumonia, sarampo, gastroenterite, malária e outras – embora não tenham sido erradicadas.

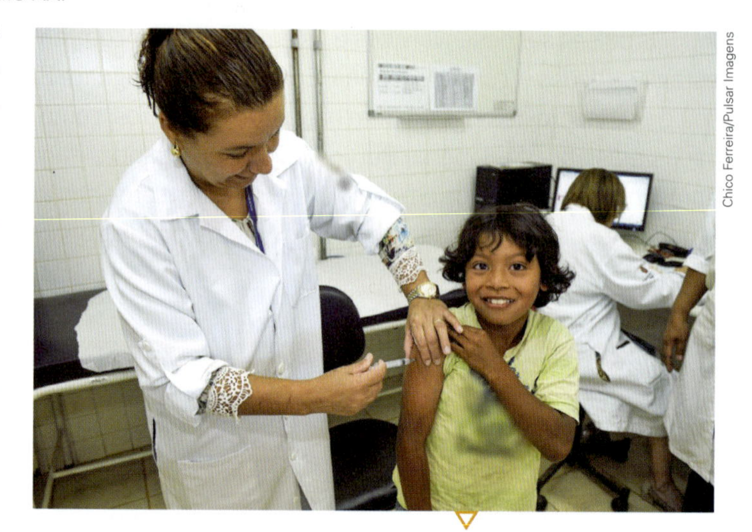

Chico Ferreira/Pulsar Imagens

Agente de saúde vacina criança no município de São Paulo (SP), em 2016. A vacinação em massa foi um dos fatores que levaram à diminuição da mortalidade no Brasil, especialmente das mortes relacionadas às doenças causadas por bactérias ou vírus. Segundo dados do IBGE, em 1990, em cada grupo de mil crianças, 61 morriam antes de completar 5 anos de idade. Em 2016, essa taxa caiu para cerca de 16 crianças por mil.

Na média geral, o índice de mortalidade caiu. No entanto, o índice médio não expressa precisamente a realidade do país, pois as desigualdades sociais são muito grandes e as taxas de mortalidade variam de acordo com a região do país e com o nível de renda da população. Em resumo, as regiões mais ricas têm menores taxas de mortalidade que as regiões mais pobres, e as classes de altas rendas apresentam, em média, índices de mortalidade menores do que os das camadas de renda mais baixa.

Taxas de natalidade no Brasil

As taxas de natalidade também vêm diminuindo no Brasil. O declínio nos nascimentos está associado a dois fatores principais: a queda nas taxas de mortalidade infantil e o processo de urbanização, que se intensificou a partir de 1950.

A queda nas taxas de mortalidade infantil resultou em um número cada vez maior de crianças que chegam à idade adulta. A garantia de que elas chegarão à maioridade leva as famílias a terem menos filhos. Esse cenário ocorre em praticamente todo o mundo, com exceção de alguns países nos quais as razões culturais incentivam a manutenção de grande natalidade ou proíbem a utilização de qualquer método anticoncepcional.

A partir de 1950, a urbanização acelerada no Brasil provocou uma queda nos índices de nascimentos, sobretudo nas médias e grandes cidades, nas quais os casais têm menos filhos e as mulheres, em geral, têm filhos mais tarde. Isso pode ser explicado pela participação efetiva das mulheres no mercado de trabalho, além do acesso ao uso de métodos anticoncepcionais, o que lhes permite adiar a gravidez, caso desejem.

Em 1960, por exemplo, as mulheres representavam apenas 17,5% da força de trabalho do país; em 2016, já representavam 46% desse total.

O fato é que, nas últimas décadas, as grandes famílias foram substituídas por famílias com um número menor de filhos, cujos pais têm concentrado esforços para oferecer melhores condições de vida (acesso à educação, ao lazer, etc.) a essas crianças. O padrão de famílias com um número menor de filhos também tem ocorrido no meio rural, devido a mudanças nos métodos de produção (máquinas que substituem mão de obra), às menores taxas de mortalidade infantil, à difusão dos métodos de controle de natalidade ou de planejamento familiar, etc. Dessa forma, a taxa de fecundidade da mulher brasileira passou de 5,8 filhos em 1970 para apenas 1,67 em 2017.

Cesar Diniz/Pulsar Imagens

Com poucos filhos, as famílias se tornam cada vez menores. Na foto, casal com filha recém-nascida no município de Cabo Frio (RJ), em 2017.

Apesar de terem diminuído de modo significativo nas últimas décadas, os índices de natalidade no Brasil ainda são altos quando comparados aos dos países desenvolvidos. Segundo dados fornecidos pelo Banco Mundial, em 2016, nos Estados Unidos essa taxa era de 12,4‰; na França era de 11,7‰ e no Japão era de apenas 7,8‰. Todavia, a taxa de natalidade no Brasil (cerca de 14‰ em 2016), que ainda se encontra em queda, é consideravelmente mais baixa do que aquelas ainda registradas nos países com altos índices de crescimento demográfico, como Níger (48,1‰), Somália (43,4‰), Uganda (42,1‰) ou Angola (41,8‰).

Taxa de fecundidade: índice que mede a quantidade média de filhos por mulher no final de sua idade reprodutiva.

Brasil: taxa de fecundidade (2000-2017)*

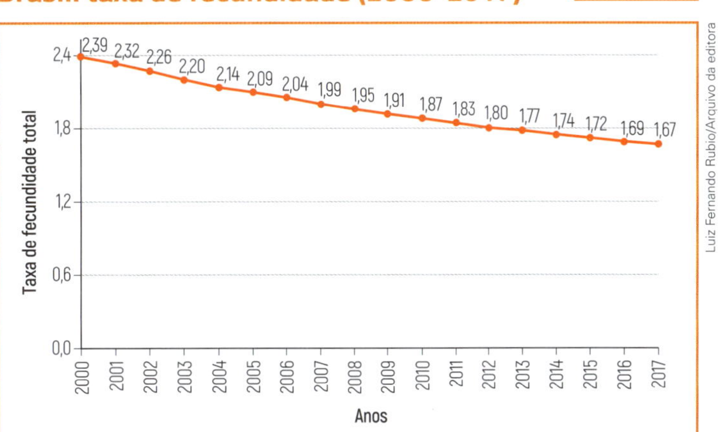

Luiz Fernando Rubio/Arquivo da editora

* Número médio de filhos nascidos vivos, tidos por uma mulher ao final do seu período reprodutivo (15 a 49 anos de idade), na população residente em determinado espaço geográfico, no ano considerado. A taxa de fecundidade total é obtida pelo somatório das taxas específicas de fecundidade para as mulheres residentes de 15 a 49 anos de idade.

Fonte: elaborado com base em IBGE. Brasil em síntese. *Projeção da população do Brasil e das unidades da Federação.* Disponível em: <https://brasilemsintese.ibge.gov.br/populacao/taxas-de-fecundidade-total.html>; <www.ibge.gov.br/estatisticas-novoportal/sociais/populacao/9109-projecao-da-populacao.html?=&t=resultados>. Acessos em: 15 mar. 2018.

Texto e ação

1. Reveja o mapa *Brasil: densidade demográfica (2010)*, na página 54, e responda às questões:

   a) Onde a população se concentra: na faixa litorânea ou no interior? Você conhece algum fator que explique a concentração da população brasileira nessa porção do território?

   b) Qual é a densidade demográfica do estado onde você mora?

2. Qual é a importância da vacinação como um dos fatores que contribuíram para a diminuição da mortalidade no Brasil?

   Em duplas, pesquisem na internet contra quais doenças uma criança fica protegida caso tome todas as vacinas previstas.

2 Estrutura da população por idade e por sexo

A classificação da estrutura etária (por idade) divide a população em três faixas: jovens (do nascimento até 14 anos), adultos (de 15 até 64 anos) e idosos ou terceira idade (de 65 anos em diante). Também é possível encontrar algumas publicações que consideram jovens os indivíduos que têm até 18 anos; adultos, aqueles com idade entre 19 e 60; e idosos aqueles com 60 anos ou mais. Entretanto, nos últimos anos, as organizações internacionais passaram a adotar aquela primeira classificação devido a vários fatores. Um deles é o ingresso dos jovens no mundo adulto mais cedo – por exemplo, em muitos países, um jovem aos 16 anos tem permissão para votar (caso do Brasil) e dirigir automóveis, além de ser considerado adulto perante as esferas civil e criminal (possuir maioridade penal). Outro fator é o aumento na expectativa de vida e na idade de aposentadoria, o que significa que, aos 60 anos, uma pessoa tem maior esperança de vida em comparação ao que ocorria até o final do século passado.

João Carlos Mazella/Fotoarena

O crescimento da população de idosos indica o aumento da expectativa de vida. Na foto, moradores de Recife (PE) praticam atividades físicas em programação elaborada pelo Conselho Nacional dos Direitos do Idoso e pelo Centro Integrado de Proteção da Pessoa Idosa, em 2015.

As nações que, há várias décadas, apresentam baixos índices de natalidade e mortalidade e de esperança ou expectativa de vida elevada – caso dos países desenvolvidos e de alguns emergentes – têm menos jovens em sua população (menos de 20% do total) e uma elevada proporção de idosos (mais de 18% do total da população).

Nos dias de hoje, alguns países subdesenvolvidos são considerados "jovens", pois apresentam uma grande proporção de jovens na população e uma faixa etária idosa pequena. No entanto, estimativas de instituições como o Banco Mundial indicam que, em no máximo duas décadas, praticamente não existirão mais "países jovens", pois a tendência mundial é a diminuição nas taxas de natalidade e o aumento na expectativa de vida da população.

O Brasil tem vivido o seu processo de transição demográfica, conforme mostra o gráfico ao lado. Isso significa que a tendência é haver no país cada vez mais pessoas idosas, em razão do aumento da expectativa de vida. Ao mesmo tempo ocorre a redução das taxas de natalidade e fecundidade, de modo que a população jovem diminuirá.

Brasil: distribuição percentual da população brasileira por grupos de idade (1980-2040)

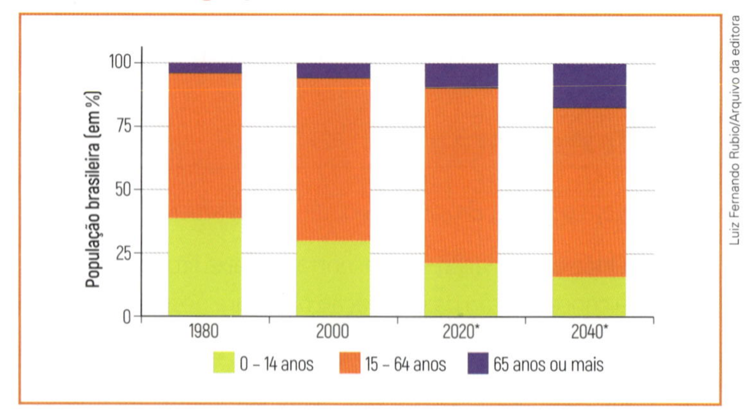

Luiz Fernando Rubio/Arquivo da editora

* As informações populacionais referentes aos anos de 2020 e 2040 são estimativas fornecidas pelo IBGE.

Fontes: elaborado com base em IBGE. *Recenseamentos de 1980 e 2000*. Disponível em: <www.ibge.gov.br/estatisticas-novoportal/sociais/populacao/9662-censo-demografico-2010.html?=&t=downloads>; IBGE. *Projeção da população por sexo e idade*: Brasil 2000-2060. Disponível em: <ww2.ibge.gov.br/home/presidencia/noticias/imprensa/ppts/000000144256 08112013563329137649.pdf>. Acesso em: 29 maio 2018.

Proporção entre homens e mulheres

De acordo com os resultados do *Recenseamento Demográfico do Brasil de 2010*, o número de mulheres no país é ligeiramente superior ao de homens. Essa constatação continua atual, pois, segundo as estimativas de população de 2017, realizadas pelo IBGE, há cerca de 3 milhões de mulheres a mais do que homens.

No entanto, essa proporção entre os dois sexos varia de acordo com a região do país. Geralmente, nas áreas de imigração – aquelas que estão recebendo novos contingentes em virtude de migrações internas, como Rondônia, Amazonas, Mato Grosso e Roraima –, a proporção de homens é superior à de mulheres. Já nas áreas de emigração – locais de onde se originam migrantes, como Ceará, Pernambuco e Alagoas –, a porcentagem de mulheres é maior, superando a média nacional. Vale ressaltar que essas diferenças raramente ultrapassam o índice de 3% ou 4%, para mais ou para menos, entre um sexo e outro.

Brasil: proporção de migrantes homens (2010)

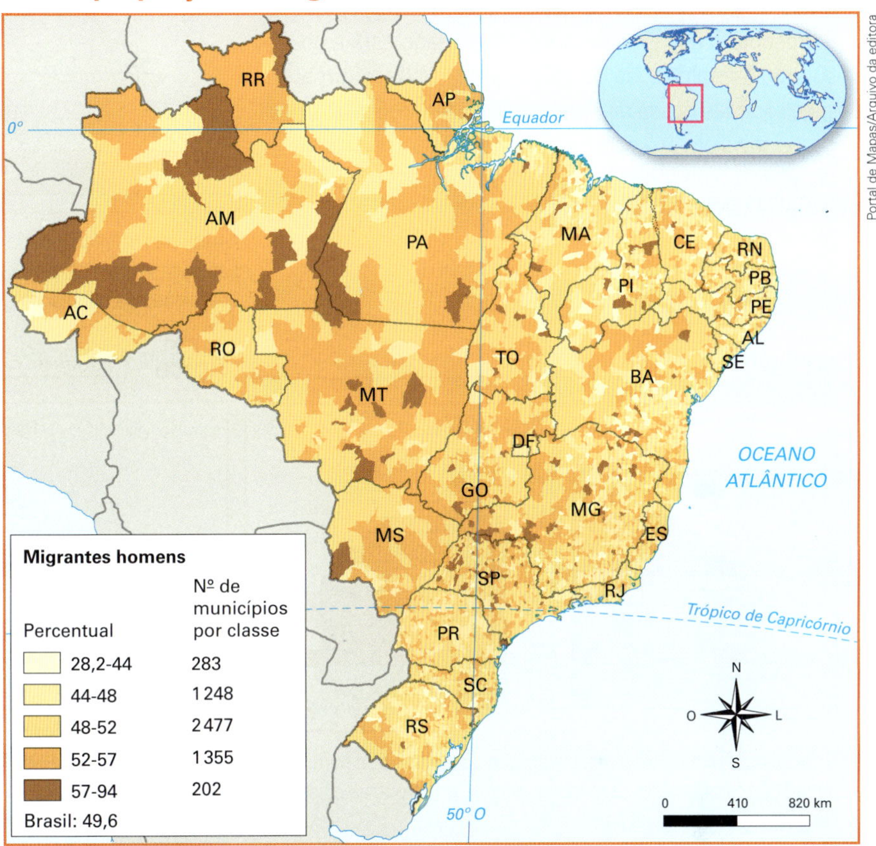

Fonte: elaborado com base em IBGE. *Atlas do Censo Demográfico 2010*. Rio de Janeiro: IBGE, 2013. Disponível em: <https://censo2010.ibge.gov.br/apps/atlas>. Acesso em: 17 mar. 2018.

Texto e ação

1 › Observe o mapa desta página e faça o que se pede.

a) Em que regiões do Brasil há maior presença de homens como migrantes? Cite quatro estados onde isso ocorre.

b) Cite cinco estados onde a proporção de migrantes homens é pequena.

c) Com base no mapa e em suas pesquisas, indique o percentual de homens migrantes do seu município.

2 › O envelhecimento da população é algo que vem ocorrendo em praticamente todo o mundo. Converse com os colegas e procurem responder:

a) Quais são os aspectos positivos do envelhecimento da população?

b) Na opinião de vocês, há aspectos preocupantes no envelhecimento da população?

Saiba mais

A pirâmide etária

Costuma-se representar a estrutura etária e a divisão por sexo de uma população por meio de um gráfico chamado de **pirâmide etária**. Esse gráfico tem barras que representam as faixas de idade. De um lado está a população feminina e, do outro, a masculina. As informações contidas nessa representação podem mostrar em qual estágio um país está (jovem, intermediário ou idoso), de acordo com a distribuição de sua população pelas faixas etárias.

Base

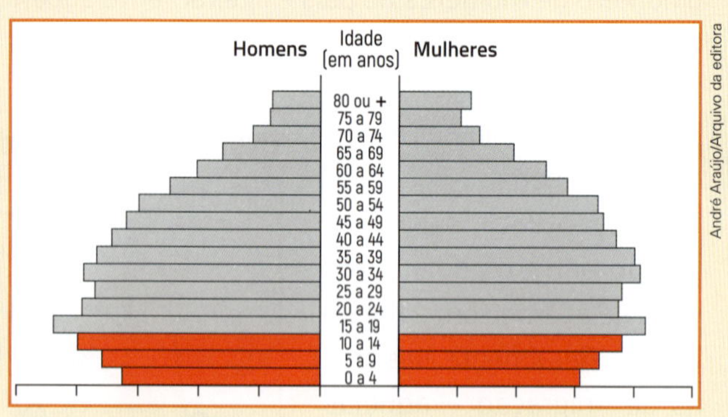

A base da pirâmide mostra a proporção de jovens que compõem a população total do país. Esse índice mostra, entre outras coisas, a quantidade da população que ainda entrará no mercado de trabalho.

Corpo

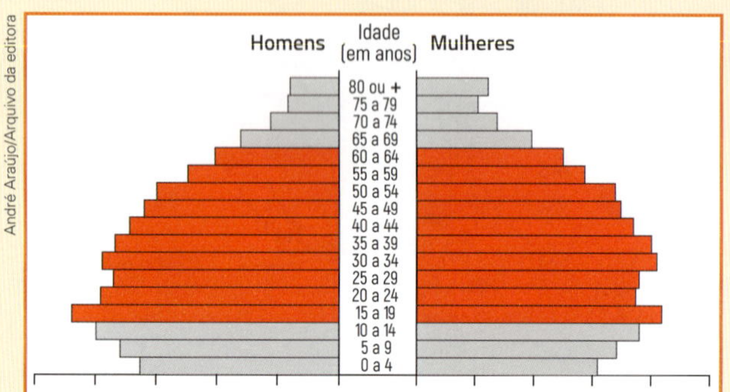

O corpo da pirâmide mostra a proporção de adultos que compõem a população total do país. Esse índice mostra, entre outras coisas, a força de trabalho de um país.

Ápice

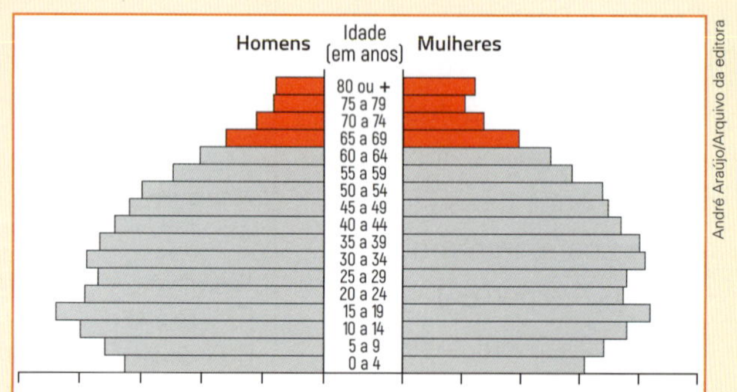

O ápice da pirâmide mostra a proporção de idosos que compõem a população total do país. Esse índice é importante, pois mostra, entre outras coisas, a quantidade da população que está saindo do mercado de trabalho.

As pirâmides etárias fornecem indícios sobre um país, como a natalidade e a longevidade da população. Observe o gráfico abaixo.

Japão (2016)

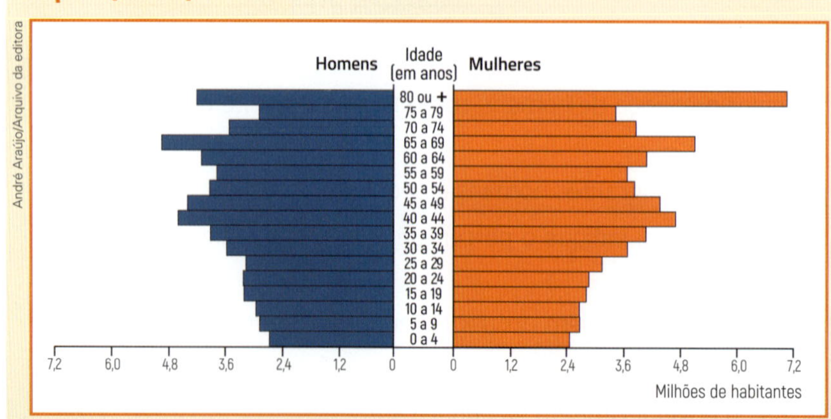

Fonte: elaborado com base em CIA. Disponível em: <www.cia.gov/library/publications/the-world-factbook/geos/ja.html>. Acesso em: 5 jul. 2018.

O **Japão** é considerado um país maduro, visto que cerca de 27% da sua população atual – estimada em cerca de 127 milhões de pessoas no ano de 2017 – possui 65 anos ou mais de idade. Nesse país, a população tende a diminuir por causa da baixa taxa de fecundidade.

Observe as pirâmides etárias do Brasil de quatro anos diferentes, com intervalo de vinte anos entre elas, e acompanhe a análise sobre a evolução demográfica brasileira. Podemos visualizar a "transição demográfica" do Brasil com a progressiva diminuição das taxas de mortalidade (o que resulta em uma maior proporção de idosos) e de natalidade (que reduz a porcentagem de jovens).

Brasil (1980)

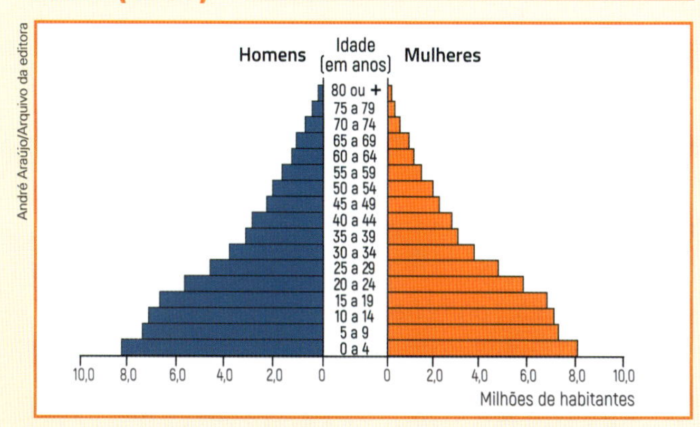

Fonte: elaborado com base em IBGE. Censo Demográfico 1980. In: IBGE. *Projeção da população por sexo e idade*: Brasil 2000-2060. Disponível em: <ww2.ibge.gov.br/home/presidencia/noticias/imprensa/ppts/00000014425608112013563329137649.pdf>. Acesso em: 5 jul. 2018.

No ano de 1980, o Brasil era considerado um país jovem. Observe que a maior parte da população possuía menos de 25 anos. Nesse período observamos altas taxas de natalidade e de mortalidade no país.

Brasil (2000)

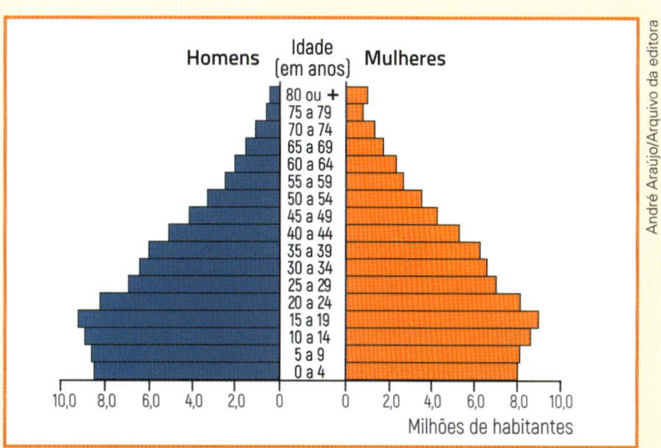

Fonte: elaborado com base em IBGE. *Censo Demográfico 2010*. Disponível em: <https://censo2010.ibge.gov.br/sinopse/webservice/frm_piramide.php?ano=2000&codigo=>. Acesso em: 5 jul. 2018.

No ano de 2000, o Brasil inicia a transição demográfica, pois a taxa de natalidade começa a declinar enquanto a proporção de pessoas nas demais faixas etárias aumenta. Observa-se ainda que o número de pessoas nas faixas etárias que correspondem à população idosa começa a aumentar, indicando maior expectativa de vida.

Brasil (2020*)

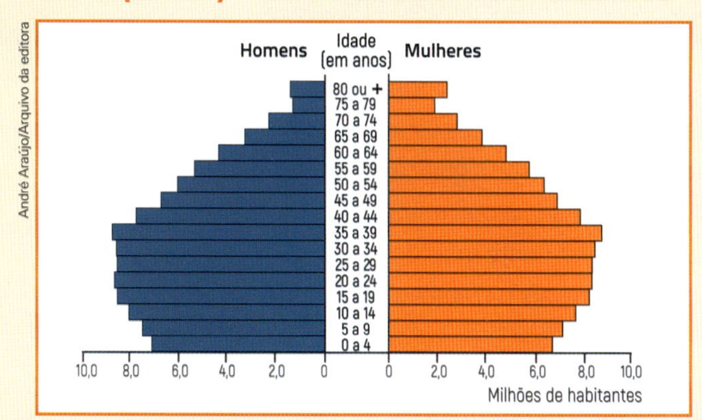

Fonte: elaborado com base em IBGE *Projeção da população por sexo e idade*: Brasil 2000-2060. Disponível em: <ww2.ibge.gov.br/home/presidencia/noticias/imprensa/ppts/00000014425608112013563329137649.pdf>. Acesso em: 5 jul. 2018.

* Estimativa.

O gráfico mostra uma estimativa da situação demográfica do Brasil no ano de 2020. Segundo essa estimativa, a janela demográfica, ou seja, o período em que a população que está no mercado de trabalho é maior que a população dependente (crianças e idosos), já está se fechando, o que indica sérios problemas para os sistemas de previdência e de saúde.

Brasil (2040*)

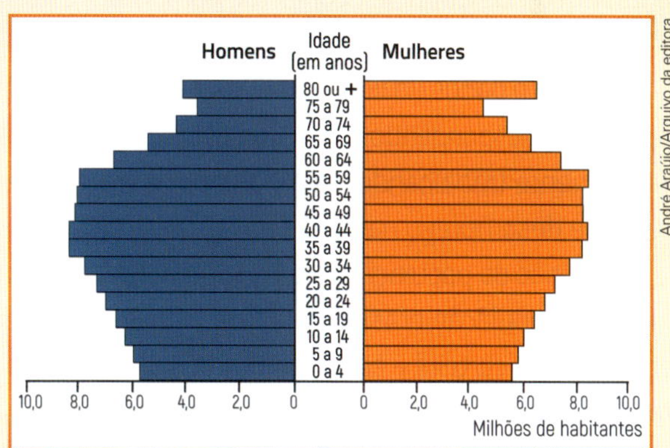

Fonte: elaborado com base em IBGE. *Projeção da população por sexo e idade:* Brasil 2000-2060. Disponível em: <ww2.ibge.gov.br/home/presidencia/noticias/imprensa/ppts/00000014425608112013563329137649.pdf>. Acesso em: 5 jul. 2018.

* Estimativa.

O gráfico mostra uma estimativa da situação demográfica do Brasil no ano de 2040. A partir desse momento, a população do país começará a diminuir, o que é um indício de que a taxa de mortalidade é superior à de natalidade. A população de idosos será de quase 40 milhões, 17,6% da população brasileira.

3 População ativa e setores de atividades

População economicamente ativa (PEA) é a parcela de pessoas com mais de 15 anos de idade, que trabalha ou que está procurando trabalho. A PEA inclui tanto a **população ocupada** quanto os **desempregados**, desde que estes estejam buscando emprego. População ocupada e PEA, portanto, são dois conceitos distintos, embora a população ocupada faça parte da PEA.

A parcela da população que não trabalha nem está empenhada na busca por um emprego é designada **inativa**. Dessa forma, entre os inativos incluem-se as crianças, os aposentados, os estudantes (desde que não trabalhem) e as mulheres e os homens que exercem somente funções domésticas não remuneradas.

A população economicamente ativa costuma ser distribuída pelos três setores de atividades econômicas:

- **primário** – inclui todas as pessoas que trabalham nas atividades primárias de produção (agricultura, pecuária e extrativismo tradicional);
- **secundário** – abrange todos aqueles que trabalham em indústrias, inclusive as extrativas e as de construção;
- **terciário** – compreende o conjunto de pessoas que trabalham no comércio ou prestam serviços em geral. Isso inclui bancos, setor público, atividades de seguro, saúde, educação, comunicações, advocacia, consertos em geral, etc.

Como se observa nessa divisão, o setor primário está relacionado basicamente com o espaço rural; e os setores secundário e terciário são, principalmente, urbanos. O setor primário abrange uma grande porcentagem da população ativa nos países pouco industrializados. Mas, à medida que um país se industrializa e se urbaniza, essa porcentagem tende a diminuir conforme aumentam a do setor secundário e, especialmente, a do terciário.

Segundo dados do IBGE relativos a 2017, a PEA do Brasil era de 104,4 milhões de pessoas, correspondendo a 50,4% da população total. Desse total, 92,1 milhões estavam efetivamente trabalhando e 12,3 milhões estavam desempregados. Isso significa que a taxa de desemprego naquele ano era de 11,8%, pois essa taxa mede a porcentagem da PEA (e não da população total) que está desempregada. Provavelmente mais do que 50,4% da população brasileira de fato trabalha, pois é comum no país o trabalho não registrado em carteira – caso de inúmeros trabalhadores rurais ou até de empregados domésticos, categorias que acabam não sendo incluídas nas estatísticas referentes à PEA.

O quadro ao lado apresenta a distribuição da população ocupada (e não da população total) pelos setores de atividades em 1976 e em 2016, o que permite analisar a evolução em cada setor durante quatro décadas.

Brasil: distribuição da população ocupada por setores (1976 e 2016)

Ano	Setor primário	Setor secundário	Setor terciário
1976	36,2%	23,2%	40,6%
2016	9,9%	20,8%	69,3%

Fonte: elaborado com base em IBGE. *Anuário estatístico do Brasil*. v. 40. Rio de Janeiro: IBGE, 1979. p. 119. Disponível em: <https://biblioteca.ibge.gov.br/visualizacao/periodicos/20/aeb_1979.pdf>; IBGE. *Síntese de indicadores sociais*: uma análise das condições de vida da população brasileira: 2017. Rio de Janeiro: IBGE, 2017. Disponível em: <https://biblioteca.ibge.gov.br/visualizacao/livros/liv101459.pdf>. Acesso em: 22 maio 2018.

De acordo com o quadro, há um declínio da população ocupada nas atividades primárias. Isso não significa que esse setor venha produzindo menos, mas que há progressiva mecanização das atividades, principalmente na agropecuária, que aumentou sua produção mesmo com menos mão de obra.

Apesar dessa diminuição, a agropecuária brasileira ainda figura como grande empregador e como atividade que muito contribui para as exportações do país.

Também o setor secundário sofreu uma queda relativa nessas décadas, passando de 23,2% (em 1976) para 20,8% da PEA (em 2016), o que também se deve à modernização industrial, com mecanização (ou robotização) das tarefas, pelo menos em alguns setores (automobilístico, mecânico, eletrônico, etc.). Essa queda percentual dos trabalhadores na indústria só não foi maior porque as estatísticas incluem no setor secundário os empregados na construção civil (pedreiros, encanadores, pintores, eletricistas, arquitetos e engenheiros, etc.).

Tal como ocorre em quase todos os países do mundo, no Brasil o setor terciário é o que mais se expande. Esse panorama é esperado em um país que se industrializou, urbanizou e vem ampliando a mecanização nos setores primário e secundário.

O setor terciário brasileiro encontra-se em constante processo de modernização, resultado das inserções tecnológicas que as empresas realizaram para dialogar com os setores primário e secundário. No entanto, ainda há inúmeras empresas que não se modernizaram e utilizam mão de obra com baixa qualificação (e com baixa remuneração). Nesses casos, nota-se uma proporção grande de trabalhadores no **setor informal**, isto é, que não são registrados, não estão submetidos aos encargos pagos por um trabalhador com registro em carteira e não possuem direitos como férias e descanso remunerados ou licença-maternidade, entre outros direitos trabalhistas. Essas pessoas atuam no comércio ambulante (nas ruas) ou como prestadores de serviços informais (como consertos de equipamentos ou obras em residências).

O trabalho informal é mais comum no setor terciário.

lazyllama/Shutterstock

Exemplo de atividade no setor informal: vendedor ambulante de coco no município do Rio de Janeiro (RJ), em 2016.

Desemprego e setor informal

Os índices de desemprego vêm aumentando no Brasil desde 1990. Para se ter uma ideia, nos anos 1980, a taxa de desempregados na população economicamente ativa do Brasil era de cerca de 5%; em 2010 era de 7,1%; em 2015 era pouco superior a 8%; e em 2017 atingiu o patamar de 11,8%.

Uma das consequências do crescimento das taxas de desemprego no Brasil foi a expansão do setor informal da economia. A mecanização, a informatização e a robotização de várias tarefas, além das migrações rural-urbanas, contribuíram para essa expansão, que se concentra basicamente nas grandes e médias cidades.

No setor informal, encontram-se pessoas que se dedicam às atividades sem registro em carteira ou qualquer outra forma de vinculação com uma empresa ou com o Estado. Geralmente, elas estão desempregadas e não conseguem (ou não querem) atividades ou empregos formais devido à falta de qualificação ou ao excesso de burocracia e de impostos. São exemplos de ocupações que podem ser exercidas informalmente: vendedores de sanduíches ou doces em carros utilitários, motoristas de aplicativos, vendedores de comércio nas ruas, prestadores de serviços elétricos, hidráulicos e de construção, professores de idiomas e tradutores autônomos, empregados domésticos não registrados, etc.

Rogério Reis/Pulsar Imagens

O INSS foi criado em 1988 e é um órgão do Ministério da Previdência Social, responsável por receber as contribuições feitas pelos trabalhadores e fazer o pagamento de aposentadorias, pensões por morte, auxílios-doença, entre outros benefícios. Na foto, agência do INSS no município de Anápolis (GO), em 2015.

Outro fator que contribui para expandir o setor informal da economia é a **terceirização**, que consiste em uma forma de as empresas reduzirem gastos com funcionários registrados. Por exemplo: imagine que uma escola, em vez de ter um departamento próprio com funcionários registrados como faxineiros para fazer a limpeza das salas de aula, contrate os serviços de uma empresa que preste esse serviço. A redução de custos se dá porque os gastos efetivos com os funcionários registrados em carteira incluem vários impostos, enquanto o valor pago à empresa prestadora do serviço é menor.

De fato, a porcentagem da economia nacional (o PIB) que o poder público arrecada sob a forma de impostos aumentou nas últimas décadas: era de 17,4% em 1960, 28% em 1990 e, em 2017, já atingia os 34%. O Brasil virou, nesse período, um dos campeões mundiais em impostos. Porém, ao contrário de outros países com uma excessiva carga tributária (como Dinamarca, Suécia ou Alemanha), todo esse orçamento público em geral não se reflete em obras ou serviços que beneficiam a população ou que geram melhor qualidade de vida.

Como a economia brasileira cresceu pouco desde os anos 1980 até aproximadamente o início deste século e passou por uma recessão (crescimento negativo) durante alguns anos (2009, 2014, 2015 e 2016), ela não gerou empregos numa proporção suficiente para ocupar as gerações que ingressam no mercado de trabalho. Mas não são apenas os jovens que ficaram desempregados: muitas empresas começaram a demitir funcionários mais experientes e com mais idade, que ganhavam mais, para contratar funcionários mais jovens, com menos experiência, que ganham menos. Isso gerou um fato perverso: as pessoas desempregadas com mais de 45 anos de idade passaram a ter grande dificuldade de encontrar um novo emprego, e há um número bem maior de menores de idade trabalhando.

A expansão de trabalhadores brasileiros no setor informal decorre de várias causas. Uma delas é, como já vimos, a eliminação de empregos formais por conta da robotização, da informatização e da terceirização. Outra causa é o pequeno desempenho da economia formal, que, pelo menos desde os anos 1990, não vem gerando empregos suficientes. Também deve-se levar em conta que grande parte dos trabalhos formais exige que os funcionários estejam cada vez mais qualificados, o que é um problema no Brasil: grande parte da população não tem acesso à universidade e acaba não se qualificando para grande número de vagas de emprego.

A imagem mostra uma grande fila de pessoas aguardando a oportunidade de se inscrever em um mutirão de empregos no município de São Paulo (SP), no ano de 2018.

Aloisio Mauricio/Fotoarena

Texto e ação

1. Cite um tipo de atividade do setor primário, um do secundário e outro do terciário.
2. Sobre o quadro *Brasil: distribuição da população ocupada por setores (1976 e 2016)*, na página 62, responda:
   a) Por que o quadro se refere à população ocupada e não à população economicamente ativa?
   b) Em duplas, reflitam: Por que ocorreu um aumento na produtividade do trabalho no setor primário no período de 1976 a 2016?
3. Quais são os motivos que levam pessoas e empresas a atuar no mercado de trabalho informal?

Geolink

Leia o texto a seguir.

Os mecanismos do envelhecimento

Nunca um número tão grande de pessoas viveu tanto. Dos bebês que nascem hoje, mais da metade deve completar 65 anos e viver quase duas décadas a mais do que as pessoas nascidas em meados do século passado. O aumento da longevidade da população mundial e a redução da fertilidade estão fazendo o mundo envelhecer rapidamente. Projeções do documento *Development in an ageing world* [Desenvolvimento num mundo que está envelhecendo], publicado em 2007 pela Organização das Nações Unidas (ONU), indicam que em 2050 haverá cerca de 2 bilhões de pessoas com 60 anos ou mais no planeta (22% do total) – em 2005 eram 670 milhões, ou 10% da população.

João Prudente/Pulsar Imagens

O aumento do número e da proporção de idosos na população brasileira tem sido rápido: segundo pesquisa do IBGE, o número total de pessoas com 60 anos ou mais subiu de 2 milhões em 1950 para 29,5 milhões em 2016. Em 2025, deverá chegar aos 31,8 milhões. Com o aumento da expectativa de vida, as empresas e o próprio Estado precisarão se adaptar para receber ou reintegrar essa parte da população ao mercado de trabalho. Na foto, comerciante em loja de tecidos no município de Botelhos (MG), em 2016.

O aumento da expectativa de vida também traz problemas. Um deles é o aumento rápido da proporção de idosos em muitos países – entre eles, o Brasil. Na França, passaram-se quase 150 anos para que o número relativo de idosos subisse de 10% para 20% da população. Nesse tempo, o país enriqueceu e melhorou as condições de vida das pessoas. China, Brasil e Índia passarão por algo semelhante em 25 anos [...].

Hoje há 26 milhões de idosos (12,5% da população) no Brasil. Segundo projeções do Instituto Brasileiro de Geografia e Estatística (IBGE), os idosos serão 29% em 2050, quando esse grupo somará 66 milhões de indivíduos. "O Brasil está envelhecendo na contramão", afirma o médico e epidemiologista carioca Alexandre Kalache, que dirigiu por 13 anos o Programa Global de Envelhecimento e Saúde da Organização Mundial da Saúde (OMS) [...]. "Já temos problemas de saúde, emprego, educação, saneamento e também teremos de lidar com uma população formada por um grande número de idosos."

As doenças associadas ao envelhecimento devem se tornar mais comuns, ao mesmo tempo que mais gente viverá com saúde por mais tempo, mudando o panorama laboral, que exigirá mais flexibilidade e capacidade de adaptação de pessoas, empresas e Estado. "As cidades terão de se preparar para esse novo cenário, criando políticas de moradia, transporte, participação social, trabalho e educação que levem em consideração o idoso", alerta o epidemiologista. [...]

PIVETTA, Marcos; ZORZETTO, Ricardo. Os mecanismos do envelhecimento. Revista *FAPESP*. Disponível em: <http://revistapesquisa.fapesp.br/2017/04/18/os-mecanismos-do-envelhecimento>. Acesso em: 23 maio 2018.

Agora, responda:

1. Você concorda com a afirmação "O Brasil está envelhecendo na contramão"? Justifique.
2. É preciso definir políticas públicas considerando o envelhecimento da população brasileira? Por quê?

Mulheres e homens no mundo do trabalho

Nos dias atuais, situações de desigualdade entre homens e mulheres no mercado de trabalho ocorrem em diversos países do mundo. No Brasil, quanto ao trabalho remunerado, as mulheres ainda estão em desvantagem em relação aos homens. Em 2010, cerca de 39 milhões de mulheres trabalhavam exercendo atividades remuneradas (em 2016, esse índice foi de 45 milhões); o número de homens que exerciam atividades remuneradas era de 53 milhões em 2010 (em 2016 o índice foi de 57 milhões). Contudo, o número de mulheres que exercem atividades remuneradas vem aumentando bastante nas últimas décadas e, na década de 2020 ou de 2030, provavelmente já estará equiparado ao dos homens.

Trabalho remunerado: trabalho retribuído financeiramente por salário ou remuneração em dinheiro.

Brasil: participação de homens e mulheres na força de trabalho

Ano	1940	1960	1980	2010
Homens	81%	82,5%	73%	56,5%
Mulheres	19%	17,5%	27%	43,5%

Fonte: IBGE. *Recenseamentos gerais.* Disponível em: <www.ibge.gov.br/estatisticas-novoportal/sociais/populacao/9662-censo-demografico-2010.html?=&t=downloads>. Acesso em: 28 maio 2018.

Observe no quadro acima que na década de 1940 apenas 19% da força de trabalho no Brasil era de mulheres. Com o passar do tempo, as mulheres foram conquistando seu espaço no mercado de trabalho. Atualmente, em grande parte das famílias brasileiras, a mulher e o homem são igualmente responsáveis pela renda familiar; muitas mulheres encabeçam o sustento da família.

O fato de a participação feminina no mercado de trabalho ser ainda relativamente pequena (tendo em vista que elas constituem aproximadamente 51% da população nacional) não quer dizer que as mulheres trabalham menos que os homens. Na realidade a mulher comumente realiza a maior parte das atividades domésticas, e essa função de dona de casa não é computada nas estatísticas relativas à população ocupada ou com atividades remuneradas. E mesmo quando a mulher trabalha fora do lar, ela continua a exercer boa parte das atividades domésticas, um trabalho dobrado, que é denominado **dupla jornada de trabalho**.

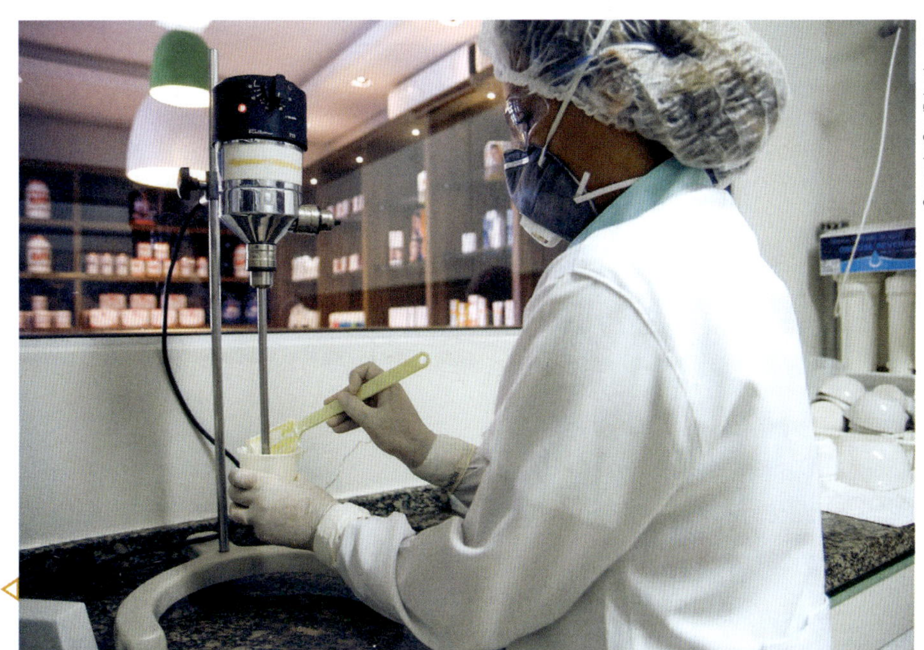

Cassandra Cury/Pulsar Imagens

Farmacêutica trabalha em laboratório no município de Ribeirão Preto (SP), em 2014.

Nos últimos anos, muitas empresas passaram a preferir o trabalho feminino em algumas atividades, seja porque a mulher se adapta melhor à vaga fornecida pela companhia, seja porque, em muitos casos, muitas empresas pagam menos às mulheres.

Os salários das mulheres ainda são, em geral, menores que os dos homens, apesar de essa diferença ter diminuído sensivelmente nas últimas décadas. Entre as pessoas que trabalhavam em 2010, por exemplo, 75% das mulheres e 61% dos homens recebiam até dois salários mínimos por mês. No outro extremo, entre os trabalhadores que recebiam mais de vinte salários mínimos por mês, incluem-se 1,3% dos trabalhadores do sexo masculino e apenas 0,4% dos do sexo feminino.

Dos cargos administrativos ou executivos (diretores, gerentes, presidentes de empresas), que geralmente são bem remunerados, as mulheres ocupam apenas cerca de 20% do total. Essa proporção já é bem maior que no passado e demonstra um avanço, mas ainda é pequena e distante da igualdade profissional entre os gêneros.

Fernando Favoretto/Criar Imagem

A igualdade entre os gêneros é apontada pelas organizações internacionais como um importante indicador do avanço da democracia e do desenvolvimento social. Na foto, médica atende paciente em consultório no município de São Paulo (SP), em 2015.

Texto e ação

1 Observe a charge abaixo e responda às questões:

Lute/Acervo do cartunista

a) O que a charge retrata?

b) Você conhece a organização citada na charge? Por que ela foi criada?

2 Explique o que significa a afirmação: "Muitas mulheres hoje em dia exercem **dupla jornada de trabalho**".

3 Em sua opinião, é justo que os homens ganhem mais do que as mulheres? Converse com os colegas.

4 Migrações

Na história das migrações internas ou inter-regionais do Brasil, destacam-se as migrações nordestinas, que ocorreram do Nordeste para o Centro-Sul do país, especialmente para as grandes metrópoles industrializadas, a partir dos anos 1930. Esse processo migratório intensificou-se nos anos 1950 e 1960 em razão da melhoria dos meios de transporte e, sobretudo, da intensa industrialização que ocorria no Centro-Sul, principalmente em São Paulo.

Evandro Teixeira/Tyba

Na imagem, migrantes que saíram do Nordeste rumo ao estado de São Paulo em 1960.

Essas migrações do Nordeste decorreram de várias causas, embora sempre ligadas à busca de melhores oportunidades de trabalho e de vida. Uma delas foi a decadência das lavouras tradicionais e importantes no Nordeste – a do algodão no Maranhão (devido à concorrência de outros centros internacionais exportadores) e especialmente a da cana-de-açúcar na Zona da Mata nordestina (devido ao declínio das exportações e à maior produção em São Paulo). Outro motivo foi a industrialização no Centro-Sul do país, principalmente em São Paulo, que durante algumas décadas atraiu muita mão de obra não apenas do Nordeste, mas também de Minas Gerais, Goiás, Paraná, entre outros estados.

A partir da década de 1980, com o crescimento de outras regiões do Brasil, somado a problemas ocasionados pela elevada densidade da população nas grandes cidades – Rio de Janeiro e São Paulo, principalmente –, a migração nordestina para o Sul e o Sudeste do país diminuiu sensivelmente. Dessa década em diante, pessoas que saíam dos estados da região Nordeste começaram a migrar para a área central do país e para a Amazônia. Nesse período, houve um grande desenvolvimento agrícola e em parte industrial na área central, especialmente em Goiás, onde foram construídas a cidade de Brasília e muitas rodovias. Na Amazônia, também foram construídas estradas, o que abriu caminho para os desmatamentos da floresta, cujos espaços foram ocupados pela agropecuária, pela mineração e, algumas vezes, utilizados para o crescimento urbano com base no comércio e numa pequena industrialização. Atualmente, observamos uma migração "polinucleada", ou seja, em várias direções, para polos diferentes.

Nos dias de hoje, as migrações ainda ocorrem, embora em ritmo bem mais lento – e agora mais para a Amazônia ou para o Brasil central (Mato Grosso, Mato Grosso do Sul, Goiás e Distrito Federal) do que para o Rio de Janeiro, São Paulo ou os estados sulinos. Existem também os casos, que vêm crescendo nos últimos anos, de pessoas que vieram de estados nordestinos e que estão retornando aos seus estados de origem por causa de problemas nas metrópoles para as quais migraram, como São Paulo ou Rio de Janeiro (alto preço dos imóveis, congestionamentos no trânsito, desemprego, etc.). Outro motivo para esse retorno é a maior geração de empregos no Nordeste em virtude do crescimento econômico da região.

Texto e ação

1. Qual foi o período mais intenso da migração interna ou inter-regional no Brasil?
2. Explique por que a intensa migração do Nordeste para Rio de Janeiro e São Paulo praticamente se encerrou.
3. Explique o que é a migração polinucleada que predomina hoje em dia no Brasil.
4. Compare os mapas abaixo e responda às questões.

Brasil: migrações (1950-1970)

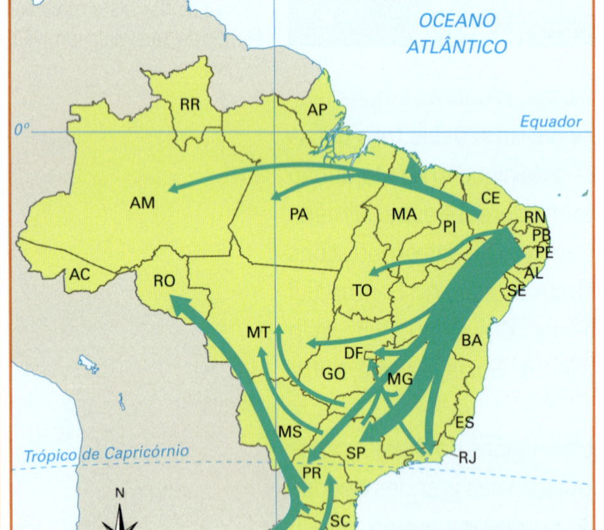

Fonte: elaborado com base em SIMIELLI, Maria Elena. *Geoatlas*. São Paulo: Ática, 2012. p.135.

Brasil: migrações (década de 2000)

Fonte: elaborado com base em SIMIELLI, Maria Elena. *Geoatlas*. São Paulo: Ática, 2012. p.135.

Mapas: Portal de Mapas/Arquivo da editora

a) Qual era o grande movimento migratório nas décadas de 1950 a 1970?

b) Comente os principais tipos de migração interna na década de 2000.

5 Etnias

Considera-se que a população brasileira foi constituída, ao longo de cinco séculos, por diversos grupos étnicos dos povos **indígenas**, dos **negros africanos** e dos **brancos europeus**.

A miscigenação entre os grupos étnicos foi bastante intensa no Brasil. De acordo com a denominação nas estatísticas oficiais, da miscigenação originaram-se os mestiços ou **pardos**: o mulato (branco + negro); o caboclo ou mameluco (branco + indígena); e o cafuzo (indígena + negro).

Observe os dados oficiais a respeito dos diversos grupos étnicos na população brasileira.

Edson Grandisoli/Pulsar Imagens

Indígenas da etnia Desano em área indígena próxima ao rio Negro, no município de Manaus (AM), em 2015.

Brasil: grupos étnicos na população total

Etnias	% da população em 1950	% da população em 1980	% da população em 2010
Brancos	61,7	54,7	47,7
Negros	11,0	5,9	7,6
Pardos	26,5	38,5	43,1
Amarelos e indígenas*	0,6	0,6	1,5
Não declarados	0,2	0,3	0,1
Total	**100,0**	**100,0**	**100,0**

* Na etnia amarela são incluídos os asiáticos (japoneses, chineses, coreanos, etc.). Antes do Censo de 2010, os indígenas também eram incluídos nessa categoria, mas, no último recenseamento (2010), o IBGE dividiu essa população entre amarelos ou orientais (2,1 milhões de pessoas naquele ano) e indígenas (821 mil).

Fonte: IBGE. *Recenseamentos gerais de 1950, 1980 e 2010*. Disponível em: <www.ibge.gov.br/estatisticas-novoportal/sociais/populacao/9662-censo-demografico-2010.html?=&t=downloads>. Acesso em: 28 maio 2018.

Esses dados demonstram que o Brasil não é um país de maioria branca, de origem europeia.

Os afrodescendentes

Por séculos, milhares de africanos foram escravizados e trazidos para o Brasil para trabalhar como mão de obra, acabando por ter papel relevante na formação da sociedade brasileira.

Dados da Pesquisa Nacional por Amostra de Domicílio (PNAD) de 2017 mostram desigualdades entre brancos e negros quanto à taxa de alfabetização: a taxa de analfabetismo dos brancos com 15 anos ou mais de idade corresponde a 4%, sendo 9% entre os negros. Esses índices variam de acordo com as regiões do Brasil; no entanto, em todas as regiões se observa maior taxa de analfabetismo entre os negros. Quanto aos anos de estudo, os adultos brancos apresentam, em média, 10,3 anos e os negros, 8,7.

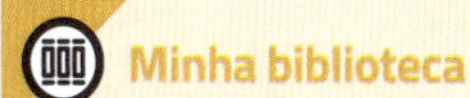

Doze lendas brasileiras: como nasceram as estrelas, de Clarice Lispector e ilustração de Suyuara. Rio de Janeiro: Rocco, 2016.
A autora reconta lendas brasileiras, uma para cada mês do ano, com representações do folclore brasileiro, apresentando aspectos culturais da formação da nação brasileira.

Brasil: analfabetos de 15 anos ou mais de idade, por cor ou raça* segundo as Grandes Regiões (2010)

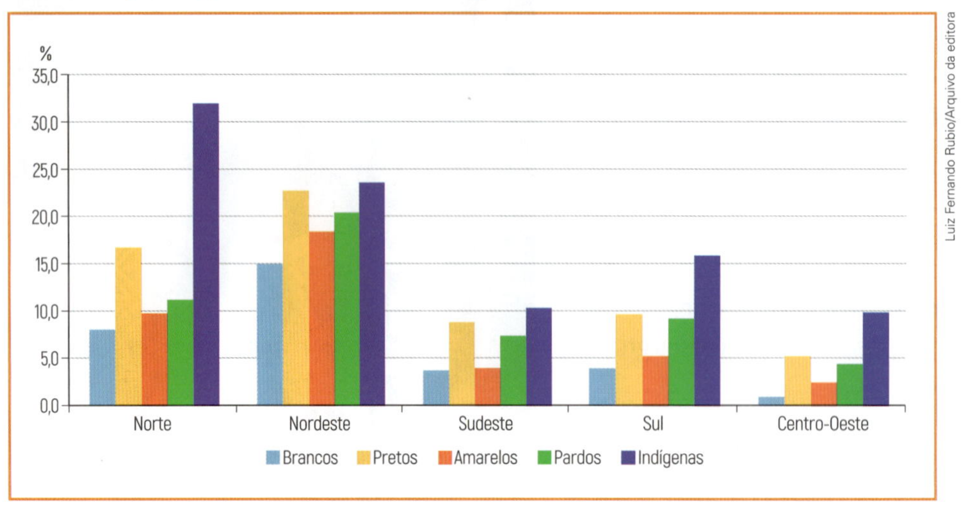

Luiz Fernando Rubio/Arquivo da editora

* De acordo com o IBGE, os índices da população preta e parda correspondem à população negra.

Fonte: IBGE. *Atlas do Censo Demográfico 2010.* Disponível em: <https://censo2010.ibge.gov.br/apps/atlas>. Acesso em: 18 mar. 2018.

Essa restrição à educação resulta em um cenário no qual os afrodescendentes – incluindo negros e grande parte dos denominados pardos (que também podem ser descendentes de indígenas ou de africanos e indígenas) – constituem cerca de 63% dos pobres e 69% dos indigentes do Brasil.

A taxa de desemprego entre a população negra é duas vezes maior do que entre a população branca. Em 2003 os negros recebiam apenas 48% dos salários recebidos pelos brancos, índice que foi reduzido em 2015, quando se constatou que os trabalhadores negros ganhavam, em média, 59% do salário recebido pelos brancos. Apesar desse pequeno avanço, a desigualdade social é muito forte no Brasil.

O acesso à educação, uma das formas de possibilitar a ascensão social (empregos com melhores remunerações), foi historicamente oferecido de maneira desigual entre as populações brancas e de outras etnias no Brasil. Na foto, alunos estudando em biblioteca do Colégio Estadual Senhor do Bonfim, no município de Salvador (BA), em 2018.

Sergio Pedreira/Pulsar Imagens

Um outro dado que retrata a diferença social por etnia é o fato de haver mais mulheres negras (18%) do que mulheres brancas (11%) trabalhando em atividades como diarista e empregada doméstica. Aliás, o Brasil é o país onde há mais trabalhadores domésticos.

A atividade de empregada doméstica surgiu após a abolição da escravatura como uma forma de continuar a contar com os serviços dos africanos que haviam sido libertos e remunerá-los com baixos salários. Em 2013 foi aprovada a Proposta de Emenda à Constituição (PEC), conhecida como "PEC das Domésticas", que estendeu a essa categoria profissional os direitos que a Constituição de 1988 estabelece para os trabalhadores de outros setores: registro em carteira profissional, jornada diária de 8 horas, jornada semanal de 44 horas, Fundo de Garantia do Tempo de Serviço, pagamento de horas extras, adicional noturno, etc.

Texto e ação

- Observe os dois gráficos e responda às questões a seguir.

Brasil: rendimento médio mensal por etnia (2012-2017)

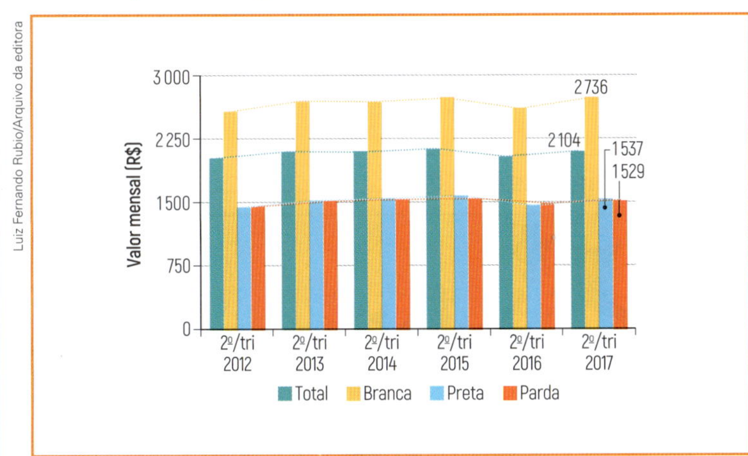

Fonte: ESTADÃO. Economia e Negócios, 22 set. 2017. Disponível em: <http://economia.estadao.com.br/blogs/nos-eixos/como-raca-e-genero-ainda-afetam-as-suas-chances-de-conseguir-emprego-e-bons-salarios>. Acesso em: 22 abr. 2018.

Brasil: taxa de desemprego por etnia (2012-2017)

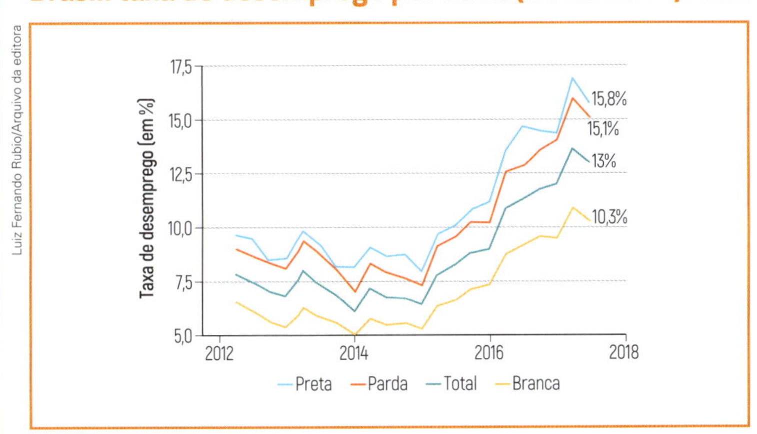

Fonte: ESTADÃO. Economia e Negócios, 22 set. 2017. Disponível em: <http://economia.estadao.com.br/blogs/nos-eixos/como-raca-e-genero-ainda-afetam-as-suas-chances-de-conseguir-emprego-e-bons-salarios>. Acesso em: 22 abr. 2018.

a) No Brasil há desigualdades nos rendimentos de acordo com a etnia? Justifique com base nos dados do gráfico.

b) A taxa de desemprego no Brasil, no final de 2017, era bastante elevada: 13% da população economicamente ativa. Há desigualdades por etnia nessa taxa? Justifique com base nos dados do gráfico.

c) Qual era o rendimento médio mensal dos trabalhadores brasileiros no 2º trimestre de 2017? Em sua opinião, esse rendimento é razoável, baixo ou elevado? Converse com os colegas.

d) De 2012 a 2017, houve alguma mudança significativa das desigualdades de etnia, nos quesitos rendimentos e taxa de desemprego? Justifique.

Os indígenas

Segundo o Censo de 2010, havia aproximadamente 817 mil indígenas no Brasil, o que representa quase 0,5% da população brasileira. Boa parte deles está concentrada na Amazônia – cerca de 350 mil, especialmente no estado do Amazonas –, embora existam inúmeros grupos indígenas no Nordeste e no Centro-Sul do país.

Os variados povos indígenas têm culturas muito diferentes entre si (idiomas, valores, mitos, regras para os casamentos, arquitetura das residências, etc.). O governo federal, em 2016, reconheceu 315 diferentes etnias indígenas no país, com 274 idiomas ou dialetos distintos. Há certa variedade também no que se refere ao grau de contato com os não indígenas: há grupos indígenas **isolados** (contatos raros e acidentais); os **integrados** (que falam o português; muitos deles trabalham em cidades); bem como grupos intermediários.

O grande problema dos povos indígenas no Brasil é o acesso à terra e o reconhecimento de seu direito à posse da terra. Depois de habitar, desde tempos ancestrais, todo o atual território brasileiro até a chegada dos colonizadores portugueses, ao longo do tempo eles foram perdendo grande parte de suas terras, sendo dizimados ou expulsos. Isso ocorre até hoje, embora de forma menos intensa. Em 1973, o governo brasileiro criou o Estatuto do Índio e se comprometeu a demarcar todas as terras indígenas – estabelecer limites, reconhecê-los legalmente e garantir sua proteção – em um prazo de cinco anos. Até hoje, pouco foi feito: apenas 10% dos grupos indígenas, aproximadamente, têm suas terras demarcadas ou legalmente asseguradas. Observe o mapa ao lado que mostra a situação de reconhecimento por parte do governo brasileiro das diversas Terras Indígenas.

Em 2018, havia 713 áreas indígenas no país, que, juntas, correspondiam a cerca de 14% do território nacional. Contudo, somente pouco mais da metade delas foi demarcada e regularizada. Segundo levantamentos realizados pela Fundação Nacional do Índio (Funai), um órgão do Estado brasileiro, cerca de 70% dessas terras estavam parcialmente invadidas por grupos de madeireiros, fazendeiros, posseiros, garimpeiros, etc.

Brasil: Terras Indígenas (2018)

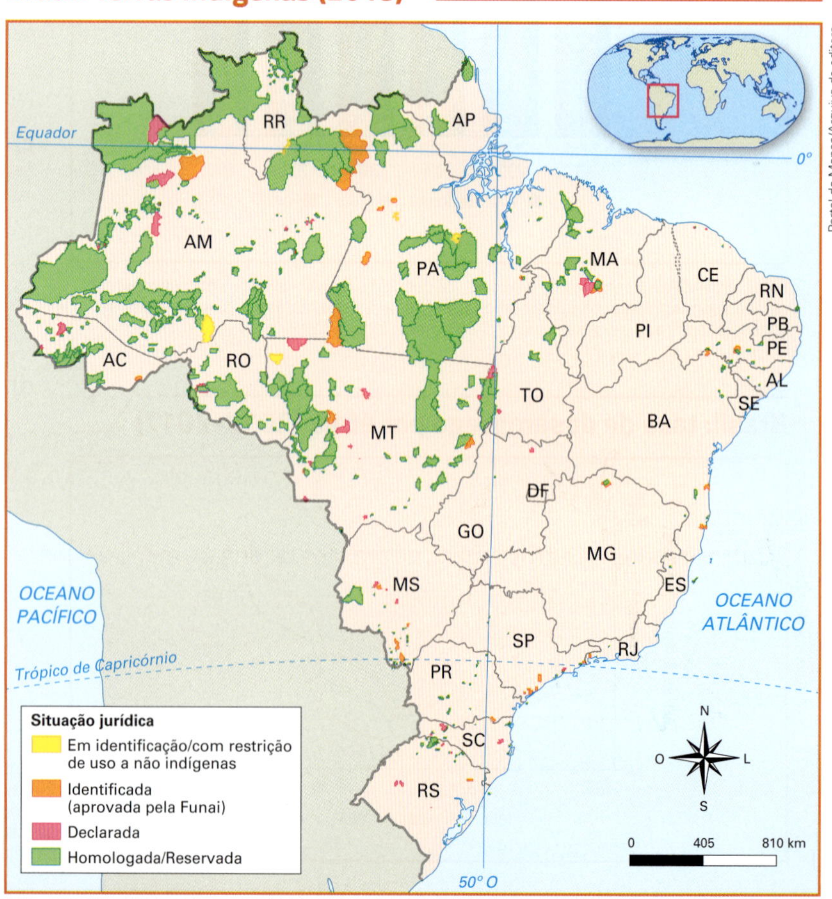

Fonte: elaborado com base em INSTITUTO SOCIOAMBIENTAL. Disponível em: <https://acervo.socioambiental.org/acervo/mapas-e-cartas-topograficas/brasil/terras-indigenas-do-brasil-marco-2018>. Acesso em: 13 jun. 2018.

Os grupos étnicos derivados dos brancos e asiáticos

Os brancos que participaram da formação étnica do Brasil pertencem a vários grupos, sobretudo os de origem europeia. Durante a época colonial, os portugueses predominaram, mas não foram os únicos:

- de 1580 a 1640, durante a chamada União Ibérica (período em que Portugal ficou sob o domínio da Espanha), vieram para o Brasil muitos espanhóis;
- de 1630 a 1654, durante a ocupação holandesa no Nordeste, vieram os flamengos ou holandeses, que aqui permaneceram mesmo após os portugueses retomarem a área;
- nos séculos XVI e XVII, aportaram franceses, ingleses e italianos.

João Prudente/Pulsar Imagens

Apresentação de dança típica portuguesa no XIX Festival de Cultura Paulista Tradicional no município de Valinhos (SP), em 2015.

Durante o período de 1500 a 1822, contudo, os portugueses eram maioria. Após a Independência, ocorreu nova entrada maciça de brancos, principalmente no período de 1850 até 1934. Após 1934, a imigração para o Brasil diminuiu sensivelmente, de modo que chegou a ser irrelevante para o incremento populacional do país. Observe os principais grupos de imigrantes brancos no Brasil.

Portugueses – No conjunto dos europeus, os portugueses constituem o grupo mais numeroso na formação étnica do Brasil, provenientes de várias províncias de Portugal e também das ilhas dos Açores e da Madeira. No decorrer da colonização do país, misturaram-se com indígenas e negros e espalharam-se por todo o território nacional. Há grandes concentrações de imigrantes portugueses e seus descendentes em alguns centros urbanos, como Rio de Janeiro e São Paulo.

Italianos – Depois dos portugueses, formam o grupo branco mais numeroso que entrou no Brasil. Dirigiram-se principalmente para São Paulo, Rio Grande do Sul (Bento Gonçalves, Garibaldi, Caxias do Sul), Santa Catarina (Nova Trento, Nova Veneza), Paraná, Pará e Rio de Janeiro.

Espanhóis – Representam o terceiro grupo mais numeroso. Fixaram-se sobretudo em São Paulo e, em menor proporção, no Rio de Janeiro, em Minas Gerais e no Rio Grande do Sul.

Outros grupos – Outros grupos de brancos de origem europeia que se destacam na composição étnica da população brasileira são:

- Alemães – Radicados principalmente em Santa Catarina (Blumenau, Joinville) e no Rio Grande do Sul (São Leopoldo, Novo Hamburgo).
- Eslavos (poloneses, russos e ucranianos, principalmente) – Fixaram-se notadamente no Paraná (Curitiba, Ponta Grossa).
- Holandeses – Constituíram um grupo bem menor que os anteriores e se destacaram pela atividade agrícola em alguns municípios de São Paulo, do Paraná e do Rio Grande do Sul.

Quanto às etnias de origem asiática, as mais importantes para o Brasil são:

Sírios e libaneses – Falam o árabe e dedicam-se sobretudo ao comércio; em sua maioria são cristãos, embora tenham vindo também muitos muçulmanos. Os primeiros fluxos migratórios desses povos ocorreram entre o final do século XIX e o início do XX, e os primeiros sírios e libaneses que chegavam ao território brasileiro buscavam melhores oportunidades de vida. Muitos desses imigrantes acreditavam que desembarcariam nos Estados Unidos; no entanto, ao chegarem ao continente americano, desembarcavam no porto de Santos, cidade litorânea do estado de São Paulo. Entre 1871 e 1947, entraram no Brasil, oficialmente, 79 509 sírios e libaneses, que se dirigiram para São Paulo, Rio de Janeiro e Amazônia.

Japoneses – Classificados nas estatísticas como "amarelos", foram, em termos numéricos, os imigrantes do Extremo Oriente mais importantes para a população brasileira, embora nas últimas décadas tenha predominado a imigração de coreanos e chineses. Radicaram-se principalmente em São Paulo (na capital e nas cidades de Marília, Tupã e Assis, e no Vale do Ribeira, onde se dedicaram sobretudo ao cultivo do chá), no Paraná (Londrina, Maringá), em Mato Grosso, no Pará (região de Bragança, inicialmente cultivando pimenta-do-reino) e no Amazonas (próximo a Manaus, cultivando inicialmente juta e arroz).

Saiba mais

Imigração nos séculos XIX e XX

De maneira geral, o que explica a chegada de imigrantes estrangeiros ao Brasil é a questão econômica tanto aqui como no local de origem dos imigrantes. As condições de vida eram difíceis em alguns países da Europa, do Oriente Médio e da Ásia em fins do século XIX e início do século XX. Aqui havia a expansão da lavoura cafeeira na região Sudeste, que se tornou a principal atividade econômica do país e necessitava de mais trabalhadores. Os proprietários das fazendas de café, principalmente no Estado de São Paulo, estavam interessados na mão de obra do imigrante porque a escravidão já estava em vias de acabar desde 1850 e buscavam-se alternativas ao trabalho cativo. Com esse objetivo, houve intensa propaganda na Europa e no Japão com a finalidade de atrair mão de obra para a lavoura cafeeira brasileira.

Historic Collection/Alamy/Fotoarena

Em 18 de junho de 1908, o navio *Kasato Maru* (foto) atracou no porto de Santos (SP), trazendo a primeira leva de imigrantes japoneses que desembarcou no Brasil.

Texto e ação

1. Em que estados brasileiros se fixaram os grupos de imigrantes?
2. Na sua família, há ascendência de algum grupo que imigrou para o Brasil? Qual? Você sabe por que seus antepassados vieram para o país? Compartilhe com os colegas.

CONEXÕES COM HISTÓRIA E LÍNGUA PORTUGUESA

Há muitos poemas e canções que falam sobre os sonhos de pessoas que deixaram seus países de origem e vieram para o Brasil em busca de uma vida melhor. Leia a letra de uma canção:

Sonho imigrante

A terra do sonho é distante
e seu nome é Brasil
plantarei a minha vida
debaixo de céu anil.

Minha Itália, Alemanha
Minha Espanha, Portugal
talvez nunca mais eu veja
minha terra natal.

Aqui sou povo sofrido
lá eu serei fazendeiro
terei gado, terei sol
o mar de lá é tão lindo
natureza generosa
que faz nascer sem espinho
o milagre da rosa.

O frio não é muito frio
nem o calor muito quente
e falam que quem lá vive
é maravilha de gente.

NASCIMENTO, Milton; BRANT, Fernando. Sonho imigrante. Disponível em: <www.letras.mus.br/milton-nascimento/1590254/>. Acesso em: 13 jun. 2018.

Guilherme Gaensly/Acervo Iconographia/Reminiscências

Imigrantes italianos em colheita de café em Araraquara (SP). Foto de 1902.

1 Liste o nome dos países de origem dos imigrantes citados na letra da canção.

2 Localize esses países no mapa-múndi. Escreva o nome do continente a que pertence cada país.

3 Responda:

a) Segundo o poema, que motivos levaram os imigrantes a sair de seus países de origem? Como você chegou a essa conclusão?

b) Na sua opinião, qual teria sido a expectativa dos imigrantes em relação ao Brasil?

c) Qual é a relação que você estabelece entre "Aqui sou povo sofrido / lá serei fazendeiro" e o título da canção?

d) Na sua opinião, qual dos elementos da natureza elencados na letra da canção teria provocado maior impacto nos imigrantes que se estabeleceram no Brasil?

4 Pesquise informações sobre as condições de vida dos imigrantes europeus quando chegaram ao Brasil. Eles tiveram dificuldades para se adaptar ao ambiente, ao modo de vida e aos costumes do novo país? Quais e por quê?

ATIVIDADES

+ Ação

1› As comunidades quilombolas se formaram de várias formas: como consequência das fugas de escravizados, que ocuparam terras livres e geralmente isoladas; por terras herdadas ou doadas; também pelo recebimento de terras como pagamento de serviços prestados ao Estado; ou ainda pela compra das terras após o período da escravidão.

Observe o artigo 68 da Constituição Federal do Brasil de 1988 e leia o texto.

> Art. 68: Aos remanescentes das comunidades dos quilombos que estejam ocupando suas terras é reconhecida a propriedade definitiva, devendo o Estado emitir-lhes os títulos respectivos.

Fonte: BRASIL. Constituição Federal de 1988. Disponível em: <www.planalto.gov.br/ccivil_03/constituicao/constituicaocompilado.htm>. Acesso em: 9 jul. 2018.

Com os pés fincados na história

[...] Com base em levantamentos históricos e cartográficos, os territórios quilombolas começaram a ser reconhecidos a partir de 1997, como primeiro passo para receber o título de propriedade legal da terra. Em todo o país, cerca de 2 400 comunidades quilombolas já obtiveram o reconhecimento de terras, mas menos de 100 receberam o título de propriedade. Agora a propriedade da terra pertence à associação de moradores de cada bairro de quilombolas, para evitar que seja vendida e seus donos tenham de migrar para as cidades, como antes. Segundo a Fundação Instituto de Terras do Estado de São Paulo (Itesp), que apoia os agricultores na regularização das propriedades e na melhoria dos plantios, o bairro quilombola de Ivaporonduva, atualmente com 94 famílias, é o único do Vale do Ribeira com todo o território oficialmente registrado em nome da associação de moradores. Em geral os territórios quilombolas incluem áreas ocupadas por pequenos ou grandes proprietários particulares, em meio a sítios arqueológicos, cascatas, cavernas e áreas preservadas de Mata Atlântica. Um território quilombola próximo a Eldorado, reconhecido há poucos anos, abriga fazendas particulares produtoras de banana, uma das bases da economia da região. Nem todos os fazendeiros aceitam sair, mesmo diante de uma proposta de indenização pelos órgãos do governo, gerando processos judiciais que atravessam muitos anos até serem concluídos. [...]

Fonte: FIORAVANTI, Carlos. Com os pés fincados na história. Revista *Fapesp*, ed. 232, jun. 2015. Disponível em: <http://revistapesquisa.fapesp.br/2015/06/16/com-os-pes-fincados-na-historia>. Acesso em: 15 abr. 2018.

Agora, faça o que se pede:

a) Por que é importante que as terras das comunidades quilombolas sejam demarcadas e que sua posse fique para a comunidade?

b) É possível realocar as comunidades quilombolas em terras diferentes daquelas em que essas comunidades foram formadas? Por quê?

c) Há alguma comunidade quilombola próximo de onde você mora? O que você sabe sobre ela? Pesquise para responder.

2› Leia a notícia:

> Em todo o Brasil, a mão de obra de crianças e adolescentes ainda é explorada de forma indiscriminada. [...]
>
> O mapeamento da situação do trabalho infantil mostra que o número de trabalhadores precoces corresponde a 5% da população que tem entre 5 e 17 anos no Brasil. [...]
>
> Em 2015, ano da última pesquisa do IBGE, quase 80 mil crianças nessa faixa etária estavam trabalhando e, nas próximas pesquisas, quando elas estiverem mais velhas, podem promover o aumento do número de adolescentes que trabalham. Cerca de 60% delas vivem na área rural das regiões Norte e Nordeste. [...]

Fonte: BRITO, Debora. *Agência Brasil*, 12 jun. 2017. Disponível em: <http://agenciabrasil.ebc.com.br/direitos-humanos/noticia/2017-06/brasil-registra-aumento-de-casos-de-trabalho-infantil-entre>. Acesso em: 24 maio 2018.

a) Quais são os problemas ou as consequências (para os jovens e para o país) decorrentes do trabalho infantil? Converse com os colegas.

b) Faça uma pesquisa sobre o Estatuto da Criança e do Adolescente (ECA). Dentre as várias proposições quais chamam a sua atenção? Por quê?

Autoavaliação

1. Quais foram as atividades mais fáceis para você? Por quê?
2. Algum ponto deste capítulo não ficou claro? Qual?
3. Você participou das atividades em dupla e em grupo e expressou suas opiniões?
4. Como você avalia sua compreensão dos assuntos tratados neste capítulo?
   - **Excelente**: não tive dificuldade.
   - **Bom**: consegui resolver as dificuldades de forma rápida.
   - **Regular**: tive dificuldade para entender os conceitos e realizar as atividades propostas.

Lendo a imagem

1› Os cálculos estatísticos constatam que o Brasil tende a ter cada vez mais pessoas idosas e menos crianças. Em 2003, foi instituído no país o Estatuto do Idoso, Lei n. 10 741, de 1º de outubro, destinado a proteger as pessoas com idade igual ou superior a 60 anos. Leia os artigos 2º e 3º desse documento. Além disso, observe o selo abaixo que foi lançado em 2011 em homenagem ao Dia Mundial da Conscientização da Violência contra a Pessoa Idosa.

Art. 2º: O idoso goza de todos os direitos fundamentais inerentes à pessoa humana, sem prejuízo da proteção integral de que trata esta Lei, assegurando--lhe, por lei ou por outros meios, todas as oportunidades e facilidades, para preservação de sua saúde física e mental e seu aperfeiçoamento moral, intelectual, espiritual e social, em condições de liberdade e dignidade.

Art. 3º: É obrigação da família, da comunidade, da sociedade e do Poder Público assegurar ao idoso, com absoluta prioridade, a efetivação do direito à vida, à saúde, à alimentação, à educação, à cultura, ao esporte, ao lazer, ao trabalho, à cidadania, à liberdade, à dignidade, ao respeito e à convivência familiar e comunitária.

Fonte: BRASIL. Estatuto do Idoso. Disponível em: <www.planalto.gov.br/ccivil_03/leis/2003/L10.741.htm>. Acesso em: 9 jul. 2018.

Reprodução/ECT

a) Qual é a mensagem transmitida pelo selo? Quais símbolos apresentados na imagem ajudaram você a chegar a essa conclusão?

b) Na sua família há pessoas com mais de 60 anos? Entreviste uma delas. Pergunte:

- Você acha que o município em que moramos fornece instrumentos para que você tenha qualidade de vida (acesso ao lazer, ao esporte, à cultura, ao trabalho, à cidadania, etc.)?
- O que, na sua opinião, falta no bairro em que mora para melhorar sua qualidade de vida?

Elabore um pequeno texto com base nas respostas do seu entrevistado.

c) Quais atitudes você pode tomar no dia a dia para promover mais qualidade de vida para os idosos? Você costuma realizá-las?

2› Observe a imagem ao lado e converse com os colegas:

- Qual é a relação dessa imagem com o conteúdo que você viu neste capítulo?

Fotografias de: Filipe Frazao/Shutterstock; Mario Friedlander/Pulsar Imagens; Gustavo Frazao/Shutterstock; Costa Fernandes/Shutterstock; Paulo Vilela/Shutterstock; Filipe Frazao/Shutterstock; Pedarilhos/Shutterstock; Filipe Frazao/Shutterstock; Andre Nery/Shutterstock; Andre Luiz Moreira/Shutterstock; G. Evangelista/Opção Brasil Imagens; Filipe Frazao/Shutterstock; Filipe Frazao/Shutterstock; Nkt UsrBr/Shutterstock; Filipe Frazao/Shutterstock; MesquitaFMS/Shutterstock; Vergani Fotografia/Shutterstock; Rodrigo Rodrigues Castro/Shutterstock; Filipe Frazao/Shutterstock; Luz Rosa/Shutterstock; Hyago Teixeira/Shutterstock; Filipe Frazao/Shutterstock

Perfil dos estudantes, funcionários e professores da escola

Observe abaixo algumas das utilidades de um censo demográfico.

Os censos produzem informações imprescindíveis para a definição de políticas públicas estaduais e municipais e para a tomada de decisões de investimento, sejam eles provenientes da iniciativa privada ou de qualquer nível de governo. Entre as principais utilizações dos resultados censitários estão as de:

Ismar Ingber/Pulsar Imagens

Recenseadora do IBGE no município do Rio de Janeiro (RJ), em 2010.

1. acompanhar o crescimento, a distribuição geográfica e a evolução de outras características da população ao longo do tempo, fornecendo parâmetros para o cálculo atual da Previdência Social, entre outras estimativas;
2. identificar áreas de investimentos prioritários em saúde, educação, habitação, transporte, energia, programas de assistência à infância e à velhice, possibilitando a avaliação e revisão da alocação de recursos do Fundo Nacional de Saúde (FNS), do Fundo Nacional de Educação (FNE) e de outras fontes de recursos públicos e privados;
3. selecionar locais que necessitam de programas de estímulo ao crescimento econômico e desenvolvimento social;
4. fornecer as referências para as projeções populacionais com base nas quais o Tribunal de Contas da União define as cotas do Fundo de Participação dos Estados e do Fundo de Participação dos Municípios;
5. fornecer as referências para as projeções populacionais com base nas quais é definida a representação política do país: o número de deputados federais, estaduais e vereadores de cada estado e município;
6. fornecer parâmetros para conhecer e analisar o perfil da mão de obra em nível municipal, informação esta de grande importância para organizações sindicais, profissionais e de classe, assim como para decisões de investimentos do setor privado;
7. fornecer parâmetros para selecionar locais para a instalação de fábricas, *shopping centers*, escolas, creches, cinemas, restaurantes, etc.;
8. fundamentar diagnósticos e reivindicações, pelos cidadãos, de maior atenção dos governos estadual ou municipal para problemas locais e específicos, como de insuficiência da rede de água e esgoto, de atendimento médico ou escolar, etc.;
9. subsidiar as comunidades acadêmica e técnico-científicas em seus estudos e projetos.

Se é verdade que apenas as sociedades que conhecem a si mesmas podem planejar e construir os seus futuros, o Brasil já pertence ou caminha rapidamente para esse grupo de países.

Fonte: IBGE. *A importância do Censo 2000.* Disponível em: <ww2.ibge.gov.br/censo/importancia.shtm>. Acesso em: 9 jul. 2018.

Vamos entender um pouco mais como isso funciona?

A proposta deste projeto é a elaboração de uma pesquisa sobre o perfil dos estudantes da escola onde você estuda.

Etapa 1 – O que fazer

Em grupos de 3 ou 4 alunos, decidam qual é a escala que o censo demográfico da sua escola deve ter, ou seja, qual das séries o seu grupo vai recensear.

Etapa 2 – Como fazer

Elaborem o questionário com as perguntas a que os alunos que serão entrevistados deverão responder. Esse questionário deve conter perguntas cujas respostas permitam indicar um perfil dos alunos.

Para identificar o perfil dos alunos, você precisa saber:

- a idade dos alunos;
- o bairro onde moram;
- o tipo de moradia (apartamento, casa, etc.);
- o número de pessoas que moram com eles;
- se eles têm acesso à internet em casa;
- se usam celular;
- os meios de transporte utilizados para chegar à escola;
- os esportes preferidos e os esportes praticados;
- as atividades artísticas preferidas (música, dança, sarau, exposições, etc.);
- do que mais gostam na escola;
- o que gostariam de mudar na escola.

Etapa 3 – Aplicação do questionário

Imprima o questionário de acordo com o número de alunos que vai respondê-lo. O grupo também pode disponibilizar o questionário em uma plataforma digital para que os entrevistados acessem o material e respondam a ele.

Caso a entrevista seja presencial, é importante que o grupo registre somente o que o entrevistado disser. Não complemente ou altere nenhuma informação fornecida.

Etapa 4 – Tabulação e produção dos dados

Após a finalização das entrevistas, compilem as respostas: o grupo pode usar um um *software* de tabulação de dados ou organizá-las em um quadro.

Observem um exemplo:

Nome do aluno	Resposta à pergunta 1	Resposta à pergunta 2	Resposta à pergunta 3	Resposta à pergunta 4	Resposta à pergunta 5
Pedro	Mora com 3 pessoas da família.	Mora em apartamento.	Bairro Limoeiro	Tem acesso à internet em casa.	Meios de transporte para chegar à escola: ônibus e trem.
Luísa	Mora com 4 pessoas da família.	Mora em casa.	Bairro Bela Vista	Não tem acesso à internet em casa.	Meios de transporte para chegar à escola: carro.

Somem a quantidade de alunos por categorias.

Etapa 5 – Levantamento do perfil dos alunos

Agora que vocês já têm todos os dados calculados, é possível responder a algumas perguntas que contribuem para compreender o perfil dos alunos de determinado ano da escola. Por exemplo: Os alunos saem de muitos bairros diferentes para chegar a essa escola ou moram nas proximidades?; A maior parte dos alunos mora em casa ou apartamento?; Quantas pessoas, em média, moram com os alunos?; Quais são os esportes e as atividades artísticas preferidas dos alunos?. Há diversas outras possibilidades de questões que podem ser formuladas a partir dos dados produzidos.

Etapa 6 – Análise final e apresentação das pesquisas

Para finalizar o projeto, produzam um texto coletivo que apresente as análises que vocês realizaram. A partir dos dados, proponham algumas sugestões que possam auxiliar no melhor aproveitamento do espaço escolar. Por exemplo, caso a pesquisa determine que a maioria dos alunos gosta de jogar voleibol, pode ser proposto à escola que o esporte seja incluído em atividades extraclasses ou na aula de Educação Física.

Na imagem vemos duas formas de utilização do espaço geográfico no município de Guaíra (SP), em 2018. Ao fundo, observa-se o espaço geográfico produzido para abrigar a estrutura urbana; em primeiro plano, estão produções agrícolas do município.

UNIDADE 2

Brasil: utilização do espaço

Nesta unidade, vamos estudar os diversos usos do espaço geográfico brasileiro, com destaque para o processo de industrialização, a urbanização e as atividades agrárias do país. O Brasil apresenta diversas possibilidades de uso do território, devido à sua extensão territorial e às diferentes formas de ocupação e desenvolvimento econômico.

Observe atentamente a imagem e responda:

1. O espaço urbano e o espaço rural representados são usados da mesma maneira?

2. Na sua opinião, há cem anos, a paisagem observada era a mesma? Por quê?

CAPÍTULO

4 Atividade industrial no Brasil

Trabalhadora em fábrica têxtil no município de Amparo (SP), em 2015.

João Prudente/Pulsar Imagens

Para começar

Observe a foto e converse com os colegas e com o professor:

1. Você ou sua família utilizam produtos desse tipo de indústria? Quais?
2. Há fábricas no município onde você mora? De onde vem a matéria-prima delas?

Neste capítulo vamos conhecer o que é indústria, como ela se desenvolveu e quais são alguns de seus tipos. Vamos estudar ainda o processo de industrialização do Brasil, além das principais atividades industriais existentes hoje no país. Analisaremos a distribuição da atividade industrial pelo território para compreender por que a indústria é o tipo de atividade ou trabalho humano que mais modifica o espaço geográfico.

1 Do artesanato à indústria moderna

A fabricação de bens necessários à vida humana ocorre desde que a humanidade começou a transformar elementos da natureza para fazer artefatos, como vasos, arcos e flechas, instrumentos de madeira e de argila, etc. Essa fabricação de bens a partir de matérias-primas retiradas da natureza conheceu diferentes momentos ao longo da História até chegar às profundas alterações realizadas atualmente pela atividade industrial. As principais etapas desse processo foram o **artesanato**, a **manufatura** e a **indústria moderna**.

Artesanato

Durante muitos milênios, o artesanato foi a maneira pela qual as pessoas produziram seus primeiros objetos de uso: potes e vasos feitos de argila, machados, facas, roupas, entre outros.

A principal característica do artesanato é a ausência da divisão social do trabalho, ou seja, cada pessoa faz um objeto inteiro, do início até o fim. Assim, desde a ideia inicial da confecção de um casaco, por exemplo, o artesão realiza todas as etapas, até obter o produto final: escolhe o modelo e o tecido, faz o molde, corta o pano, costura as partes, põe o forro, prega os botões.

Os instrumentos de trabalho são simples (facas, tesouras, martelos, agulhas, linhas de costura, etc.) e geralmente pertencem ao próprio trabalhador, o artesão. Tradicionalmente, o principal objetivo da atividade artesanal é atender às necessidades do artesão e de sua família, embora muitas vezes troquem ou vendam seus produtos.

Pode-se dizer que o artesanato depende basicamente das habilidades do artesão, pois se trata de um trabalho manual e individualizado. Observe a foto ao lado.

O produto artesanal se origina da criatividade de cada artesão; dessa forma, é improvável que haja peças exatamente idênticas de um mesmo produto. Na imagem, de 2016, mulheres produzem artesanato com fibra do sisal no município de Valente, na Bahia. Elas são conhecidas como "cantadeiras do sisal": enquanto fiam, cantam cantigas de trabalho com estrofes que narram o dia a dia da produção.

Sergio Pedreira/Pulsar Imagens

Manufatura

A manufatura é considerada uma etapa intermediária entre o artesanato e a indústria moderna. Predominou na Europa entre os séculos XVI e XVIII, e tem como principal característica o uso de máquinas simples (teares manuais, por exemplo). Na manufatura, há uma divisão social do trabalho: cada trabalhador ou grupo de trabalhadores fica responsável por uma tarefa. É o conjunto de tarefas de todos os trabalhadores que permite a obtenção do produto final. Apesar disso, ainda é a habilidade das pessoas que comanda o processo de trabalho, e não as máquinas.

Geolink

Leia o texto a seguir.

Ofício das Paneleiras de Goiabeiras

O saber envolvido na fabricação artesanal de panelas de barro foi o primeiro bem cultural registrado pelo Iphan [Instituto do Patrimônio Histórico e Artístico Nacional] como Patrimônio Imaterial no Livro de Registro dos Saberes, em 2002. O processo de produção no bairro de Goiabeiras Velha, em Vitória, no Espírito Santo, emprega técnicas tradicionais e matérias-primas provenientes do meio natural. A atividade, eminentemente feminina, é tradicionalmente repassada pelas artesãs paneleiras, às suas filhas, netas, sobrinhas e vizinhas, no convívio doméstico e comunitário.

Marco Antonio Sá/Pulsar Imagens

Paneleira de Goiabeiras, no município de Vitória (ES), em 2015, dá acabamento à panela que será queimada e tingida.

Apesar da urbanização e do adensamento populacional que envolveu o bairro de Goiabeiras, fazer panelas de barro continua sendo um ofício familiar, doméstico e profundamente enraizado no cotidiano e no modo de ser da comunidade de Goiabeiras Velha. É o meio de vida de mais de 120 famílias nucleares, muitas das quais aparentadas entre si. Envolve um número crescente de executantes, atraídos pela demanda do produto, promovido pela indústria turística como elemento essencial do "prato típico capixaba".

As panelas continuam sendo modeladas manualmente, com argila sempre da mesma procedência e com o auxílio de ferramentas rudimentares. Depois de secas ao sol, são polidas, queimadas a céu aberto e impermeabilizadas com tintura de tanino, quando ainda quentes. Sua simetria, a qualidade de seu acabamento e sua eficiência como artefato devem-se às peculiaridades do barro utilizado e ao conhecimento técnico e habilidade das paneleiras, praticantes desse saber há várias gerações. A técnica cerâmica utilizada é reconhecida por estudos arqueológicos como legado cultural Tupi-guarani e Una, com maior número de elementos identificados com os desse último. O saber foi apropriado dos índios por colonos e descendentes de escravos africanos que vieram a ocupar a margem do manguezal, território historicamente identificado como um local onde se produziam panelas de barro.

Tanino: substância química que pode ser encontrada em algumas sementes, cascas e caules de frutos verdes.

Fonte: INSTITUTO DO PATRIMÔNIO HISTÓRICO E ARTÍSTICO NACIONAL (IPHAN). *Ofício das paneleiras de Goiabeiras.* Disponível em: <http://portal.iphan.gov.br/pagina/detalhes/51>. Acesso em: 20 mar. 2018.

Agora, responda às questões:

1. Qual é a matéria-prima das panelas produzidas pelas artesãs?
2. Quem compra esses produtos?
3. Você classificaria essa atividade como artesanato, manufatura ou indústria? Por quê?
4. Como a tradição indígena chegou até as paneleiras de Goiabeiras? Explique.
5. No município onde você mora, há atividades similares à retratada no texto? Converse com os colegas.

Indústria moderna

A indústria moderna se originou da Revolução Industrial, que ocorreu inicialmente no Reino Unido (Inglaterra) em meados do século XVIII e depois se espalhou praticamente por todo o mundo. Diferente do artesanato e da manufatura, a indústria moderna fez da fabricação de bens ou objetos materiais a atividade econômica mais importante da sociedade. O uso maciço de máquinas cada vez mais complexas é sua principal característica.

Ao se expandir, a atividade industrial modificou não apenas as cidades – com a urbanização que acompanhou a industrialização e com as fábricas dominando a paisagem urbana (e poluindo o ar e as águas) –, mas também o campo, com a mecanização das atividades agrícolas e o desmatamento de áreas de vegetação nativa para acomodar grandes plantações. Por esse motivo, a indústria moderna é considerada a atividade humana que mais modificou o espaço geográfico.

O emprego de máquinas modernas permite que a indústria possa produzir em larga escala e em série. **Em larga escala**, porque as fábricas produzem enormes quantidades de bens, em níveis jamais atingidos pelo artesanato ou pela manufatura; **em série**, porque passa a existir mais divisões de tarefas; além disso, a máquina uniformiza a produção, isto é, os produtos industrializados são feitos de acordo com um padrão comum, que os torna iguais. Em relação aos artesanais, os bens industrializados têm a vantagem da quantidade: a produção é gigantesca e em curto prazo. Assim, na maior parte das vezes, esses produtos custam menos que os artesanais.

Em resumo, podemos afirmar que as características básicas da indústria moderna são: a **mecanização** (uso intenso de máquinas) e a **produção em série** ou **produção massificada**.

Hulton-Deutsch Collection/Corbis via Getty Images

Na imagem, trabalhadoras em fábrica de biscoitos, em Liverpool, Inglaterra, em 1926.

Texto e ação

1. Explique por que a industrialização modificou profundamente o espaço geográfico.

2. A expansão da atividade industrial aumentou enormemente os bens à disposição das pessoas: máquinas diversas, geladeiras, rádios e televisores, telefones, automóveis, aparelhos de ar condicionado, etc. No entanto, ela incentiva o consumismo e produz impactos negativos no meio ambiente. Em duplas, conversem sobre os aspectos positivos e negativos da atividade industrial. Depois, compartilhem com a turma o que conversaram.

2 Classificação da indústria moderna

A indústria moderna apresenta atualmente uma grande diversificação, podendo ser dividida em três tipos: **indústria de transformação**, **indústria extrativa** e **indústria de construção**.

Indústria de transformação

Este tipo de indústria existe desde o início da Revolução Industrial. Ela recebe esse nome porque transforma produtos naturais – isto é, as matérias-primas extraídas da natureza ou fornecidas pela agropecuária – em produtos industrializados. Como exemplos, pode-se citar a transformação do couro em calçados, bolsas, cintos e roupas; da madeira em móveis; do aço e do ferro em tesouras, facas, máquinas, etc.; do petróleo em plásticos, fertilizantes, gasolina e óleo *diesel*; do algodão em tecidos; e da cana-de-açúcar em açúcar ou álcool.

De acordo com a natureza dos bens que produzem, as indústrias de transformação são classificadas em:

- **Indústrias de bens de produção:** transformam matérias-primas que serão utilizadas por outras indústrias. É o caso das indústrias siderúrgicas, que produzem aço. O aço é indispensável para a fabricação de vários produtos industrializados, como automóveis e máquinas. Entre as indústrias de bens de produção, destacam-se, por sua importância, as metalúrgicas (produtoras de metais), as petroquímicas (que transformam o petróleo em óleo *diesel*, gasolina, plásticos, asfalto, etc.) e as siderúrgicas. Os produtos fabricados por esse tipo de indústria são básicos, indispensáveis para a existência de inúmeras fábricas. Por essa razão, tais indústrias são conhecidas também como **indústrias de base**.

Alex Tauber/Pulsar Imagens

Fábrica de ar-condicionado no município de Manaus (AM), em 2017. Esse tipo de produto é um exemplo de bem de consumo produzido pela indústria de transformação.

- **Indústrias de bens intermediários:** produzem máquinas e equipamentos utilizados por outras fábricas. Destacam-se as indústrias mecânicas (que atuam na produção de máquinas) e as de equipamentos (responsáveis pela produção de peças, ferramentas, etc.).
- **Indústrias de bens de consumo:** fabricam produtos que serão consumidos diretamente pelas pessoas. Podem ser divididas em **indústrias de bens de consumo não duráveis**, que fabricam bens que são consumidos rapidamente (alimentos, roupas, remédios, bebidas, etc.) e **de bens de consumo duráveis**, as quais produzem bens que são consumidos em um período relativamente longo (móveis, eletrodomésticos, automóveis, microcomputadores, etc.).

A indústria de transformação é a mais importante na economia de um país. Foi a partir de seu surgimento e de sua expansão que outros tipos de indústria, como a extrativa e a de construção, se desenvolveram.

Indústria extrativa

A indústria passou a ser o setor-chave da economia dos países a partir da Revolução Industrial. Várias outras atividades foram impactadas com a industrialização. O extrativismo, por exemplo, em grande parte, transformou-se na indústria extrativa. Isso ocorreu porque as duas características essenciais da produção industrial – mecanização e produção em série – passaram também a fazer parte do extrativismo.

Chico Ferreira/Pulsar Imagens

Extração de calcário em jazida no município Almirante Tamandaré (PR), em 2016. O calcário é bastante utilizado na produção de cal, cimento e na fabricação de vidro; na agricultura, para corrigir a acidez dos solos, bem como fornecer cálcio e magnésio para a nutrição das plantas.

Esse processo, praticado com instrumentos rudimentares por homens e mulheres desde antes da invenção da escrita, transformou-se em uma atividade industrial que tem importância fundamental para o crescimento econômico. É o caso da mineração, feita com o emprego de máquinas modernas que conseguem extrair quantidades enormes de minério das jazidas. São exemplos de indústria extrativa a extração de petróleo e as minas de ferro ou bauxita altamente mecanizadas.

Indústria de construção

Com a Revolução Industrial a atividade de construção também se transformou em uma indústria. A construção de instalações de grande porte, como portos, rodovias e pontes, bem como a de edifícios e, muitas vezes, até mesmo casas, passou a ser feita com máquinas. Também se tornou comum a utilização de paredes ou pisos pré-fabricados, obtendo-se, assim, uma produção rápida e em série. Na indústria de construção, destacam-se:

- indústria da construção naval: atua na fabricação de navios;
- indústria da construção civil: atua na produção de casas e edifícios residenciais, comerciais ou de serviços;
- indústria da construção pesada: responsável pela construção de rodovias, aeroportos, túneis, pontes e usinas hidrelétricas.

Delfim Martins/Tyba

Operários em canteiro de obras no município de Brejo Santo (CE), em 2015, trabalham em construção de um reservatório, parte do projeto de integração do rio São Francisco com as bacias hidrográficas do Nordeste.

Texto e ação

1› Explique por que a indústria de bens de produção também é conhecida como indústria de base.

2› Comente a importância da indústria de bens intermediários.

3› Sobre a indústria de bens de consumo, cite o que é, dê três exemplos de bens de consumo duráveis e três de bens de consumo não duráveis que você utiliza no seu dia a dia.

4› Cite dois exemplos de recursos obtidos a partir da indústria extrativa.

5› Observe o mapa abaixo e depois responda às questões:

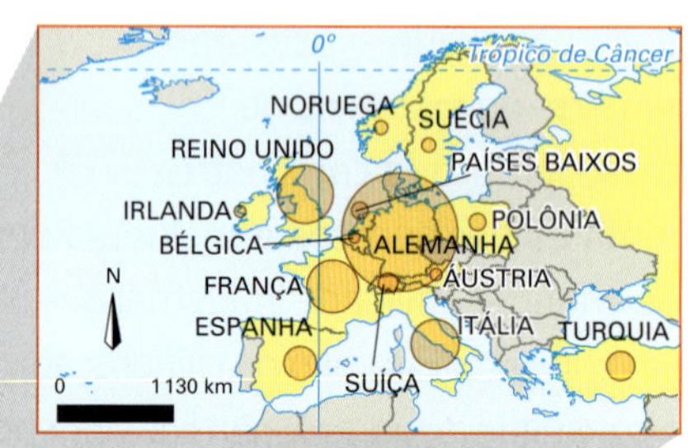

Mundo: países mais industrializados (2015)*

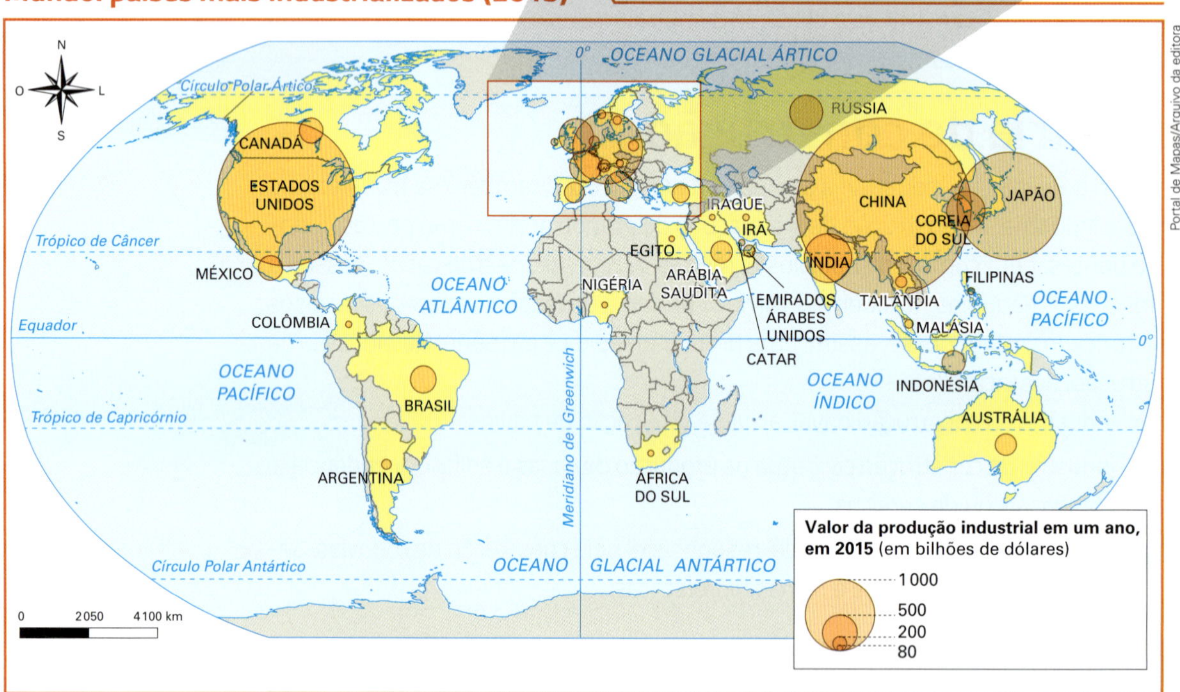

Fonte: elaborado com base em dados do WORLD BANK. Industry, value added 2015 (current US$). Disponível em: <http://data.worldbank.org/indicator/NV.IND.TOTL.CD>. Acesso em: 21 mar. 2018.

* Foram representados neste mapa somente os países mais industrializados do mundo, ou seja, aqueles com o valor da produção industrial durante um ano maior ou igual a 80 bilhões de dólares. Esses 38 países representados no mapa possuem, juntos, cerca de 90% da produção industrial total do globo. Nos casos da Arábia Saudita, Emirados Árabes e Catar, essa produção é essencialmente da indústria extrativa do petróleo. Cabe destacar que praticamente todos os países do mundo possuem alguma atividade industrial, embora boa parte deles ainda tenha como base as atividades primárias (agropecuária ou mineração, principalmente). Outro fator relevante é que a China sozinha produz quase um quarto de toda a produção industrial do mundo (23% em 2015), ao passo que há 40 anos sua produção industrial era bem pequena em termos internacionais. China, Estados Unidos e Japão, somados, têm atualmente mais da metade do valor da produção industrial do mundo.

a) Quais são os cinco países mais industrializados do mundo? Onde eles se localizam?

b) Quais são os países mais industrializados da América Latina?

c) Muitos estudiosos consideram como desenvolvidos os países industrializados. Você concorda com essa interpretação? Por quê? Troque ideias com os colegas.

3 Indústria e energia

A indústria exige cada vez mais energia. Geralmente, quanto mais industrializado o país, maior a quantidade de energia que ele utiliza.

Energia é a capacidade de realizar trabalho: utilizamos energia para levantar um peso, apertar um parafuso, movimentar um automóvel ou acionar uma máquina. No entanto, para produzir energia, precisamos das chamadas **fontes de energia**, que são elementos que permitem aos seres humanos produzir e multiplicar sua capacidade de trabalho. São exemplos de fontes de energia: a força muscular humana; a força de animais de tração (como o boi, o cavalo, o burro); a madeira, o carvão, o petróleo e outros combustíveis, que fornecem calor ao serem queimados; o vento e a água corrente, cuja força pode ser usada para movimentar máquinas e fornecer energia elétrica.

Até a Revolução Industrial, quando a humanidade praticamente não usava máquinas, as principais fontes de energia eram a força muscular das pessoas e dos animais domésticos, além da madeira e do carvão; o vento e a água eram utilizados para mover os moinhos. Essas fontes de energia são consideradas tradicionais, pois são usadas há milênios. A partir da Revolução Industrial, surgiram modernas fontes de energia: o carvão mineral, o petróleo, o gás natural, a água (agora empregada para gerar eletricidade) e o átomo (que fornece energia nuclear).

Com a Revolução Industrial, o carvão passou a ser intensamente explorado. Depois, com o advento da indústria automobilística, o petróleo o suplantou como a principal fonte de energia mundial.

Desde as últimas décadas do século XX, tem crescido o uso de energias alternativas, ou renováveis, que aos poucos vão substituindo o petróleo e o carvão, duas fontes muito poluidoras e que não se renovam naturalmente. As energias alternativas, além de serem renováveis, produzem menores impactos ambientais negativos. São exemplos de fontes alternativas os ventos – agora não apenas para mover moinhos, mas para gerar eletricidade –, a energia solar, as marés, a biomassa, entre outras. O Brasil se destaca na geração da energia hidrelétrica, ou seja, na geração de energia pela movimentação das águas de rios e ultimamente vem expandido os parques que usam a energia eólica (dos ventos). As usinas hidrelétricas também utilizam uma fonte renovável de energia e estão presentes em vários países, especialmente China, Brasil, Estados Unidos, Canadá, Rússia e Índia.

Energia renovável: é a energia que procede de recursos que são reabastecidos naturalmente. São exemplos o vento, as chuvas e a radiação solar.

Andre Dib/Pulsar Imagens

Grande parte da energia elétrica produzida e consumida no Brasil é proveniente das hidrelétricas. Na foto, de 2016, vista aérea da usina hidrelétrica de Xingó, construída próximo ao município de Piranhas (AL).

Matriz energética brasileira

Matriz energética é o conjunto de fontes de energia utilizadas por um país ou região em todos os seus setores de atividades econômicas: indústrias, agricultura, residências, transportes, etc. É o que se chama oficialmente de consumo primário de energia, ou seja, a utilização de energia em suas variadas formas: eletricidade, combustíveis, lenha ou carvão para aquecimento, etc. Quando uma matriz energética faz uso principalmente de fontes renováveis, ela é considerada "limpa". Já quando se utilizam fontes de energias não renováveis, sobretudo as de origem fóssil (carvão mineral e petróleo), as mais poluidoras, trata-se de uma matriz energética "suja" ou não renovável. Compare a matriz energética do Brasil com a do mundo em 2016 nos dois gráficos a seguir.

Brasil: matriz energética (2016)

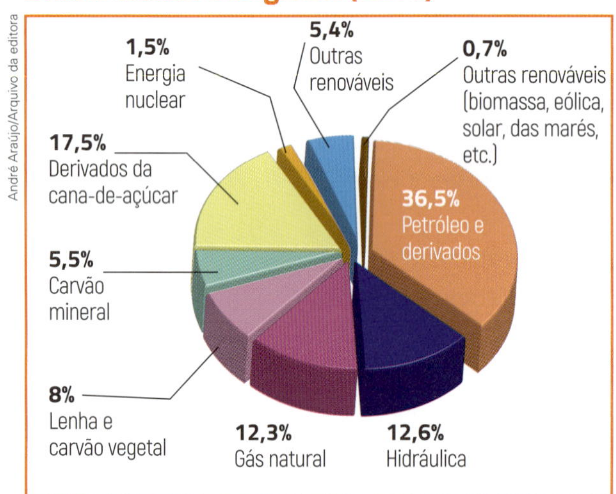

Fonte: elaborado com base em EPE. Balanço energético nacional, 2017. Disponível em: <https://ben.epe.gov.br/downloads/S%C3%ADntese%20do%20Relat%C3%B3rio%20Final_2017_Web.pdf>. Acesso em: 11 jul. 2018.

Mundo: matriz energética (2016)

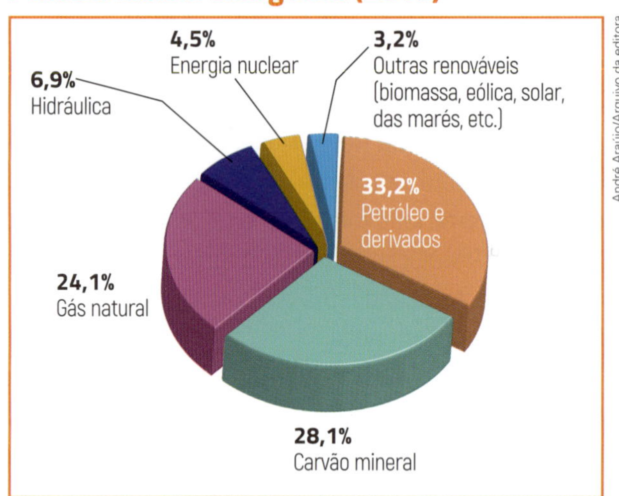

Fonte: elaborado com base em BP STATISTICAL Review of World Energy, junho 2017. Disponível em: <https://www.bp.com/en/global/corporate/energy-economics/statistical-review-of-world-energy.html>. Acesso em: 30 set. 2018.

Como se observa nos gráficos, tanto a matriz energética mundial (média de todos os países do globo) como a brasileira são consideradas "sujas", pois usam mais fontes de energia não renováveis. Entretanto, o Brasil usa menos fontes não renováveis que a média do restante do planeta; isso significa que em termos comparativos nossa matriz energética é mais "limpa", graças ao uso intensivo da energia hidráulica (que produziu cerca de 68% da eletricidade no Brasil em 2016) e ao etanol, amplamente usado no país como combustível nos veículos automotivos.

Outro importante avanço rumo a uma matriz energética mais renovável tem sido a ampliação dos parques eólicos, que produzem eletricidade a partir da força dos ventos. A energia eólica, praticamente inexistente no Brasil até o final do século passado, já produziu 5,4% da energia elétrica do país em 2016.

Parque Eólico Geribatu, no município de Santa Vitória do Palmar (RS), em 2015. Esse parque faz parte do Complexo Eólico Campos Neutrais, o maior do Brasil e da América Latina, que produz energia elétrica para mais de 3 milhões de pessoas.

4 A industrialização no Brasil

Denomina-se **industrialização** o processo de implantação de indústrias em um país ou região. Geralmente, a partir desse processo, a atividade industrial se transforma no setor-chave da economia, ou seja, aquele que acaba impulsionando os demais. A industrialização também costuma levar à urbanização e a certa subordinação do campo à cidade. O meio rural passa a produzir essencialmente para o urbano: matérias-primas para a indústria, bem como gêneros alimentícios para a população que se concentra nas cidades. A industrialização também modifica profundamente o espaço geográfico, alterando grande parte da natureza original, predominando um ambiente humanizado com enormes cidades, asfalto, concreto, edifícios e residências, além de plantações no lugar da vegetação nativa. No Brasil, um dos países em desenvolvimento (ou emergente) mais industrializados do mundo, o processo de industrialização teve início no fim do século XIX.

Fatores que propiciaram a industrialização

Entre os fatores que propiciaram a industrialização brasileira, podem-se citar:

- a acumulação de capitais proporcionada pela exportação de café, que era a principal atividade econômica do país no final do século XIX e na primeira metade do XX. O dinheiro obtido com a venda do café ao exterior permitiu a compra de máquinas para as indústrias que começavam a surgir;
- a substituição gradativa do trabalho escravo pelo assalariado, que ocorreu com a vinda de imigrantes para trabalhar nas fazendas de café do estado de São Paulo a partir de 1870, e continuou depois, com a abolição da escravatura em 1888. Vale lembrar que a mão de obra operária nas fábricas modernas é um trabalho assalariado;
- o crescimento de um mercado consumidor interno, consequência da expansão do trabalho assalariado. Durante o período da escravidão, fazendeiros e comerciantes participavam efetivamente do mercado consumidor, além de uma pequena classe média (funcionários públicos, médicos, advogados, engenheiros, etc.), pois os escravizados – boa parte da população – não tinham nenhum rendimento e, por isso, não podiam adquirir bens. A partir do emprego da mão de obra assalariada, os trabalhadores passam a fazer parte desse mercado consumidor, embora dispusessem de baixos salários.

Acumulação de capitais: processo de acumulação de bens ou dinheiro, de patrimônio, de riqueza.

Alinari/Getty Images

Trabalhadores em uma fábrica de sapatos, no município de São Paulo (SP), por volta de 1930. Nessa época, os trabalhadores cumpriam cargas horárias extensas, não tinham os direitos trabalhistas observados atualmente e recebiam salários geralmente muito baixos.

Concentração industrial

A lavoura cafeeira paulista experimentou, no século XIX, extraordinária expansão. Concentraram-se no Centro-Sul, em particular nos arredores da cidade de São Paulo, os benefícios trazidos pela crescente exportação de café: desenvolvimento de meios de transporte (ferrovias e rodovias), serviços bancários, instalação de usinas geradoras de eletricidade, entre outros.

Brasil: do café à indústria, de Roberto Catelli Jr. São Paulo: Brasiliense, 1992.
A obra aborda o processo histórico da implantação e do apogeu do café, sua contribuição para a industrialização brasileira e a transição para o trabalho assalariado.

Não podemos esquecer que a cidade de São Paulo se tornou a mais industrializada do país, pois beneficiou-se também pela sua posição geográfica: como se constituiu em um ponto de passagem obrigatória das mercadorias produzidas no interior do estado para o porto de Santos (o mais importante do país desde essa época), São Paulo expandiu-se com o intenso comércio e o desenvolvimento do setor bancário, ligados principalmente ao café.

Por esse motivo, a cidade de São Paulo concentrou de maneira mais expressiva o volume de capital obtido pela exportação de café. Na cidade, também se desenvolveu o mercado consumidor mais importante do país, tanto pelo número de compradores como pela maior variedade de produtos industrializados oferecidos.

A industrialização brasileira iniciou-se com a produção de bens de consumo não duráveis, isto é, de bens voltados para a satisfação das necessidades básicas da população. Como exemplo podemos citar as indústrias de alimentos, tecidos, bebidas e calçados, entre outras. Essas indústrias não exigem grandes investimentos para serem instaladas e costumam dar lucro em pouco tempo. Por isso, tornam-se as primeiras a se instalarem em países ainda não industrializados e com carência de capitais.

Apenas por volta dos anos 1930 é que se implantaram no Brasil as indústrias de base, especialmente a siderúrgica. Nos anos 1950 veio a indústria automobilística, que até hoje é a principal atividade industrial do país pelo volume e principalmente pelo valor de sua produção.

Acervo UH/Folhapress

Fábrica de automóveis em São Bernardo do Campo (SP), em 1958.

Com o tempo, a grande concentração de indústrias na cidade de São Paulo foi atingindo os municípios vizinhos, como Santo André, São Bernardo do Campo, São Caetano do Sul e Diadema (o chamado ABCD), e a Baixada Santista (Santos e Cubatão). Com isso, essa região tornou-se a região industrial mais expressiva do Brasil, posição que mantém até hoje. Desde o fim da Segunda Guerra Mundial, em 1945, a cidade de São Paulo e seus arredores tornaram-se também a porção do espaço geográfico preferida pelas empresas transnacionais para a instalação de suas filiais em território brasileiro.

Transnacional: o mesmo que multinacional ou empresa global, ou seja, uma empresa que atua em vários países. Alguns poucos autores pretendem distinguir esses três tipos de empresas, mas a maioria dos especialistas usa esses termos como sinônimos.

Desconcentração industrial

Desde os anos 1970, vem ocorrendo uma relativa desconcentração da atividade industrial no país: as indústrias, embora ainda estejam bastante concentradas em São Paulo, aos poucos estão se espalhando por outras áreas e regiões, principalmente Minas Gerais, Rio de Janeiro, Bahia, Ceará, Pernambuco, Amazonas (sobretudo Manaus), Paraná, Santa Catarina e Rio Grande do Sul.

Atualmente, essas áreas têm apresentado crescimento industrial maior do que São Paulo. Um dos motivos para isso é conhecido como **deseconomia de escala**, que ocorre quando uma aglomeração urbana – neste caso, São Paulo e seus arredores – torna-se desfavorável à implantação de novas empresas em razão dos custos elevados de impostos, terrenos demasiadamente caros, congestionamentos frequentes no trânsito, problemas de segurança, poluição, maiores custos com alimentação e moradia para os trabalhadores, etc.

Na década de 1960, a cidade de São Paulo dava mostras de certo esgotamento e havia, até os anos 1970, uma procura por novas instalações industriais nos arredores (ABCD, Baixada Santista, região de Campinas). A partir dos anos 1980, essa realocação dos investimentos industriais prosseguiu tanto para o interior do estado de São Paulo quanto, principalmente, para outros estados da federação.

Também contribuiu para a deseconomia de escala na Grande São Paulo a **atuação** de diversos sindicatos de trabalhadores na região, que, nos anos 1970, foram a vanguarda das reivindicações salariais e da promoção de greves. Dessa forma, a média salarial na indústria era – e ainda é – bem maior em São Paulo, particularmente na capital e arredores, do que no restante do país, sobretudo na região Nordeste e na Amazônia.

Outro fator que explica essa desconcentração industrial é a chamada **guerra fiscal**, nome dado para uma espécie de competição entre estados e/ou municípios para atrair novos investimentos. Eles oferecem incentivos variados para atrair empresas: terrenos baratos ou até doados pelo poder público, isenção de alguns impostos durante vários anos (até mesmo décadas), instalações elétricas e de água, asfalto, telefonia, entre outros. Dessa forma, o maior crescimento industrial apresentado por algumas áreas ou regiões a partir de 1970 contou com grande ajuda estatal, tanto do governo federal quanto dos governos estaduais e municipais. Observe o mapa e perceba o cenário da década de 2010 quanto à distribuição de indústrias no país.

Brasil: distribuição espacial da indústria (2013)

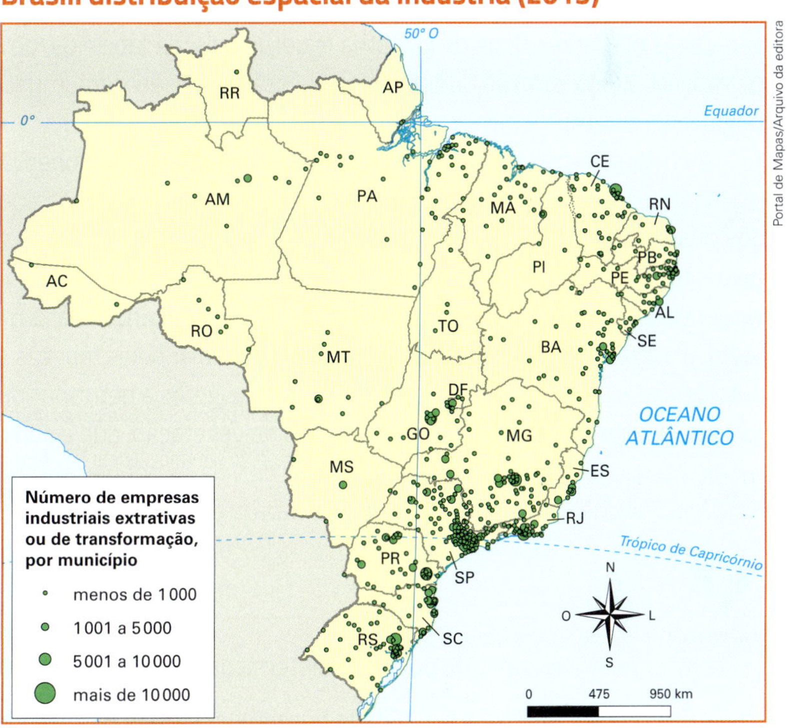

Fonte: elaborado com base em IBGE. *Atlas geográfico escolar*. 7. ed. Rio de Janeiro, 2016. p. 136. Disponível em: <http://atlasescolar.ibge.gov.br/images/atlas/mapas_brasil/brasil_distribuicao_industrias.pdf>. Acesso em: 5 abr. 2018.

5 Indústria e espaço geográfico

Com a industrialização, as paisagens do país são profundamente alteradas: florestas são derrubadas; cidades crescem em número e tamanho; rios são represados para fornecer energia elétrica, veículos automotores multiplicam-se nas ruas e estradas. Tudo isso modifica profundamente a natureza original.

A industrialização e a modernização da sociedade produzem consequências positivas e negativas. Algumas consequências positivas são o aumento da expectativa de vida e a diminuição da mortalidade (incluindo a infantil), além do aumento do bem-estar das famílias, com mais acesso a produtos (alimentação variada, eletrodomésticos, automóveis, etc.) e serviços.

Como consequências negativas estão a destruição da natureza original, enormes desmatamentos, a intensa poluição do ar e das águas, o acúmulo de lixo nas cidades, os engarrafamentos de trânsito, entre outras.

Dado Galdieri/Bloomberg via Getty Images

A industrialização intensifica a urbanização. Da mesma forma, o modo de vida urbano demanda maior produção industrial para atender aos grandes centros populacionais. Na foto, vista do bairro Liberdade, no município de São Paulo (SP), em 2014.

Devemos lembrar que a industrialização é acompanhada pela urbanização, por uma maior necessidade de energia e pela expansão da utilização dos recursos naturais, como água e minérios. Além disso, a industrialização e a modernização da sociedade produzem mudanças no campo, com mecanização e expansão da agropecuária – o que intensifica a derrubada de matas – para atender às necessidades alimentares da população que se concentra nas cidades e também para fornecer matérias-primas variadas a diferentes tipos de indústria (siderúrgicas, de laticínios, de óleos e farelos, de móveis, da construção civil, etc.). Toda essa expansão gera impactos ambientais negativos no campo e nas cidades.

Além dos desmatamentos suscitados pela expansão da agropecuária e pela construção de usinas hidrelétricas, estradas e cidades, a industrialização acarreta a poluição dos rios por detritos descartados nos leitos, por desmatamentos em suas margens e pelo intenso uso de agrotóxicos ou defensivos agrícolas, que podem contaminar os alimentos e as águas. No meio urbano, onde passa a se concentrar a maioria da população, a degradação ambiental é maior: a poluição do ar pelas fábricas e pelos veículos automotores; a poluição dos rios e riachos pelos esgotos e detritos industriais; a poluição visual, com a eliminação de grande parte da vegetação, que é substituída pelo asfalto ou concreto. Tudo isso afeta a qualidade de vida da população, que passa a sofrer uma maior incidência de doenças relacionadas a problemas respiratórios, por exemplo.

Texto e ação

1. Em duplas, reflitam por que o sistema de escravidão impedia uma efetiva industrialização do país.
2. Por que a indústria é a atividade humana que mais modifica a natureza e o espaço geográfico? Cite exemplos.

CONEXÕES COM HISTÓRIA, MATEMÁTICA E LÍNGUA PORTUGUESA

1› Observe o quadro a seguir e depois responda às questões:

Brasil: valor da produção industrial por estado

Unidade da federação	Percentual do total				
	1907	1919	1939	1970	2014
Pernambuco	7,4	6,8	4,8	2,1	1,6
Bahia	3,4	2,8	1,4	1,6	4,3
Minas Gerais	4,4	5,6	6,5	7,1	11,0
Rio de Janeiro	7,6	7,4	5,0	15,5	8,5
Guanabara*	30,2	20,8	17,0	-	-
São Paulo	15,9	31,5	45,4	57,2	36,0
Paraná	4,5	3,2	2,2	4,5	7,8
Rio Grande do Sul	13,5	11,1	9,8	6,3	7,8
Santa Catarina	1,9	1,9	1,8	3,2	5,0
Outros	11,2	8,9	6,1	2,5	18,0
Total	100	100	100	100	100

* Guanabara (Distrito Federal até 1960) e Rio de Janeiro formavam duas unidades separadas até 1975, quando se uniram e formaram o atual estado do Rio de Janeiro.

Fontes: elaborado com base em CANO, W. *Raízes da concentração industrial em São Paulo*. São Paulo: Difel, 1977; *Anuário estatístico do Brasil 1973 e pesquisa industrial 2015*.

a) A partir de que período ocorreu a crescente concentração territorial na atividade industrial no Brasil? E qual período essa concentração atingiu o seu auge?

b) A partir de 1970 quais foram os estados que mais perderam (em termos relativos) e quais os que mais ganharam em relação ao valor da produção industrial?

c) O agrupamento categorizado como "Outros" tinha uma participação de apenas 2,5% em 1970, mas cresceu para 18% em 2014. Você poderia mencionar alguns estados incluídos nesse grupo que mais avançaram na industrialização?

d) O fato de a categoria "Outros" ter avançado bastante na industrialização desde 1970 comprova ou desmente a descentralização da atividade industrial no Brasil? Por quê?

e) Elabore dois gráficos de setores que retrate os valores de produção industrial por estado nos anos 1970 e 2014. Com base neles indique se é possível perceber se há desconcentração ou concentração do valor da produção industrial.

2› Leia o trecho a seguir, que trata da realidade vivida pelos operários no início do século XX em São Paulo.

> [...] Cada fábrica tinha um aspecto fosco e hostil de presídio, com seus guardas de portão fardados e armados, operários e operárias submetidos a vexatórias revistas e a humilhantes observações, quando não recebiam ameaças de toda sorte. [....]

Fonte: DIAS, E. Trabalho urbano e conflito social. In: GERAB, William Jorge; ROSSI, Waldemar. *Indústria e trabalho no Brasil*: limites e desafios. São Paulo: Atual, 1997. p. 41.

a) Junte-se a um colega e conversem a respeito do trecho lido. Na opinião de vocês, essa situação vivida pelos operários melhorou ou piorou nos dias atuais?

b) Pesquise em jornais, revistas e na internet notícias sobre o dia a dia de operários em fábricas no Brasil. Em data combinada com o professor, leve para a aula as notícias e informações que você selecionou. Compartilhe com os colegas o que você descobriu.

ATIVIDADES

+ Ação

1› As indústrias geraram riquezas para São Paulo e para outras cidades do país, mas também trouxeram problemas; um deles é o lixo industrial.

Leia o texto abaixo.

Classificação, origem e características do lixo

[...] originado nas atividades dos diversos ramos da indústria, tais como: o metalúrgico, o químico, o petroquímico, o de papelaria, da indústria alimentícia, etc.

O lixo industrial é bastante variado, podendo ser representado por cinzas, lodos, óleos, resíduos alcalinos ou ácidos, plásticos, papel, madeira, fibras, borracha, metal, escórias, vidros, cerâmicas. Nesta categoria, inclui-se grande quantidade de lixo tóxico. Esse tipo de lixo necessita de tratamento especial pelo seu potencial de envenenamento.

AMBIENTE BRASIL. Classificação, origem e características do lixo. Disponível em: <http://ambientes.ambientebrasil.com.br/residuos/residuos/classificacao,_origem_e_caracteristicas.html>. Acesso em: 5 abr. 2018.

Agora, responda:

a) Segundo o texto, por que o lixo tóxico necessita de tratamento especial?

b) Na sua opinião, o que acontece com o meio ambiente quando o lixo industrial não recebe o destino correto?

c) Em dupla, pesquisem qual é o destino do lixo industrial no município ou estado onde vocês moram.

2› No Brasil, cerca de 96% das latinhas de alumínio são recicladas. Explique no que consiste a reciclagem e tente descobrir se no município onde você mora há postos de coleta e/ou de reciclagem do alumínio.

3› A industrialização e a urbanização acarretam resultados positivos e negativos para a sociedade e para o planeta como um todo. Explique essa afirmação por meio de exemplos.

4› Compare o mapa Brasil: distribuição espacial da indústria (2013), na página 95, com o mapa Brasil: densidade demográfica (2010), na página 54. Depois, responda:

- Há relação entre industrialização e concentração demográfica? Explique.

5› Leia o trecho abaixo e responda o que se pede.

O dinamismo da economia brasileira não se explica sem uma referência ao sacrifício imposto a grande parte da população e ao caráter extensivo da exploração dos recursos naturais de um vasto território.

Fonte: FURTADO, Celso. *O Brasil pós-"milagre"*. Rio de Janeiro: Paz e Terra, 1981. p. 25.

a) A que parte da população o trecho faz referência?

b) A que sacrifício o texto se refere?

6› Uma das consequências da industrialização é o aumento do consumo. Principalmente nos ambientes urbanos, muitas pessoas acabam adotando um modo de vida em que o consumo exagerado de uma série de produtos, muitas vezes supérfluos, se torna comum. Essa prática é conhecida como consumismo. Sobre isso, compartilhe com os colegas:

a) Qual é a diferença entre consumo e consumismo?

b) Você já teve comportamentos consumistas em seu dia a dia? Em que situações?

c) Em sua opinião, o consumismo faz bem para as pessoas? Por quê?

7› Explique com suas palavras o que é desconcentração industrial.

8› Em sua opinião, por que as empresas transnacionais que se instalam no Brasil ainda preferem a cidade de São Paulo e seus arredores?

9› Em sua opinião, a desconcentração industrial prejudica a economia do país? Por quê?

Autoavaliação

1. Quais foram as atividades mais fáceis para você? Por quê?
2. Algum ponto deste capítulo não ficou claro? Qual?
3. Você participou das atividades em dupla e em grupo e expressou suas opiniões?
4. Como você avalia sua compreensão dos assuntos tratados neste capítulo?

» **Excelente**: não tive dificuldade.

» **Bom**: consegui resolver as dificuldades de forma rápida.

» **Regular**: tive dificuldade para entender os conceitos e realizar as atividades propostas.

Lendo a imagem

1› Nossos hábitos de consumo têm relação com o lixo que produzimos: quanto maior o consumo, mais lixo é gerado. Sobre isso, leia o texto e observe as imagens.

O que é o Princípio dos 3R's?

Um caminho para a solução dos problemas relacionados com o lixo é apontado pelo Princípio dos 3R's – Reduzir, Reutilizar e Reciclar. Fatores associados com estes princípios devem ser considerados, como o ideal de prevenção e não-geração de resíduos, somados à adoção de padrões de consumo sustentável, visando poupar os recursos naturais e conter o desperdício.

MINISTÉRIO DO MEIO AMBIENTE. Disponível em: <www.mma.gov.br/responsabilidade-socioambiental/producao-e-consumo-sustentavel/consumo-consciente-de-embalagem/principio-dos-3rs.html>. Acesso em: 14 set. 2018.

Agora, converse com os colegas:

a) Qual a diferença entre reduzir, reutilizar e reciclar? Cite exemplos dessas três atitudes.

b) Em seu dia a dia, você costuma colocar em prática essas atitudes? De que forma?

c) Como seria possível praticar os princípios dos 3R's na sua escola? Caso eles já sejam praticados, é possível torná-los ainda mais eficazes? Como?

d) Qual das imagens reproduz a ação de "reciclar"?

e) Qual delas reproduz a atitude de "reutilizar? Em sua opinião, como a personagem vai reutilizar esse objeto?

2› Agora, observe a imagem abaixo.

a) O que você acha que as personagens Cebolinha e Mônica estão pensando? Componha um balão de pensamento para cada um deles.

b) Muitas vezes ao consumirmos um produto industrializado, não temos noção de quanta água foi gasta para produzi-lo. Pesquise na internet quanta água é necessária para produzir uma calça *jeans*, um par de sapatos e um carro.

CAPÍTULO

5 Urbanização e rede urbana

Vista aérea do bairro Carmo, no município de Belo Horizonte (MG). Ao fundo, trecho da serra do Curral. Foto de 2015.

Neste capítulo vamos estudar o que é urbanização e conhecer como e quando ela ocorreu no Brasil. Vamos ainda compreender o que são metrópoles e como é a rede urbana brasileira. Também faremos uma análise do espaço urbano do país e, por fim, estudaremos os chamados problemas urbanos.

Para começar

Observe a imagem e responda:

1. Que elementos você identifica na paisagem fotografada?
2. Em sua opinião, esses elementos são comuns a todas as cidades? Por quê?
3. Quais elementos da paisagem você também observa no seu município?

1 A urbanização

Durante o processo de **urbanização**, o meio urbano cresce proporcionalmente mais do que o meio rural: há uma migração gradativa da população do campo para a cidade. Isso ocorre em consequência do chamado **êxodo rural**, ou **migração rural-urbana**. Por sua vez, o crescimento urbano consiste na expansão de áreas ocupadas pelas cidades e pode existir sem que, necessariamente, haja urbanização.

Em algumas localidades do mundo, o processo de urbanização já terminou, ou seja, a totalidade da população já vive na zona urbana. É o caso de Cingapura (cidade que ocupa quase uma ilha), além de Mônaco, Macau, Bermuda, Nauru, entre outras. Nesses locais pode-se observar o crescimento urbano, ou seja, a cidade ainda se renova e se expande (com a construção de novos prédios, novas estações de metrô, por exemplo), mas o processo de urbanização já se encerrou.

Entretanto, a maior parte do mundo ainda vive esse processo, visto que foi somente depois de meados da década de 2000 que a população urbana (que vive na cidade) ultrapassou a população rural (que vive no campo). Observe o gráfico abaixo.

Mundo: população urbana e rural (1950-2050)*

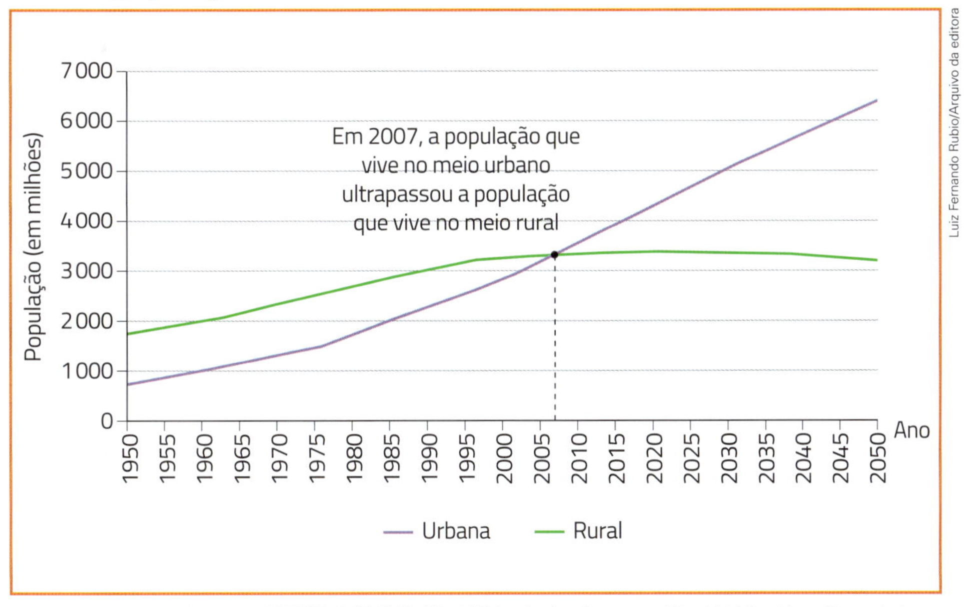

Fonte: elaborado com base em UNITED NATIONS. *World Urbanization Prospects*: The 2014 Revision. Disponível em: <https://esa.un.org/unpd/wup/publications/files/wup2014-highlights.pdf>. Acesso em: 31 maio 2018. p. 7.

* Os valores após o ano de 2014 são estimativas propostas pela pesquisa.

Texto e ação

1› Diferencie urbanização de crescimento urbano.

2› Na sua opinião, por que muitas pessoas deixam o espaço rural e passam a viver nas cidades?

3› Qual é a explicação para a diminuição (relativa ou, conforme o país, também absoluta) da população rural e para o grande aumento da população urbana?

INFOGRÁFICO

Urbanização da humanidade

Onde vive a população mundial?

Durante a maior parte da história da humanidade, a maioria da população viveu no campo. No entanto, desde meados do século passado, a população mundial vem se urbanizando num ritmo muito rápido. Em 2007, a maioria da população do globo já vivia nas cidades, e, segundo projeções da ONU, em 2050, cerca de 70% da população mundial viverá no meio urbano.

Em países como Argentina, Bélgica, Israel, Kuwait, Luxemburgo, Catar e Cingapura, mais de 90% da população total vive no meio urbano; em outros, como Bangladesh, Índia, Níger, Moçambique, Paquistão e Serra Leoa, a maioria da população vive no meio rural, embora ocorra um processo de urbanização.

Taxa de urbanização é a proporção (porcentagem) da população urbana em relação à população total de um país ou de uma região.

Mundo: taxa de urbanização (2018)

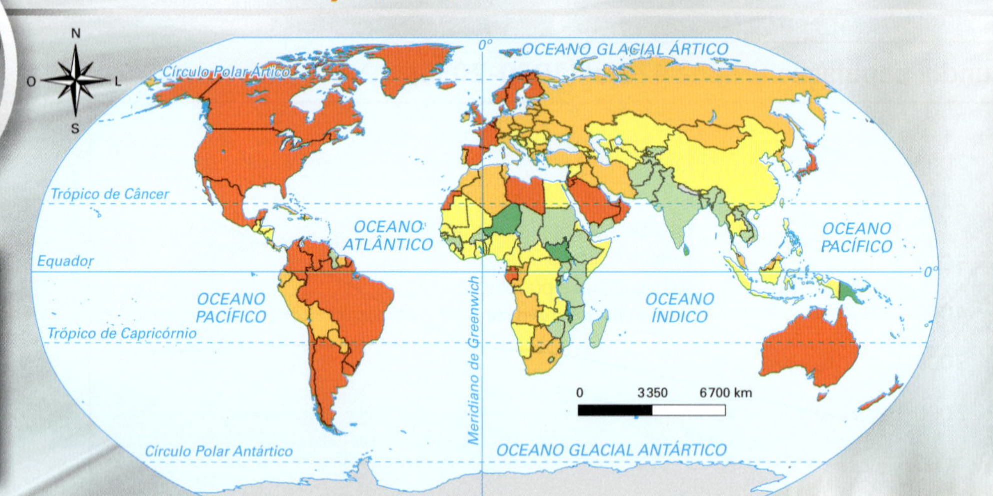

Fonte: elaborado com base em UNITED NATIONS. *World Urbanization Prospects:* The 2018 Revision. Disponível em: <https://esa.un.org/unpd/wup/Maps/>. Acesso em: 12 jul. 2018.

A população do Brasil vem crescendo num ritmo menor que no passado e, por volta de 2040, começará a decrescer em consequência de um saldo populacional negativo (**número de nascimentos** + **número de imigrantes**) – (**número de óbitos** + **número de emigrantes**). A urbanização também deverá estabilizar-se entre 91% e 92% da população total vivendo em cidades.

População rural e urbana no Brasil (1950-2050)

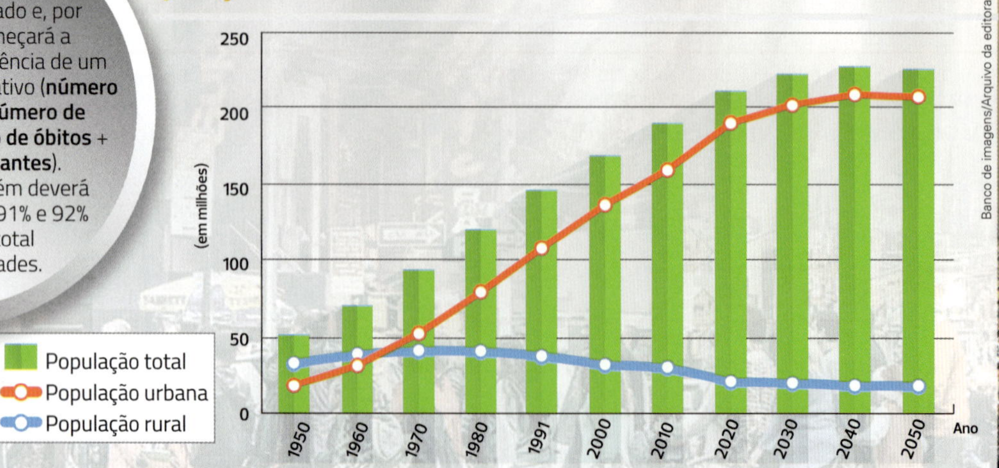

Fontes: elaborado com base em IBGE. *Censos demográficos 1940-2010*; IBGE. *Estatísticas do século XX*. Rio de Janeiro: 2007; IBGE. *Anuário Estatístico do Brasil, 1981*, v. 42, 1979. IBGE. *Projeção da população por sexo e idade*: Brasil 2000-2060. Rio de Janeiro, 2013.

Segundo a ONU, em 2020, cerca de 600 cidades em todo o mundo terão pelo menos 1 milhão de habitantes, e quase 30 delas estarão no Brasil. Haverá mais de 30 aglomerações urbanas com pelo menos 10 milhões de habitantes – as chamadas megacidades – no globo, e o Brasil terá duas delas: São Paulo e Rio de Janeiro. Com isso, o grande desafio será fornecer moradias decentes, sistema de transporte eficiente, segurança, eletricidade, água encanada e tratada, rede de esgotos, áreas verdes e de lazer para essa imensa população que se concentra cada vez mais em áreas urbanas.

Maiores aglomerações urbanas do mundo e do Brasil em (2020)*

Posição no *ranking* mundial	Aglomeração urbana**	População em 2020
1	Tóquio (Japão)	37 393 129
2	Délhi (Índia)	30 290 936
3	Xangai (China)	27 058 479
4	São Paulo (Brasil)	22 043 028
5	Cidade do México (México)	21 782 378
6	Dhaka (Bangladesh)	21 005 860
7	Cairo (Egito)	20 900 604
8	Pequim (China)	20 462 610
9	Mumbai (Índia)	20 411 274
10	Osaka (Japão)	19 165 340
21	Rio de Janeiro	13 458 075
66	Belo Horizonte	6 084 430
92	Brasília	4 645 843
108	Porto Alegre	4 137 418
109	Recife	4 127 092
112	Fortaleza	4 073 465
120	Salvador	3 839 076
124	Curitiba	3 678 732
146	Campinas	3 300 794
192	Goiânia	2 690 011
224	Belém	2 334 462

* Estimativas feitas pela Organização das Nações Unidas.

** Aglomeração urbana inclui a cidade principal e as cidades próximas e interligadas a ela. Campinas, por exemplo, inclui a cidade principal e 19 municípios: Americana, Itatiba, Valinhos, Vinhedo, Hortolândia, Indaiatuba, entre outras.

Fonte: elaborado com base em UNITED NATIONS. Population Division (2018). In: *World Urbanization Prospects*: The 2018 Revision, Disponível em: <https://esa.un.org/unpd/wup/Download/>. Acesso em: 13 jul. 2018.

No Brasil, o Recenseamento Geral de 2010 constatou que cerca de 11,5 milhões de pessoas viviam em "aglomerados subnormais", popularmente conhecidos como favelas, invasões, grotas, comunidades, mocambos, baixadas, ressacas ou palafitas, conforme a região. Em todo o mundo, segundo a ONU, em 2010, 827 milhões de pessoas viviam em moradias precárias e irregulares ou em habitações sem as mínimas condições de higiene.

Ricardo Oliveira/Tyba

Moradias no município de Manaus (AM), em 2016.

No Brasil, as maiores populações que vivem em comunidades estão em São Paulo (2,1 milhões ou 11% da população metropolitana), Rio de Janeiro (1,7 milhão ou 14,4% da população), Belém (1,1 milhão ou 53% da população), Salvador (931 mil ou 26% da população) e Recife (852 mil ou 23% da população).

View Apart/Shutterstock/Glow Images

2 A urbanização no Brasil

No Brasil, a urbanização de fato só se acelerou com a industrialização e as migrações do campo para a cidade a partir do final do século XIX e, sobretudo, na segunda metade do século XX. Ou seja, a urbanização brasileira só se expandiu quando a indústria se tornou o setor mais dinâmico da economia nacional, o que apenas aconteceu no século XX. Antes disso, ocorria um crescimento urbano no país, mas que não podia ser considerado um processo de urbanização. A urbanização moderna, de fato, é um dos aspectos da transição de uma sociedade rural e agrária para outra urbana e industrial.

Quando as atividades primárias de exportação predominavam na economia nacional – cana-de-açúcar (séculos XVI e XVII), mineração (do fim do século XVII ao século XVIII), café (de meados do século XIX até início do século XX) e outros –, a população urbana permaneceu relativamente estável, representando de 6% a 8% do total. Isso é facilmente explicado pela predominância da força de trabalho no setor primário (agropecuária e extrativismo), pela quase inexistência do setor industrial e pela pouca necessidade de mão de obra no setor terciário (na época, principalmente comércio e administração).

A partir da industrialização da economia brasileira, houve um aumento proporcional dos empregos no setor secundário e no terciário (bancos, comércio, escolas, seguradoras, setor público, entre outros) e a porcentagem da população urbana sobre o total dos habitantes do país passou de cerca de 16% em 1920 para 84,4% em 2010. Segundo estimativas do IBGE, a população urbana ultrapassará os 86% em 2020. Acompanhe esse processo no gráfico abaixo.

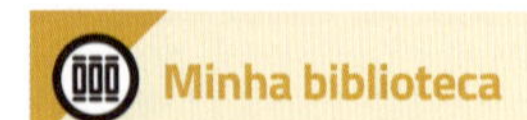
Minha biblioteca

A quem pertence a cidade?, de Liliana Iacocca. São Paulo: Salamandra, 2004.
O livro ajuda os leitores a entender o seu papel como cidadãos ao colocar em discussão o direito de cada um ter seu espaço na cidade.

Brasil: população urbana e rural (1920-2020)

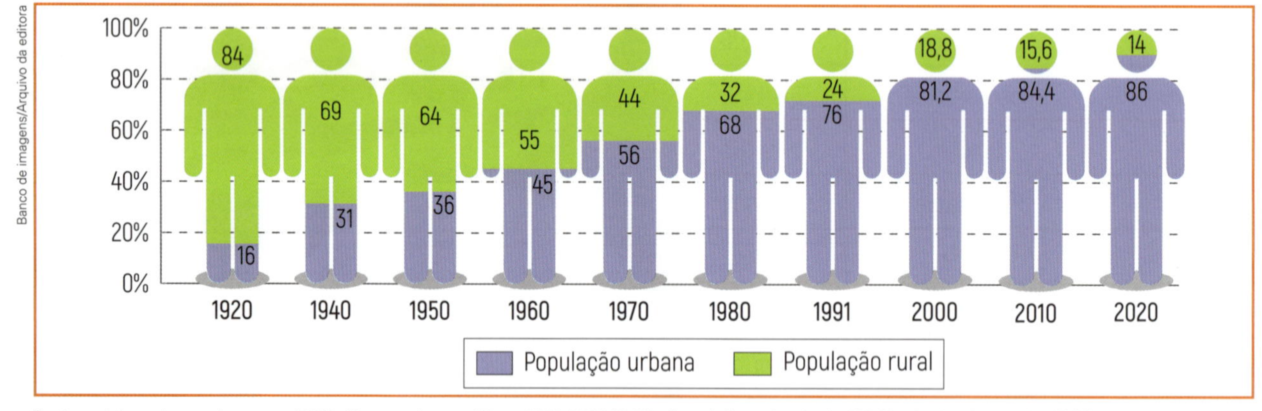

Fontes: elaborado com base em IBGE. *Censos demográficos 1940-2010*; IBGE. *Estatísticas do século XX*. Rio de Janeiro: 2007; IBGE. *Anuário Estatístico do Brasil, 1981*, v. 42, 1979. Disponível em: <https://seriesestatisticas.ibge.gov.br/series.aspx?vcodigo=POP122>. Acesso em: 13 jul. 2018.

Texto e ação

1. Quando predominavam na economia brasileira as atividades primárias de exportação (do século XVI até início do século XX), mesmo ocorrendo crescimento no número e na expansão das cidades, a população urbana representava entre 6% e 8% do total. Por que a população urbana permaneceu mais ou menos estável nesse período?

2. De acordo com o gráfico, ocorreu uma diminuição da população rural em relação à urbana no período entre 1991 e 2010?

As cidades: sítio urbano e situação

O terreno sobre o qual a cidade se constrói recebe o nome de **sítio urbano**. Sítio urbano, portanto, é a área ocupada pela cidade, é o terreno com as suas características de relevo: altitudes, colinas e baixadas, vales, brejos, etc. Algumas cidades se situam em áreas litorâneas, outras em planaltos interiores, outras no sopé (base) de montanhas, e assim por diante.

O sítio urbano exerce alguma influência sobre as características da cidade e sua expansão. Na cidade do Rio de Janeiro, por exemplo, muitos morros, sujeitos a desabamentos pelas chuvas, são áreas desvalorizadas e que foram ocupadas por comunidades; a população de renda mais alta, em geral, vive próxima da orla marítima. Em outras cidades do país onde há muitas comunidades – como São Paulo, Recife e Belém, por exemplo –, essas habitações se localizam em terrenos baldios espalhados pela cidade (normalmente próximos a áreas de emprego de parte dessa população) ou em várzeas fluviais.

A **situação** de uma cidade se refere à sua localização geográfica, ou seja, ao local onde ela se situa em relação ao espaço mais amplo: os meios de transportes e de comunicações, a distância em relação aos grandes centros urbanos, a presença ou não de riquezas naturais nas vizinhanças, etc. É a localização relativa da cidade, o que difere da localização absoluta, que são as coordenadas do local (latitude e longitude). Por exemplo: Belém, capital do Pará, localiza-se numa área estratégica da Amazônia brasileira, pois é porta de entrada e saída de mercadorias da região, que se dá principalmente através do rio Amazonas, perfeitamente navegável em território nacional.

A situação, ao contrário da localização absoluta, não é algo fixo. Pelo contrário, é dinâmica, pois se altera com as mudanças históricas. A situação de Belém é importante, mas, com o desenvolvimento da aviação e a construção de rodovias do Centro-Sul do país até a Amazônia ocidental (Acre, Rondônia e Amazonas), sua localização já não é tão estratégica como no passado, quando só a navegação garantia o transporte até essa imensa região ao norte e noroeste do país.

Minha biblioteca

O que é cidade?, de Raquel Rolnik. São Paulo: Brasiliense, 2012. Esse livro explica o que é cidade, quando ela surgiu na história e suas transformações até chegar à cidade capitalista dos nossos dias.

Paisagem do município de Belém (PA), em 2017.

Luciana Whitaker/Pulsar Imagens

A função das cidades

Função é a atividade principal de uma cidade: é a razão pela qual ela se expandiu. Por exemplo, algumas cidades vivem ou se desenvolvem em função do comércio, outras em função das indústrias que nelas existem, outras dependem bastante do turismo, e assim por diante.

Podemos reconhecer várias funções principais. Veja o quadro:

Função principal	Ocorre quando a cidade...	Exemplos
Político-administrativa	... depende basicamente de sediar órgãos públicos, principalmente governos.	Brasília (DF), Washington (Estados Unidos), etc.
Industrial	... cresce principalmente por causa das indústrias.	São Bernardo do Campo (SP), Volta Redonda (RJ), Cubatão (SP), etc.
Comercial	... vive basicamente em torno do comércio.	Uberlândia (MG), cuja situação faz dela um estratégico entreposto comercial, Cidade do Panamá (Panamá), Ciudad del Este (Paraguai), etc.
Portuária	... se destaca pela importância do seu porto.	Paranaguá (PR), Santos (SP), São Luís (MA), etc.
Turística	... vive principalmente do turismo.	Guarujá (SP), Camboriú (SC), Búzios (RJ), Campos do Jordão (SP), etc.
Religiosa	... depende basicamente do turismo religioso.	Aparecida (SP), Juazeiro do Norte (CE), Fátima (Portugal), Meca (Arábia Saudita), Jerusalém (Israel), etc.
Militar	... abrigou ou abriga instalações militares estratégicas.	Natal (RN), Resende (RJ), etc.
Universitária	... depende bastante das faculdades ou universidades, que atraem grande número de estudantes e movimentam o seu comércio.	Viçosa (MG), São Carlos (SP), etc.

Em geral, quando uma cidade é grande (acima de 500 mil habitantes), ou mesmo média (de 50 a 500 mil), ela exerce diferentes funções, mesmo que uma delas se sobressaia. Por exemplo: o Rio de Janeiro é ao mesmo tempo uma cidade comercial, portuária, industrial, turística e político-administrativa. São Paulo é um centro urbano financeiro, industrial, comercial, cultural e político-administrativo.

Vista do porto de Itaqui, em São Luís (MA), em 2016, cidade cuja principal função é portuária.

Centro e expansão das cidades

Toda cidade tem um **centro**, que é a área onde se concentram mais pessoas, onde há mais comércio e serviços, como bancos, escritórios, consultórios, etc. O centro da cidade não precisa estar localizado na área central do espaço urbano. Ele pode estar situado, por exemplo, na orla marítima. Portanto, o centro de uma cidade não se define pela localização, e sim pelo movimento e pela concentração de pessoas, de seu comércio e de suas construções.

Em geral, o centro (ou os centros, pois pode haver mais de um) possui edifícios mais elevados que as demais partes da cidade, possui ruas, avenidas e praças mais movimentadas e construções que se destacam na vida cultural da cidade (igreja matriz, teatro, centros culturais, prefeitura, etc.).

As pequenas cidades possuem um centro tradicional, onde geralmente há uma igreja e a praça principal. As médias e grandes cidades podem ter mais de um centro: o de negócios (bancos, comércio) numa área, e o centro de lazer (restaurantes, praças ou avenidas mais movimentadas pelos pedestres), em outra. Pode haver um centro antigo, com construções históricas, e um centro mais novo, que vem substituindo o antigo, com uma área de terrenos mais valorizados.

Uma cidade pode crescer de duas formas: pela construção de elevados edifícios ou galerias subterrâneas (**crescimento vertical**) e pela expansão de seu espaço urbano (**crescimento horizontal**). No crescimento horizontal da cidade, há uma expansão da **periferia**, ou seja, das áreas ou bairros mais distantes. No Brasil, as periferias dos grandes centros urbanos geralmente são áreas mais precárias, pois possuem menos infraestrutura (água encanada, eletricidade, asfalto, linhas telefônicas, transporte coletivo, etc.) que as áreas centrais.

Em alguns países, como os Estados Unidos, as periferias urbanas, chamadas de **subúrbios**, são muito valorizadas. Nelas residem populações de alta renda, que se deslocaram das áreas centrais para ter mais espaço (casas com amplos jardins e quintais e muito verde nas ruas), fugindo dos congestionamentos, da poluição, etc. Também no Brasil isso já acontece, com a formação de condomínios de residências para as classes média e alta nas áreas periféricas dos grandes centros urbanos.

Quando uma cidade se expande, ela pode se encontrar com outra cidade vizinha. Nesse caso ocorre a **conurbação**, que é a junção de dois espaços urbanos, geralmente causada pela expansão de uma cidade que atingiu os limites de uma ou de algumas cidades menores. Como exemplo de conurbação podemos citar o encontro da cidade de São Paulo com Santo André, São Caetano do Sul, Osasco e várias outras cidades vizinhas.

Conurbação entre as cidades de Osasco, à esquerda, e São Paulo, à direita. Observe que o limite entre uma cidade e outra é imperceptível. Imagem produzida em 2017.

Digital Globe/Google Earth

Texto e ação

- Junte-se a um colega e respondam às questões sobre o município em que fica a escola.
  - **a)** Esse município cresceu de forma horizontal ou vertical? Justifiquem.
  - **b)** Esse município se expandiu a partir de qual atividade econômica?

3 Metropolização e regiões metropolitanas

A intensa urbanização que vem ocorrendo no Brasil tem sido acompanhada por um processo de metropolização, isto é, concentração demográfica nas metrópoles, que são cidades com mais de 1 milhão de habitantes. Ao mesmo tempo, formam-se regiões metropolitanas, com o crescimento acelerado das grandes e médias cidades e com a ocorrência da conurbação. As regiões metropolitanas são um conjunto de municípios contíguos (vizinhos ou espacialmente interligados) e integrados a uma cidade central, com serviços públicos e infraestrutura comuns.

Isso significa que certos problemas em serviços urbanos – como transportes, abastecimento de água, esgotos, etc. – não devem mais ser tratados isoladamente em cada cidade vizinha, mas em conjunto. Como exemplos de regiões metropolitanas temos a Grande São Paulo (São Paulo, Guarulhos, Santo André, Osasco e mais 35 municípios), a Grande Rio de Janeiro (Rio de Janeiro, Duque de Caxias, Belford Roxo, São Gonçalo e mais 13 municípios), a Grande Belo Horizonte (composta de 34 municípios), a Grande Recife (composta de 14 municípios) e várias outras.

Brasil: regiões metropolitanas (2016)

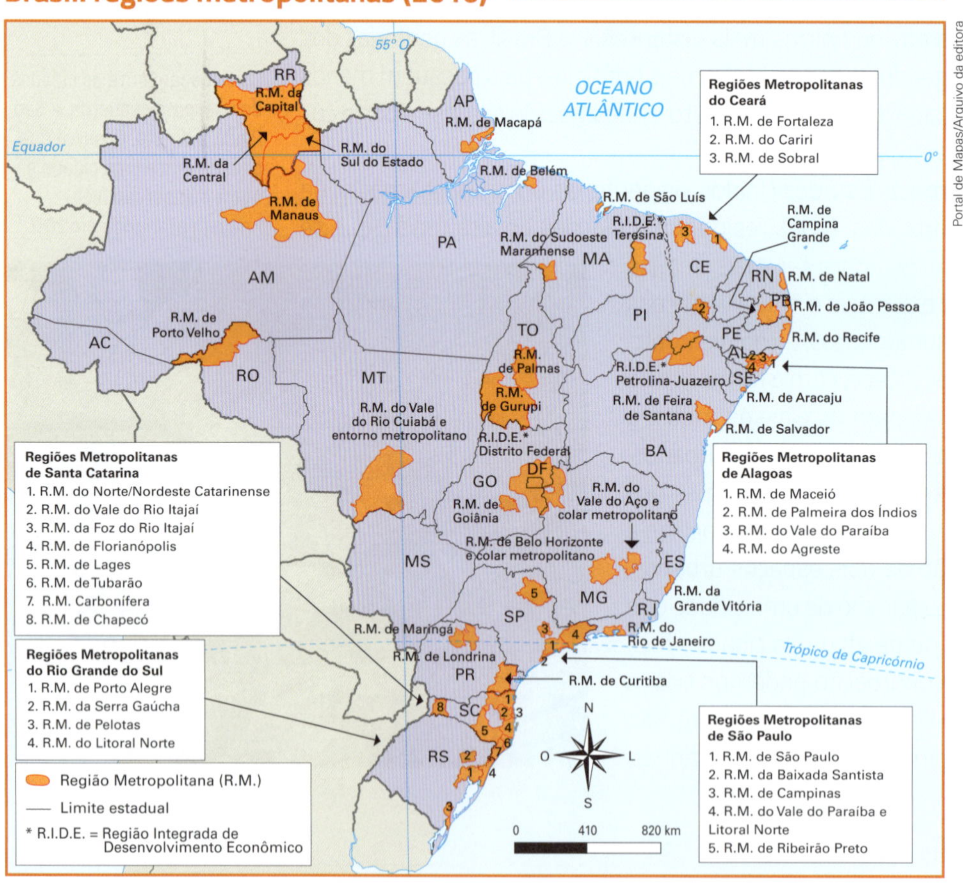

Fontes: elaborado com base em IBGE. *Atlas geográfico escolar*. Rio de Janeiro, 2012; SANTA CATARINA. Leis complementares n. 495/2010 e n. 571/2013; ALAGOAS. Leis complementares n. 30/2011 e n. 32/2012; JUS BRASIL. *Santa Catarina terá oito regiões metropolitanas*. Disponível em: <http://al-sc.jusbrasil.com.br/noticias/2039276/santa-catarina-tera-oito-regioesmetropolitanas>. Acesso em: 13 jul. 2018; G1. Oito municípios passam a integrar a Região Metropolitana de Londrina. Disponível em: <http://g1.globo.com/pr/norte-noroeste/noticia/2013/11/oito-municipios-passam-integrar-regiao-metropolitana-de-londrina.html>. Acesso em: 3 jul. 2018; AGÊNCIA IBGE Notícias. *Brasil tem três novas regiões metropolitanas*. Disponível em: <https://agenciadenoticias.ibge.gov.br/agencia-noticias/2012-agencia-de-noticias/noticias/9868-brasil-tem-tres-novas-regioes-metropolitanas.html>. Acesso em: 13 jul. 2018.

Há também as Regiões Integradas de Desenvolvimento Econômico (Ride), que são áreas metropolitanas que incluem cidades de diferentes unidades da Federação. As Rides são definidas por leis federais. Como exemplos, podem ser citadas a Ride do Distrito Federal e entorno, que abrange cidades do Distrito Federal, Goiás e Minas Gerais; a Ride de Petrolina (PE) e Juazeiro (BA), e a Ride Teresina (PI), esta última abrange 14 cidades do Piauí e uma no Maranhão (a cidade de Timon). Observe no mapa da página anterior as Rides que existem hoje no Brasil.

De acordo com a Constituição federal de 1988, os estados têm autonomia para estabelecer as suas áreas metropolitanas. Inicialmente, foram definidas nove regiões metropolitanas: São Paulo, Rio de Janeiro, Salvador, Belo Horizonte, Recife, Fortaleza, Porto Alegre, Belém e Curitiba. Atualmente, há várias outras regiões e, além disso, foram criadas diversas Rides.

Autonomia: direito ou capacidade de se governar por seus próprios meios e por leis próprias.

Reprodução/Prefeitura de São Leopoldo, RS.

Vista aérea do município de São Leopoldo (RS), em 2016, que faz parte da região metropolitana de Porto Alegre (RS).

Entre 2015 e 2016, três novas regiões metropolitanas foram criadas, totalizando 69 no território nacional. Houve um relativo deslocamento populacional para as regiões Centro-Oeste e Norte do país, e um grande crescimento das cidades médias, por isso muitas destas acabaram por formar as suas regiões metropolitanas. Foi o que ocorreu, por exemplo, com a região de Santos (SP), Campinas (SP), Pelotas (RS), Lages e Tubarão (SC), Imperatriz (MA) e outras. Isso significa que a concentração populacional nas regiões metropolitanas – chamada de **metropolização** – continua a ocorrer no Brasil.

Cada região metropolitana deve planejar integradamente o seu desenvolvimento urbano. Esse planejamento é elaborado por um conselho deliberativo (ou seja, de decisão) nomeado pelo governo de cada estado, auxiliado por um conselho consultivo (isto é, de consulta) formado por representantes de cada município da região. Dessa forma, tratam-se no âmbito metropolitano certos serviços e problemas que afetam o conjunto da área metropolitana e que ficavam a cargo apenas das prefeituras de cada município.

Contudo, esses conselhos não representam um poder independente e à margem dos poderes locais dos municípios. É apenas uma ação coordenada do estado com os municípios da região, que continuam exercendo com independência todas as suas funções no plano municipal.

Quando somamos a população das 15 principais regiões metropolitanas do país, verificamos que, em 1950, elas reuniam por volta de 25% da população nacional. Em 1990, esse número subiu para 34% e, em 2016, para 38,1% da população total do Brasil. Como se vê, essa metropolização, embora continue, já foi bem mais intensa no passado. No entanto, se somarmos as demais regiões metropolitanas e as Rides que surgiram recentemente, veremos que o seu efetivo demográfico total atinge mais da metade da população brasileira. Observe ao lado, o percentual da população que vive nas 15 maiores regiões metropolitanas brasileiras em relação ao total da população do país.

As cidades médias (de 50 mil a 500 mil habitantes) passaram a crescer proporcionalmente mais que as grandes neste século, embora algumas delas estejam localizadas em regiões metropolitanas ou – no caso das maiores – acabem com o tempo formando novas regiões metropolitanas. Quanto às cidades pequenas (menos de 50 mil habitantes), de maneira geral, elas crescem menos que as grandes e as médias.

Ranking das maiores regiões metropolitanas do Brasil (2016)*

Regiões metropolitanas	População em 2016	% da população total do Brasil
São Paulo (SP)	21 242 939	10,3%
Rio de Janeiro (RJ)	12 330 186	6,0%
Belo Horizonte (MG)	5 873 841	2,9%
Ride Distrito Federal e entorno (DF, MG e GO)	4 284 676	2,1%
Porto Alegre (RS)	4 276 475	2,1%
Fortaleza (CE)	4 019 213	2,0%
Salvador (BA)	3 984 583	1,9%
Recife (PE)	3 940 456	1,9%
Curitiba (PR)	3 537 894	1,7%
Campinas (SP)	3 131 528	1,5%
Manaus (AM)	2 568 817	1,2%
RM do Vale do Paraíba e Litoral Norte (SP)	2 475 879	1,2%
Goiânia (GO)	2 458 504	1,2%
Belém (PA)	2 422 481	1,2%
Grande Vitória (ES)	1 935 483	0,9%
Total	78 482 955	38,1

* Essas estimativas foram produzidas pelo IBGE com base na composição das regiões metropolitanas vigente em 31 de dezembro de 2015.

Fonte: elaborado com base em: IBGE, Diretoria de Pesquisas – DPE, Coordenação de População e Indicadores Sociais – COPIS. RM = Região Metropolitana e Ride = Região Integrada de Desenvolvimento. Disponível em: <https://agenciadenoticias.ibge.gov.br/agencia-noticias/2013-agencia-de-noticias/releases/9497-ibge-divulga-as-estimativas-populacionais-dos-municipios-em-2016.html>. Acesso em: 13 jul. 2018.

Texto e ação

1› Qual a importância dos conselhos deliberativos para as regiões metropolitanas?

2› Observe atentamente o mapa *Brasil: regiões metropolitanas (2016)*, na página 108, e responda:

a) Por que a Ride também é uma região metropolitana?

b) Há alguma região metropolitana no estado em que você vive? Qual?

3› Consulte o quadro acima, com as maiores regiões metropolitanas, e responda:

a) Qual é a grande região do Brasil, segundo a divisão regional do IBGE, que apresenta maior número de regiões metropolitanas?

b) Sabendo que o estado de São Paulo tem cerca de 45 milhões de habitantes, é possível dizer que a população que vive nesse estado está concentrada? Justifique sua resposta.

c) O município em que você mora faz parte de alguma região metropolitana?

4 Rede urbana

Trata-se do conjunto – uma malha ou rede – de cidades interligadas por sistemas de transportes e de comunicações, através dos quais existem fluxos (movimentos) de bens e serviços, capitais, informações e pessoas. Essa rede estrutura-se por meio de uma hierarquia, em que as cidades menores costumam ser relativamente dependentes das cidades maiores e economicamente mais desenvolvidas. Alguns falam hoje numa rede urbana mundial, com a integração de metrópoles como Nova York, Londres, Tóquio, Paris, Xangai e muitas outras. Mas o que nos interessa aqui é a rede urbana brasileira e, para compreender o seu funcionamento, vamos fazer um breve histórico.

Como vimos, a urbanização brasileira só ocorreu de fato no momento em que a indústria se tornou o setor mais importante da economia nacional. Assim, esse processo representa um dos aspectos da passagem da economia agrário-exportadora para uma economia urbano-industrial, o que só ocorreu no século XX e se intensificou a partir de 1950.

A partir disso, o predomínio do campo sobre a cidade, que existia desde a época colonial, foi diminuindo cada vez mais. As principais atividades econômicas e a maior parte da força de trabalho do país passaram a se localizar não mais no meio rural, e sim nas cidades. Por sinal, um dos aspectos da urbanização é que o campo se torna subordinado à cidade de várias maneiras. Com a subordinação do campo à cidade, e das cidades menores às maiores, com a intensificação dos fluxos entre elas (movimentos de bens, serviços, pessoas, capitais, etc.), tem-se a formação da rede urbana.

Anteriormente, o campo fornecia principalmente bens para exportação. A partir dessa passagem para uma economia urbano-industrial, o campo não mais comercializa apenas os excedentes nas cidades, como ocorria no período colonial, no qual predominava a política mercantilista, mas passa a produzir essencialmente para o meio urbano – matérias-primas para as indústrias e alimentos para a população que se concentra nas cidades.

Mundo virtual

Um olhar sobre as regiões metropolitanas no Brasil.
PNUD. Disponível em: <https://nacoesunidas.org/historia-e-relevancia-das-regioes-metropolitanas-no-brasil-sao-destaque-em-video-produzido-pelo-pnud/>. Acesso em: 16 set. 2018.

O vídeo apresenta opiniões de cidadãos e diversos especialistas a respeito das dificuldades, desafios e vantagens das regiões metropolitanas de norte a sul do Brasil.

Excedente: o que sobra; o excesso.

Saiba mais

O mercantilismo

A **política mercantilista** ou **mercantilismo** foi uma doutrina econômica dos reinos europeus durante a época moderna – do século XVI ao XVIII. Para aumentar a quantidade de riqueza do Estado, buscava-se uma balança comercial favorável, exportando bens manufaturados a preços elevados e importando matérias-primas a preços baixos. O papel das colônias, como o Brasil, às quais se proibia a fabricação de manufaturados, era servir ao enriquecimento das metrópoles, devendo fornecer gêneros primários em grande quantidade e comprar alguns produtos manufaturados. Com essa política, a industrialização e a urbanização não se desenvolveram no Brasil pelo menos até início do século XIX, quando ocorreu a independência.

Até pouco mais da metade do século XIX, a economia brasileira pouco mudou devido aos interesses dos grandes proprietários de terras, que apoiavam a economia escravocrata de base agrícola e voltada para o mercado externo.

É preciso frisar que o setor agrário de exportação continua até hoje a ser importante para a economia brasileira. As exportações, agora diversificadas e não apenas baseadas em alguns poucos produtos, trazem receitas para o país. Porém, se antes esse setor permitia a importação de bens manufaturados de consumo ou alimentava o tráfico de africanos escravizados (até 1850), agora a renda gerada pelas exportações é utilizada, principalmente, para pagar as importações de maquinaria, equipamentos e combustível para o setor industrial, além da dívida externa, gerada em grande parte pelas importações realizadas por esse setor. Já grande parte dos bens de consumo passaram a ser fabricados internamente.

Alexandre Rezende/Folhapress

Fábrica de pão de queijo no município de Belo Horizonte (MG), em 2018. Na foto, massa a caminho da batedeira.

Por fim, certos insumos procedentes do meio urbano, como fertilizantes e adubos, crédito bancário e máquinas agrícolas, assumem importância cada vez maior no campo. Portanto, o meio rural brasileiro não produz mais quase exclusivamente para o mercado externo, como era regra até o fim do século XIX. A partir da industrialização, o meio rural passou a operar em função das cidades, que se expandiram e cresceram em número, além de terem ficado mais integradas com o desenvolvimento de meios de transportes e de comunicações.

Hierarquia urbana

Além de passar a comandar o meio rural do seu entorno, ou às vezes até de locais distantes, como no caso das metrópoles, as cidades também estabelecem entre si uma intrincada rede de relações na qual há uma hierarquia, isto é, uma ordem com base em lugares que predominam e outros que são subordinados. Essa hierarquia urbana vai das metrópoles (em número pequeno) até as pequenas cidades (em milhares), sendo estas dependentes ou subordinadas àquelas. É uma relação de polarização, na qual em geral as cidades maiores polarizam as cidades menores.

Polarização: vem de polarizar, ou seja, fazer convergir, atrair para si.

As três metrópoles, São Paulo (grande metrópole nacional), Rio de Janeiro e Brasília (metrópoles nacionais), cada uma à sua maneira, polarizam praticamente todo o território brasileiro e, mais além, exercem forte influência sobre parte da América do Sul e até da África. No nível mundial, elas são polarizadas pelas maiores metrópoles globais do mundo como Nova York, Londres, Tóquio e outras.

Logo abaixo das metrópoles nacionais e acima de todas as outras cidades, há oito metrópoles, ou **metrópoles regionais**. Abaixo destas, estão 70 **capitais regionais**. Essas capitais são cidades polarizadas pelas anteriores, mas que também polarizam uma extensa região. Em seguida, temos os 169 **centros regionais**, ou **sub-regionais**, que, geralmente, são polarizados pelas metrópoles regionais, nacionais e globais. Estes, por sua vez, polarizam uma boa parte da região comandada pela metrópole regional. Por fim, vêm os **centros locais**, pequenas cidades cujo poder de atração em geral não vai além da área de seu município e apresentam população inferior a 10 mil habitantes.

Essa forma de pensar a rede urbana pode ser considerada um esquema clássico, em que os maiores centros subordinam os menores. Porém, com a modernização do país, resultante do crescimento da economia urbano-industrial, uma maior complexidade da divisão territorial do trabalho e do desenvolvimento das redes de transporte e telecomunicações, esse esquema pode ser integrado nas diferentes escalas. Observe o mapa e repare nas relações entre as diferentes cidades brasileiras.

É importante destacar que, no Brasil, toda sede de município é considerada cidade. Em 2017, existiam 5 570 municípios. Suas sedes podiam ser classificadas como cidades pequenas, médias ou grandes, embora existam grandes diferenças dentro de cada uma dessas categorias. Considera-se cidade pequena ou local aquela com até 50 mil habitantes; cidades médias com 50 a 500 mil; e as grandes, com mais de 500 mil habitantes. Costuma-se considerar metrópole uma cidade com mais de 1 milhão de habitantes. Em 2017, havia 17 cidades brasileiras com população superior a 1 milhão de habitantes.

Brasil: hierarquia e regiões de influência (2007)

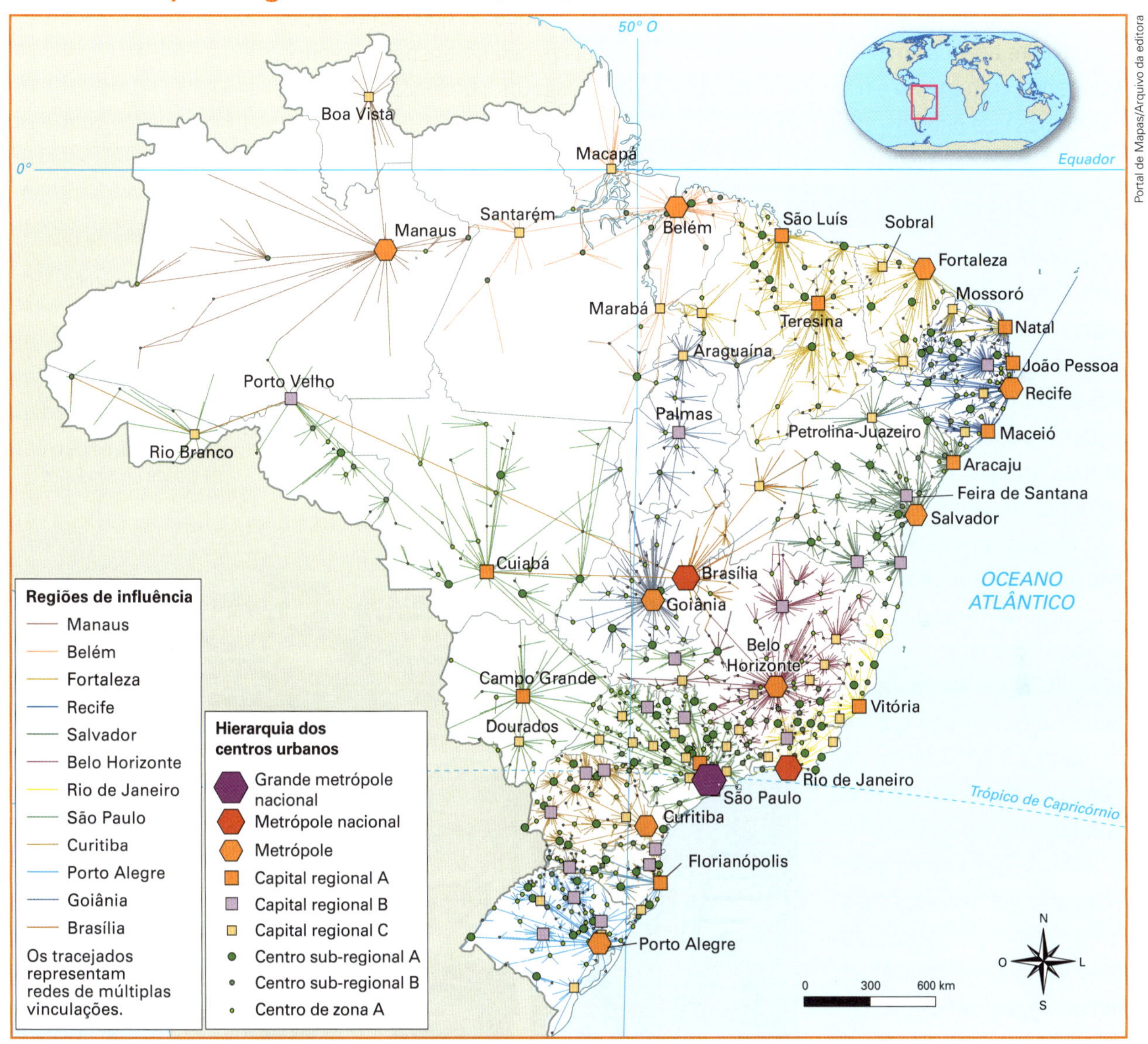

Portal de Mapas/Arquivo da editora

Fonte: IBGE. *Rede urbana brasileira*. Disponível em: <https://biblioteca.ibge.gov.br/visualizacao/livros/liv47603_cap6_pt1.pdf>. Acesso em: 23 maio 2018.

Texto e ação

- Analise o mapa desta página e responda:

a) Em qual região do país há maior concentração urbana e mais metrópoles? Por quê?

b) Consulte em um atlas um mapa que mostre as rodovias do Brasil. Explique a relação entre o traçado das rodovias e a localização das três metrópoles nacionais.

5 Problemas urbanos

O processo de urbanização no Brasil, assim como nos países subdesenvolvidos e em parte dos emergentes, vem acarretando uma série de problemas urbanos que necessitam ser solucionados. Grande parte desses problemas é ocasionada por fatores como a industrialização tardia e a rápida urbanização; o tipo de desenvolvimento econômico no qual a distribuição social da renda é extremamente concentrada, gerando muitos bolsões de pobreza, principalmente nas periferias das grandes cidades; certo descaso do poder público – federal, estadual e municipal –, que muitas vezes não investe adequadamente em programas de moradia popular, transporte coletivo, segurança, tratamento e distribuição da água, rede de esgotos, iluminação e asfaltamento das vias públicas, entre outros.

Moradia popular

A carência de moradias populares é um dos graves problemas do Brasil atual. As comunidades vêm aumentando em número e população nos grandes e médios centros urbanos de modo significativo desde a década de 1950. Algumas vezes, desocupa-se uma comunidade para a construção de uma obra no terreno, e parte da sua população é transferida para conjuntos habitacionais construídos com recursos públicos. No entanto, outra parte dessa população não é beneficiada pelo programa habitacional e precisa arrumar uma forma de se manter na cidade, daí o aparecimento de novas comunidades e o crescimento das já existentes.

De olho na tela

Fantasmas urbanos. Direção: Matheus Marestoni. Brasil, 2013.

O documentário aborda a questão da ocupação de edifícios abandonados no centro da cidade de São Paulo.

Muitas famílias transferidas para conjuntos habitacionais acabam retornando às moradias precárias, chamadas pelo IBGE de submoradias, pois o desemprego e o subemprego inviabilizam o pagamento das prestações do apartamento no conjunto habitacional. Dessa forma, esses conjuntos habitacionais construídos para abrigar populações de baixa renda acabam, muitas vezes, servindo à classe média empobrecida.

Simon Plestenjak/UOL/Folhapress

Vista de casas na comunidade de Paraisópolis, na zona sul do município de São Paulo (SP), em 2017.

Outro tipo de habitação popular encontrada nos grandes centros urbanos do país e que se multiplicou nas últimas décadas são as casas erigidas a partir da **autoconstrução**: a casa própria construída pela família e por amigos em um lote de terra comprado na periferia da cidade. A construção pode demorar vários anos, e o material (tijolos, cimento, encanamento, tinta, etc.) é adquirido aos poucos, com recursos da pequena poupança que a família faz.

Poupança: parte dos rendimentos que é economizada.

Transporte coletivo e infraestrutura urbana

A carência e a precariedade do transporte coletivo – ônibus, trens ou metrô – são outros dois grandes problemas das metrópoles brasileiras, aliados à insuficiência da infraestrutura urbana: água tratada e encanada, pavimentação de ruas, iluminação e eletricidade, redes de esgotos e de telefonia, etc. Embora a cada ano aumente a área atendida por esses serviços, o rápido crescimento da mancha urbana, ou área construída, torna-os sempre insuficientes.

Pesquisa divulgada em 2016 constatou que cerca da metade da população brasileira (50,2%) não tem coleta de esgotos em suas residências, e 35 milhões de brasileiros não têm acesso à água tratada e encanada. Essa deficiência no saneamento básico é apontada pela Organização Mundial da Saúde (OMS) como uma das principais causas do surto do mosquito *Aedes aegypti*, que transmite o vírus zika, além da dengue e da chikungunya.

A insuficiência dos recursos aplicados na infraestrutura decorre não apenas da rápida expansão das cidades, especialmente das grandes e médias, mas também da existência de terrenos baldios ou espaços ociosos. Como a terra, sobretudo no meio urbano, constitui um bem imóvel que costuma se valorizar com o tempo, muitos proprietários deixam áreas sem uso à espera de uma grande valorização. É comum as empresas imobiliárias, ao realizarem um loteamento na periferia, onde ainda não existem grandes ofertas de serviços de infraestrutura, deixarem um espaço de terra sem uso. Após a fixação da população na área loteada, podem ocorrer reivindicações para que o local seja provido de infraestrutura. Assim, esses espaços ociosos acabam vendidos ou loteados com um lucro bem maior.

A isso chamamos de **especulação imobiliária**. Ela beneficia um grupo reduzido de pessoas e prejudica a maioria da população, pois agrava a carência de infraestrutura. Além disso, obriga a quem não tem condições financeiras de pagar por uma moradia em locais com menos infraestrutura a ir viver cada vez mais distante do centro da cidade.

A falta de saneamento básico, associada ao acúmulo de lixo, pode ser responsável pela disseminação de diversos tipos de doença. Esses locais são propícios para a proliferação do mosquito transmissor da dengue, por exemplo. Na foto, lixo a céu aberto em Brasília (DF), em 2017.

Rodrigo Nunes/D.A Press

Geolink

Leia o texto a seguir e observe a charge.

Desabamento de edifício de 24 andares revela o drama do déficit habitacional na cidade de São Paulo

Na madrugada do dia 30 de abril para o 1º de maio [de 2018], um incêndio provocou o desabamento de um edifício de 24 andares no centro de São Paulo. O prédio, [...] era ocupado por 146 famílias [...], que viviam precariamente no local. [...]

O desabamento do edifício expôs o drama habitacional em São Paulo, onde milhares de pessoas não possuem condições dignas de moradia.

Confira a seguir alguns conceitos importantes sobre a questão habitacional nas grandes cidades para você compreender melhor a dimensão do problema:

Déficit habitacional

É o termo usado para expressar o número de pessoas vivendo sem condições apropriadas de moradia. Segundo estudo da Fundação João Pinheiro em parceria com o Ministério das Cidades, o número de domicílios considerados inadequados em 2013 era de 5,8 milhões, o equivalente a 9% do total de habitações. [...]

Especulação imobiliária

Um dos mais relevantes motivos para o gasto excessivo com o aluguel é a especulação imobiliária, que ocorre a partir da valorização de um terreno ou imóvel e pode se dar de duas maneiras: com o investimento privado a fim de aumentar o preço final, ou com obras públicas de melhoria dos entornos e dos serviços. [...] A especulação imobiliária é ilegal, pois atenta contra a função social da propriedade, que é a exigência constitucional para que todo terreno ou edificação tenha uma destinação socialmente útil. Em tese, a lei impede que esses imóveis fiquem ociosos e à mercê de especuladores, que mantêm os estabelecimentos vazios esperando uma futura valorização. [...]

Gentrificação

Trata-se da expulsão imobiliária de um grupo de pessoas de baixa renda de uma região, bairro ou cidade, para a entrada de outro, com maior poder aquisitivo. O processo é necessariamente forçoso e assemelha-se a uma higienização social. Em geral, acontece através do aumento dos valores dos imóveis e aluguéis por mudanças nas leis de zoneamento e melhorias nos serviços públicos e privados, como pavimentação das vias, saneamento, iluminação e novos comércios. Isso obriga a população local a deslocar-se para áreas mais periféricas, com piores serviços e baixa qualidade de vida. Dessa forma, o espaço sofre uma reorganização de suas características culturais, socioeconômicas e arquitetônicas.

Arionauro/Acervo do cartunista

A segregação socioespacial diminui a qualidade de vida e incentiva a ocupação de encostas e o crescimento desordenado das favelas. [...]

Fonte: SASAKI, Fabio. O problema da moradia nas grandes cidades brasileiras. Disponível em: <https://guiadoestudante.abril.com.br/blog/atualidades-vestibular/o-problema-da-moradia-nas-grandes-cidades-brasileiras/>. Acesso em: 30 maio 2018.

Agora, responda às questões.

1. Qual é a relação entre o texto e a charge?
2. Por que o personagem da charge não sabe o que é viver feliz?
3. Você consegue perceber alguns dos problemas mencionados no texto em sua cidade? Quais? Converse com os colegas.

Violência urbana

Outro problema comum nas cidades do Brasil é a violência. Roubos e furtos, sequestros, agressões, violência no trânsito, entre outros casos, são exemplos de violência que ocorrem nos centros abandonados e também nas periferias das cidades. Muitas vezes, a presença do poder público é precária ou quase ausente: o policiamento e a iluminação de ruas e avenidas, por exemplo, são insuficientes em diversos locais.

Existem muitos fatores responsáveis pela multiplicação dos crimes e da violência em nossa sociedade, como a lentidão do sistema judiciário, que dificulta a aplicação da lei em diversos casos, resultando, indiretamente, no aumento dos crimes, visto que há uma sensação de não punição aos culpados ou de que essa punição será aplicada somente aos mais humildes. Além disso, a desigualdade social e a ausência de políticas públicas voltadas à geração de emprego e à distribuição de renda também colaboram com os elevados índices de violência. Cabe ainda mencionar que grande parte dos desempregados está concentrada nas metrópoles do país. O Brasil está entre os 10 países do mundo com maior taxa de homicídios, chegando em 2016 a 30,3 homicídios para cada grupo de 100 mil pessoas, o que representa um número de 62 517 casos. Veja o mapa abaixo.

Atlas da violência 2018.
Ipea e FBSP. Disponível em: <www.ipea.gov.br/portal/images/stories/PDFs/relatorio_institucional/180604_atlas_da_violencia_2018.pdf>. Acesso em: 16 set. 2018.

O atlas, produzido pelo Instituto de Pesquisa Econômica Aplicada (Ipea) e pelo Fórum Brasileiro de Segurança Pública apresenta análises de inúmeros indicadores sobre o processo de violência no país.

Brasil: número de homicídios por estado (2016)

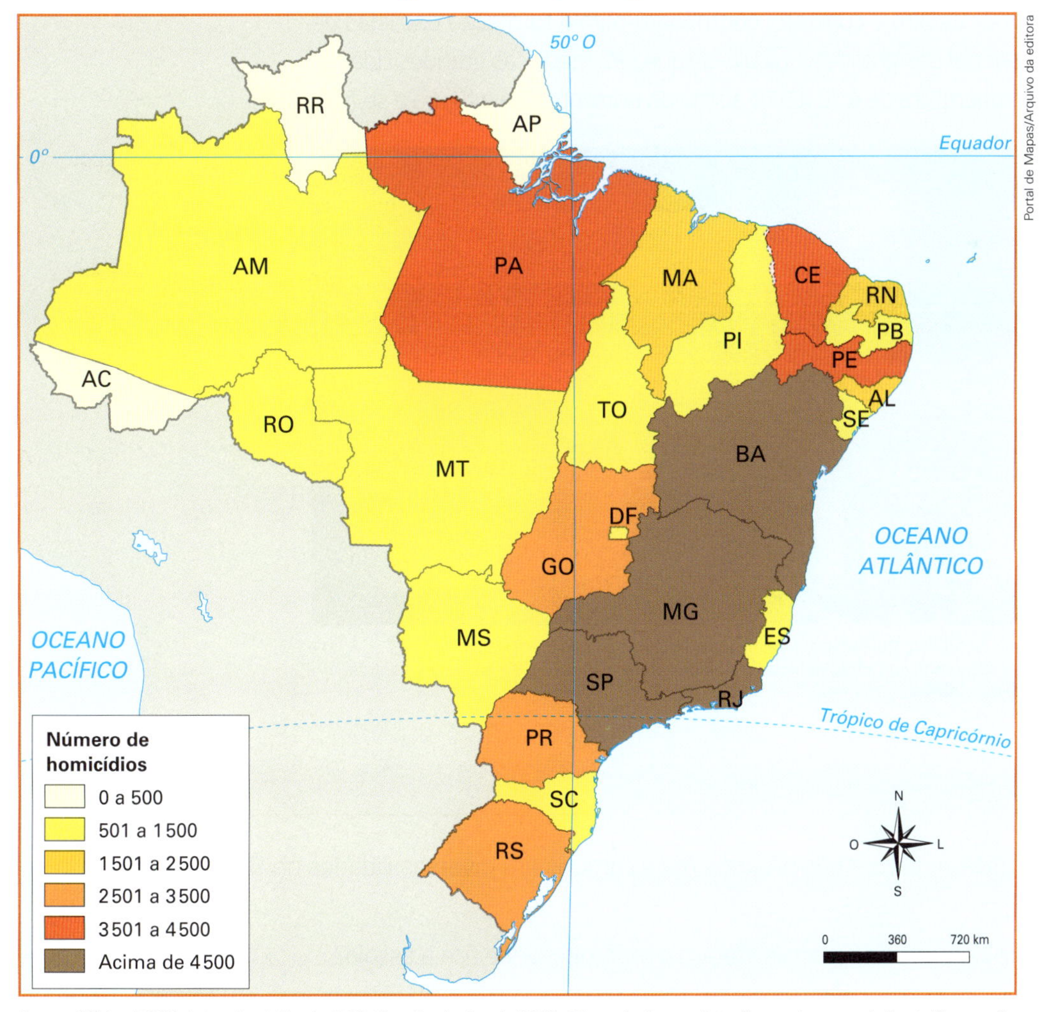

Fonte: IPEA e FBSP. *Atlas da violência 2018*. Brasília, junho de 2018. Disponível em: <http://www.ipea.gov.br/portal/images/stories/PDFs/relatorio_institucional/180604_atlas_da_violencia_2018.pdf>. Acesso em: 31 jul. 2018.

Problemas ambientais urbanos

As cidades, especialmente as grandes e médias, concentram vários problemas ambientais: poluição do ar pelos veículos, principalmente, ou pelas fábricas; poluição sonora; poluição visual; poluição das águas dos rios, córregos e lagos que cortam a área urbana ou localizados no seu entorno; excesso de lixo, que na maioria das cidades brasileiras não é reciclado ou descartado de modo apropriado; etc.

Além disso, a industrialização acarreta nos centros urbanos a formação de um microclima específico, denominado **clima urbano**. O clima de uma região não depende apenas de condições locais, mas também de fatores planetários (massas de ar, circulação atmosférica, insolação), que são os mais importantes para as condições climáticas. Todavia, os fatores locais (maior ou menor presença de água, de vegetação, de asfalto e concreto, de gás carbônico no ar, etc.) também influenciam o clima. Daí o nome **microclima** para designar climas de áreas restritas, principalmente de algumas cidades. De modo geral, as médias e grandes cidades são mais quentes e mais chuvosas que as áreas rurais vizinhas. A elevação das médias térmicas dos centros urbanos ocorre por causa de diversos fatores: o efeito estufa provocado pelo aumento do gás carbônico na atmosfera; o asfaltamento de ruas e avenidas; a presença de extensas massas de concreto; a ausência de vegetação; etc.

A carência em vegetação, os enormes edifícios que limitam a ação dos ventos, além da superfície coberta por asfalto e concreto, contribuem para a formação das ilhas de calor na cidade, em especial nas grandes. Calcula-se que, em média, as grandes cidades tenham médias de temperatura de 4 °C a 5 °C acima do entorno. Veja a figura a seguir.

Julio Dian/Arquivo da editora

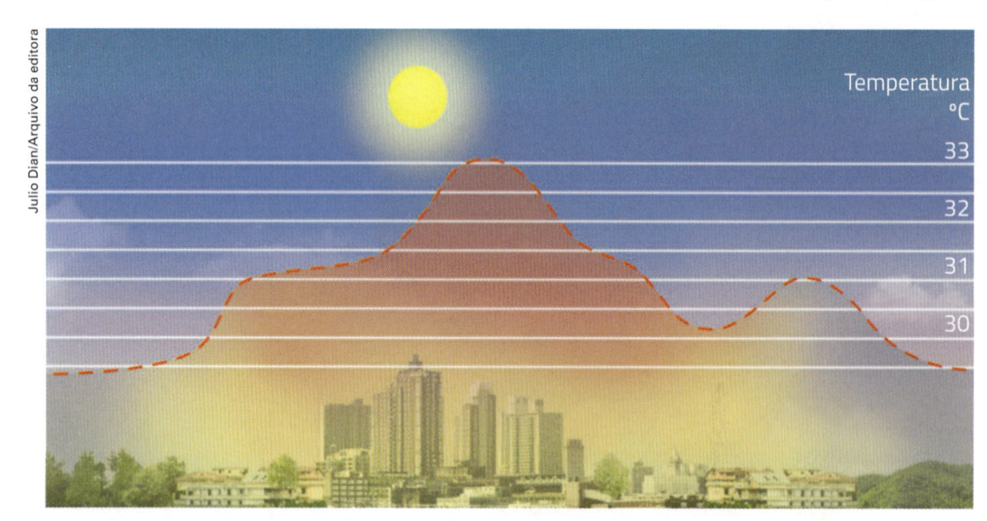

Fonte: elaborado com base em OLIVEIRA, Bruno Silva. *Ilhas de calor em centros urbanos*. Divisão de Sensoriamento Remoto. Inpe. Disponível em: <http://www.dsr.inpe.br/vcsr/files/16a-Ilhas_de_calor_em_centros_urbanos.pdf>. Acesso em: 20 out. 2018.

Texto e ação

- Em duplas, listem problemas urbanos mais comuns em diversas cidades do Brasil. Depois, respondam:

  a) Quais dos problemas listados mais afetam o município onde fica a escola?

  b) Na opinião de vocês, qual deles é o mais grave e como pode ser resolvido?

CONEXÕES COM HISTÓRIA E ARTE

Benedito Calixto (1853-1927) foi um pintor brasileiro do final do século XIX e início do XX. Ele retratou paisagens das cidades de São Paulo, Santos, São Vicente, Cubatão, Itanhaém e outras. Observe a tela a seguir, que retrata a Praça da Sé, na cidade de São Paulo (SP), em 1865.

Largo da Sé em 1865, óleo sobre tela de Benedito Calixto, sem data (50 cm × 70 cm). Com o nome atual de praça da Sé, é a praça mais antiga de São Paulo e durante muito tempo foi o verdadeiro centro da cidade. Hoje, São Paulo tem vários centros, mas essa região continua sendo o "centro antigo" da cidade.

Agora, observe esta foto da Praça da Sé nos dias atuais:

Pessoas transitam pela praça da Sé, em São Paulo (SP), em 2016.

1› Analise as duas imagens e responda:

a) Que mudança você nota em relação ao fluxo de pessoas na praça? Tente explicar por que ocorreu essa mudança.

b) Qual imagem mais se aproxima do centro de seu município: a tela de Benedito Calixto ou a fotografia atual? Justifique.

2› Quais foram as atividades econômicas mais importantes para o notável crescimento da cidade de São Paulo desde o final do século XIX?

ATIVIDADES

+ Ação

- Você sabe o que é uma cidade sustentável? Leia o texto a seguir e responda às questões.

Você provavelmente é um dos brasileiros que enfrentam todos os dias quilômetros de congestionamento no trânsito, problemas de saneamento básico, quando chegam as chuvas e as ruas ficam alagadas. A poluição do ar, das águas e das ruas parecem lhe incomodar, você chegou à conclusão de que aquilo não tem solução, podendo até piorar. Sua cidade está mais violenta, [...] sem falar na ineficiência em serviços de saúde, educação e outras necessidades essenciais.

Muito se fala hoje em cidades inteligentes (*smart cities*), uma aposta de empresas e governos, na busca de soluções sustentáveis para os principais problemas do espaço urbano. Cidades inteligentes são aquelas que adotam uma série de práticas eficientes, voltadas à melhoria da qualidade de vida da população, desenvolvimento econômico sustentável e conservação ambiental. [...]

A utilização da tecnologia, em especial, a internet e os aplicativos para *smartphone*, é uma tendência do modelo de cidades sustentáveis e inteligentes. Esses mecanismos permitem a conexão e interação entre governos e moradores da cidade, facilitando a participação dos cidadãos nas decisões públicas e uma maior eficiência nos serviços. [...]

Apesar dessas iniciativas pontuais, é fato que o Brasil enfrenta um verdadeiro caos na segurança, trânsito, ineficiência nos serviços de saúde pública, educação, problemas como desemprego, déficit habitacional, além de sérias questões ambientais [...], entre outros. [...]

A seguir, listamos as principais práticas que podem contribuir para as cidades se tornarem sustentáveis.

- **Infraestrutura de mobilidade urbana:** [...] Uma rede alternativa de transporte público (eficiente, sustentável e de baixo custo), com uso de fontes de energia limpa, em muito reduzirá as emissões de carbono, beneficiando a população. Os meios de transporte não poluentes, como bicicletas, também devem ser incentivados; [...]
- **Destino sustentável do lixo:** sistemas eficientes voltados à reciclagem de resíduos sólidos, organizados de forma a gerar impactos sociais positivos, como emprego e renda para a população, além dos benefícios ao ambiente; [...]
- **Criação de espaços verdes:** ações de arborização em ruas, praças, parques e outros espaços públicos, bem como em tetos e paredes de residências e edifícios, devem ser incentivadas. É uma forma de diminuir as intensas ilhas de calor em algumas áreas das cidades, além de reduzir a poluição e as emissões de carbono;
- **Planejamento urbano eficiente:** nesse processo, os governos devem desenvolver mecanismos que promovam a participação social nas decisões sobre a melhoria das cidades, principalmente levando em consideração o longo prazo.
- **Monitoramento por satélite e drones:** esses mecanismos serão imprescindíveis ao planejamento do uso do solo nas cidades, à segurança, às edificações, à manutenção de infraestruturas de energia, à prevenção e alerta de desastres naturais, entre outras áreas.

Fonte: LETRAS AMBIENTAIS. *Cidades sustentáveis*: fim dos problemas urbanos do Brasil? Disponível em: <www.letrasambientais.com.br/posts/cidades-sustentaveis:-fim-dos-problemas-urbanos-do-brasil>. Acesso em: 25 maio 2018.

a) Em duplas, reflitam: O que é uma cidade sustentável? E uma cidade inteligente? Esses dois conceitos são interligados ou completamente separados? Por quê?

b) O que poderia ser feito na sua cidade para aumentar a sustentabilidade?

c) Explique como o uso da tecnologia, em especial a internet e os aplicativos para *smartphones*, pode contribuir para fazer uma cidade tornar-se mais inteligente e sustentável.

d) Além das práticas sugeridas pelo texto, que outras medidas seriam adequadas para tornar as cidades brasileiras mais sustentáveis e mais inteligentes?

Autoavaliação

1. Quais foram as atividades mais fáceis para você? Por quê?
2. Algum ponto deste capítulo não ficou claro? Qual?
3. Você participou das atividades em dupla e em grupo e expressou suas opiniões?
4. Como você avalia sua compreensão dos assuntos tratados neste capítulo?
   - » **Excelente**: não tive dificuldade.
   - » **Bom**: consegui resolver as dificuldades de forma rápida.
   - » **Regular**: tive dificuldade para entender os conceitos e realizar as atividades propostas.

Lendo a imagem

1▸ O acesso do espaço urbano às pessoas com deficiência é um problema da maioria das cidades brasileiras. Em duplas, observem a charge abaixo e respondam às questões:

Gilmar/Acervo do cartunista

a) Qual é a situação para a qual a charge chama atenção? Na opinião de vocês, qual foi o objetivo do chargista?

b) O Brasil ratificou a Convenção sobre os Direitos das Pessoas com Deficiência, adotada pela ONU. Assim, o acesso a empregos, bens e serviços passa a ser uma obrigação do poder público. Vejam alguns dos direitos das pessoas com deficiência: trabalho (no mínimo 5% das vagas em concursos públicos); educação (5% das vagas em universidades e instituições públicas); prioridade no atendimento em locais de acesso público e isenção de alguns impostos e taxas.

Na sua localidade há equipamentos públicos – nas ruas e praças, no transporte coletivo, nos edifícios – voltados para as necessidades das pessoas com deficiência? Eles são suficientes? Por quê?

2▸ Conforme o IBGE, aglomerados subnormais são assentamentos irregulares conhecidos por diversos nomes de acordo com a região. Observe o mapa ao lado e faça o que se pede.

a) Quais são as regiões metropolitanas onde a presença dos aglomerados subnormais é significativa? Explique.

b) Do ponto de vista da distribuição dos aglomerados subnormais no espaço geográfico brasileiro, algo chamou a sua atenção? O quê? Por quê?

c) Em sua opinião, a falta de políticas públicas para o setor de habitação contribui para a existência dos aglomerados subnormais? Justifique.

Brasil: aglomerados subnormais (2010)

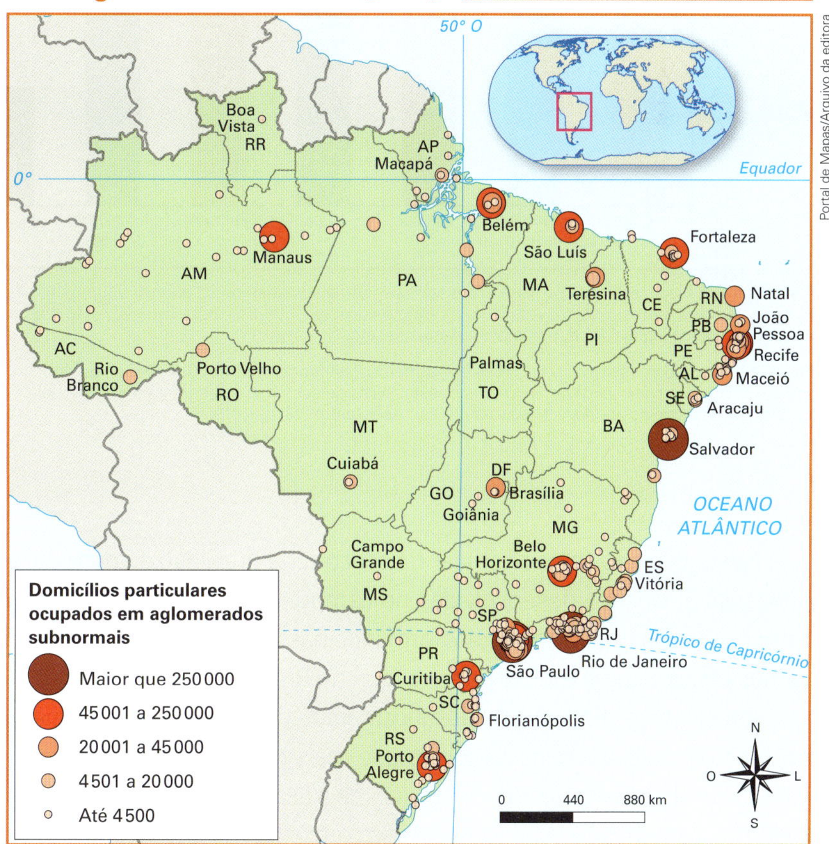

Portal de Mapas/Arquivo da editora

Fonte: elaborado com base em IBGE. *Atlas do censo demográfico 2010*. Disponível em: <https://censo2010.ibge.gov.br/apps/atlas>. Acesso em: 17 abr. 2018.

CAPÍTULO

6 Meio rural

Brasil: principais produtos exportados (2016)

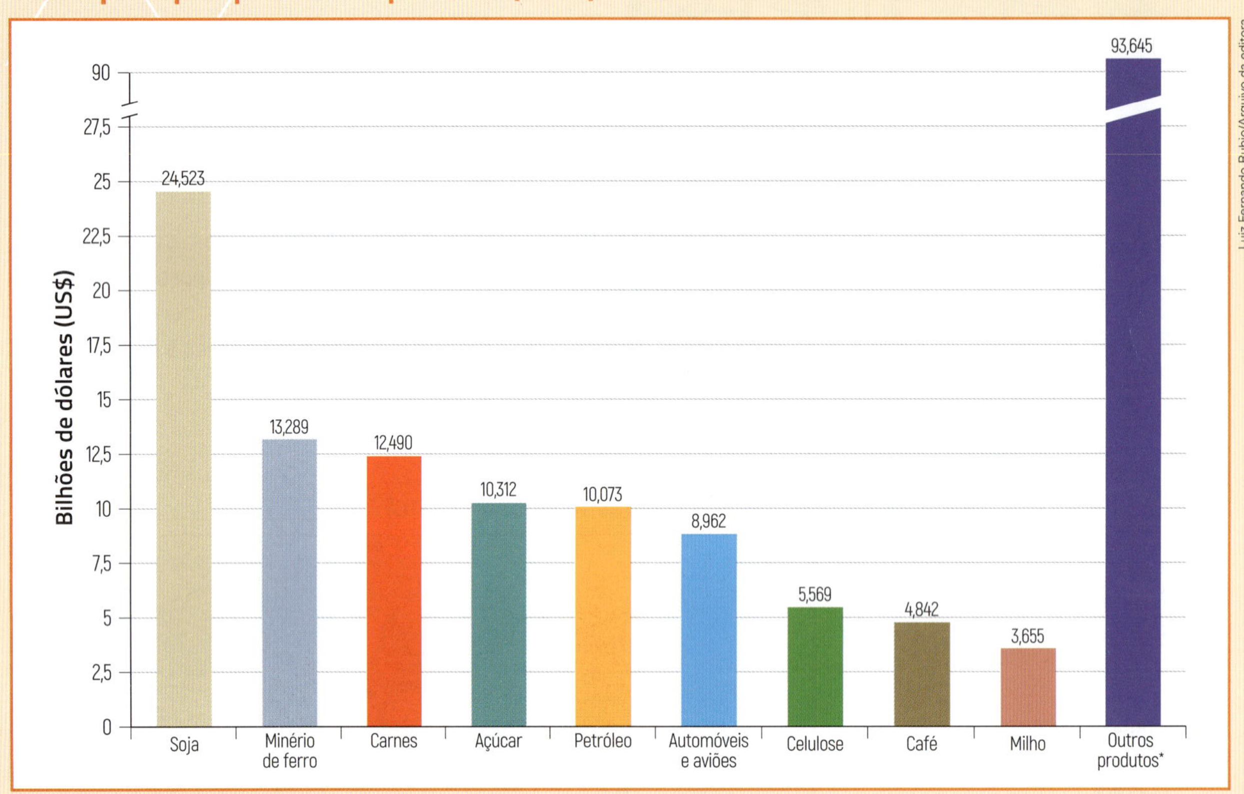

*Destacam-se o aço, produtos semimanufaturados de ferro e aço, minério de alumínio, fumo, ferro-ligas, minério de cobre, peças automotivas, couro e peles, máquinas e motores, bois vivos, algodão, ouro, calçados, suco de laranja, arroz, minério de manganês, etc.

Fonte: elaborado com base em MDIC. Balança comercial: janeiro-dezembro 2016. Disponível em: <www.mdic.gov.br/index.php/comercio-exterior/estatisticas-de-comercio-exterior/balanca-comercial-brasileira-acumulado-do-ano?layout=edit&id=2205>. Acesso em: 13 jul. 2018.

Para começar

Observe o gráfico das exportações brasileiras em 2016 e responda:

1. Dos principais produtos exportados pelo Brasil, quais são produzidos no campo e quais são produzidos na cidade?
2. Qual é, atualmente, o grande produto de exportação do país? Ele vem do campo ou da cidade?

Neste capítulo vamos estudar o espaço rural brasileiro e conhecer as principais atividades desenvolvidas no campo. Vamos examinar como o campo e o meio rural vêm se transformando nas últimas décadas. Também vamos estudar como é o uso da terra rural no Brasil.

As exportações de um país são fundamentais para o seu desenvolvimento econômico. As economias nacionais que mais cresceram no mundo nas últimas décadas foram, em geral, as que mais exportaram e acumularam, a cada ano, centenas de bilhões de dólares com exportações.

1 O novo rural brasileiro

Muitas pessoas confundem o termo rural com o termo agrário. Entretanto, rural diz respeito ao campo, ao espaço não urbano, ao passo que o agrário se refere às atividades primárias (agricultura, pecuária e extrativismo) e aos diversos elementos ligados a essas atividades (política agrícola, relações de trabalho e propriedade da terra). As atividades primárias são realizadas, em geral, no meio rural, embora possam eventualmente ser encontradas nas cidades, em chácaras dentro do perímetro urbano, em quintais, em algumas áreas urbanas periféricas. São atividades voltadas à produção de alimentos para a população (ou para o gado) e à produção de matérias-primas que são transformadas pela atividade secundária (a indústria).

Thomaz Vita Neto/Pulsar Imagens

Usina de álcool em Monte Aprazível (SP), em 2016. A indústria, atividade geralmente considerada urbana, expandiu-se bastante no meio rural nas últimas décadas.

O espaço rural, principalmente nos dias de hoje, não sedia apenas atividades agrárias. Nas últimas décadas, vêm se multiplicando o turismo rural e ecológico, fábricas, condomínios e comércio principalmente de pequeno porte. É provável que, dentro de alguns anos, a maior parte da população do meio rural brasileiro se dedique a atividades não agrárias, pois o crescimento desse tipo de emprego tem ocorrido em um ritmo maior do que o das atividades propriamente agrárias. Esse é um aspecto do chamado "novo rural brasileiro".

Outro elemento importante nesse meio "novo rural" é a expansão do **agronegócio** (do inglês *agribusiness*, "negócios agrícolas"), que consiste na integração entre as atividades primárias e o setor industrial. Em um sentido mais amplo – tal como foi criado nos Estados Unidos –, o termo designa toda uma cadeia ou um sistema integrado de produções (adubos, fertilizantes, cereais, máquinas agrícolas, criações de animais, etc.) que dependem umas das outras.

Em sentido mais restrito, bastante empregado no Brasil, o agronegócio refere-se especificamente às indústrias cuja produção tem por base um produto agrícola, como as indústrias de:

- bebidas, que utilizam cana-de-açúcar, cevada, uva, laranja, etc.;
- óleos comestíveis, que beneficiam a oliva, a soja, o girassol, a canola e outros produtos agrícolas;
- calçados, que usam o couro;
- laticínios, que fabricam queijos, iogurtes, manteiga e outros produtos derivados do leite;
- beneficiamento de carnes diversas, que produzem salsichas, carnes enlatadas, frangos congelados, etc.

O agronegócio representa o último estágio da integração entre a agropecuária e a atividade industrial. É muito comum que as produções, mesmo quando são realizadas por pequenos agricultores – como criação de frangos ou de porcos, cultivo de uvas e outros –, sejam determinadas pelos interesses da indústria. Geralmente, é esta que fornece equipamentos e insumos aos agricultores que, em contrapartida, vendem toda a sua produção para essa indústria, que acaba estabelecendo os preços para essa produção.

Ronaldo Almeida/Tyba

Interior de granja na zona rural do município de Guarani (MG), em 2017. É comum que a produção rural esteja subordinada aos interesses industriais.

Ocupação da terra pela agropecuária

Em 2015, segundo dados do governo federal, as propriedades rurais ocupavam uma área total de 329 milhões de hectares, ou 38,7% do território nacional. A área restante era ocupada por cidades e vilas, estradas e, principalmente, áreas de matas, como a Floresta Amazônica e os Cerrados, reservas indígenas, Caatingas, remanescentes da Mata Atlântica, etc.

Hectare: medida agrária equivalente a cem ares ou 10 000 m².

Por lei, toda propriedade rural deve manter suas áreas de preservação permanente e de reserva legal. As **áreas de preservação permanente** são as encostas de morros e as margens de cursos de água. A **reserva legal** é uma porcentagem da área que não pode ser explorada e que varia de acordo com a região onde se localiza a propriedade.

Essas áreas de preservação ocupam 93,8 milhões de hectares, correspondendo a 28% das propriedades rurais. Isso significa que a área realmente ocupada pela agropecuária é de 235,2 milhões de hectares (cerca de 171 milhões de hectares estão ocupados por pastagens e aproximadamente 64 milhões são terras de cultivos permanentes ou temporários).

Se o território nacional fosse totalmente ocupado por construções ou atividades econômicas ocorreria um desastre ambiental, pois há a necessidade de conservar amplas reservas florestais, especialmente as poucas áreas de matas originais que restam (Floresta Amazônica, Cerrado, trechos da Mata Atlântica, da Caatinga ou do Pantanal). Além disso, as comunidades diversas que vivem no campo, como os indígenas, os quilombolas e os povos da floresta, devem ter suas terras e costumes preservados.

Atualmente, há no país grandes trechos de terras já desmatadas e não aproveitadas economicamente. Os melhores solos e os maiores investimentos na agricultura estão voltados para o cultivo de exportação ou para a produção de matérias-primas industriais e não para a produção de alimentos para o consumo interno.

Mundo virtual

Conheça quais são as Áreas de Preservação Permanente (APPs). Disponível em: <https://www.embrapa.br/codigo-florestal/entenda-o-codigo-florestal/area-de-preservacao-permanente/detalhe-area-pp>. Acesso em: 17 set. 2018.

O *site* da Empresa Brasileira de Pesquisa Agropecuária (Embrapa) disponibiliza diversas informações sobre as Áreas de Proteção Permanente, formas de protegê-las e também de recuperá-las.

Apesar de o agronegócio, em razão das exportações, colaborar para a balança comercial do país, a atividade traz impactos negativos. A produção dos produtos primários voltados para a exportação leva à redução da biodiversidade, causada pelo desmatamento e pela implantação de extensas monoculturas; contamina o solo e as águas superficiais e subterrâneas, devido ao excesso de adubos químicos e herbicidas; e compacta o solo com o tráfego de máquinas pesadas durante o plantio, tratos culturais e colheita.

Já a agricultura familiar não produz para exportação e se mantém no espaço rural, fornecendo os gêneros alimentícios de que a população depende. É considerado agricultor familiar aquele que pratica atividades no meio rural, em pequenas propriedades – de 5 a 100 hectares – e usa principalmente mão de obra familiar. Cerca de 80% das propriedades rurais do Brasil pertencem aos agricultores familiares, que produzem cerca de 20% da produção agrícola e 70% dos alimentos consumidos pelos brasileiros.

Tendo em vista as necessidades da produção familiar, desde o emprego de sementes selecionadas até o desenvolvimento da unidade de produção, foi criado o Programa Nacional de Fortalecimento da Agricultura Familiar (Pronaf), em 1995. Ele financia as unidades de agricultura familiar com taxas de juros baixas, por meio de empréstimos bancários. Indígenas e quilombolas que se dedicam à agricultura familiar também são favorecidos por esse programa.

Paralelamente, a Empresa Brasileira de Pesquisa Agropecuária (Embrapa), que faz parte do Ministério da Agricultura, Pecuária e Abastecimento, também atua junto aos agricultores familiares. A Embrapa tem a incumbência de definir políticas agrícolas para o país e suas pesquisas contribuem para aperfeiçoar a mão de obra, melhorar as técnicas de cultivo e colheita, recuperar solos degradados, integrar o cultivo, a pecuária, o extrativismo vegetal, e orientar o uso da irrigação e dos insumos agrícolas. A empresa também busca soluções para os desafios de alcançar a segurança alimentar do país, pois todos devem ter acesso a uma alimentação que promova a saúde da população.

Cesar Diniz/Pulsar Imagens

Agricultores trabalham em canteiro de repolho no município de Ibiúna (SP), em 2017.

Texto e ação

1› Sobre a agricultura familiar, responda:

a) Ela ocupa 80% dos imóveis rurais, mas corresponde a apenas 20% do total produzido pela agropecuária brasileira. Por que isso ocorre?

b) Ela produz cerca de 70% dos alimentos consumidos pela população brasileira. Explique por que produz 20% do total da produção agrícola e 70% da produção de alimentos destinados ao consumo da população nacional.

2› Sobre o município onde você vive, responda:

a) Há unidades de produção agrícola familiar?

b) O que essas unidades produzem? Como produzem? Onde seus produtos são comercializados?

Geolink

Leia o texto a seguir.

Segurança alimentar, nutrição e saúde

Quais os principais conceitos associados a esse tema?

A ideia de segurança alimentar engloba dois aspectos diferentes: o de acesso aos alimentos [...] e o de alimentos seguros [...]. No contexto [...] da pesquisa "Alimentos, Nutrição e Saúde", conduzido pela Embrapa no âmbito de sua programação e criado com o objetivo de integrar os projetos em andamento e induzir a investigação científica visando novos conhecimentos, o foco é a segurança alimentar no sentido de garantia do acesso a alimentos de qualidade, em quantidade suficiente e de modo permanente para o atendimento às necessidades nutricionais.

A qualidade nutricional dos alimentos consumidos é fundamental. O Conselho Nacional de Segurança Alimentar (Consea) destaca a relação entre a insegurança alimentar e o acesso à alimentação saudável, derivada não apenas na dificuldade de adquirir alimentos saudáveis, mas também no crescente acesso a alimentos de baixo valor nutricional.

Alimentos funcionais

Alimentos funcionais são alimentos que promovem benefícios à saúde que vão além das funções nutricionais básicas. O consumo de alimentos funcionais, como parte de uma alimentação e estilo de vida saudável, contribui para a redução do risco de doenças crônicas não transmissíveis, como as doenças cardiovasculares, o diabetes e diversos tipos de câncer. Tem sido demonstrado também que determinados alimentos têm papel relevante na melhoria do desempenho mental e físico, na modulação do sistema imunológico, entre outros.

A Resolução nº 19/99 da Anvisa define "alimento funcional" ou "com alegações de saúde" como "aquele alimento ou ingrediente que, além das funções nutritivas básicas quando consumido como parte da dieta usual, produza efeitos metabólicos e/ou fisiológicos e/ou efeitos benéficos à saúde, devendo ser seguro para consumo sem supervisão médica". [...]

É importante destacar que os alimentos funcionais não se destinam à prevenção nem ao tratamento de doenças, limitando-se a contribuir para a manutenção da saúde, bem-estar e a redução do risco de determinadas doenças. [...]

Quais as questões centrais que prevalecem nos debates ligados ao tema?

Uma das principais questões em debate, quando se trata do tema dos alimentos funcionais, é a da comprovação dos efeitos sobre a saúde. É fundamental que os alimentos comercializados ou divulgados como funcionais tenham seus benefícios à saúde cientificamente demonstrados ou comprovados para que os consumidores não sejam induzidos a erro. [...]

Fonte: EMBRAPA. Segurança alimentar, nutrição e saúde. Disponível em: <https://www.embrapa.br/tema-seguranca-alimentar-nutricao-e-saude/perguntas-e-respostas>. Acesso em: 17 set. 2018.

Agora, responda às questões.

1 Quais são os dois aspectos que englobam o conceito de segurança alimentar? Diferencie-os.

2 Em duplas, conversem sobre as questões abaixo. Depois, compartilhem-nas com a turma.

a) O que vocês entendem por alimentos de baixo valor nutricional? Citem alguns deles.

b) Vocês se alimentam de forma saudável? Justifique.

c) Vocês concordam com o trecho do texto que afirma que é mais difícil adquirir alimentos saudáveis? Por quê?

3 Pesquise na internet alguns exemplos de alimentos funcionais. Depois, responda:

a) Você costuma consumi-los?

b) Na escola, há mais oferta de alimentos saudáveis ou de baixo valor nutricional? Cite alguns exemplos.

c) Qual é a importância de se alimentar de forma consciente e consumir alimentos funcionais?

2 Estrutura e concentração fundiária

Denomina-se **estrutura fundiária** a forma como as propriedades agrárias de uma área ou país estão organizadas, isto é, a quantidade, o tamanho e a distribuição social dessas propriedades.

Observe as tabelas abaixo. Note que houve diminuição do número de imóveis rurais de 1985 até 2017, decorrente de uma concentração das terras rurais no Brasil.

Brasil: propriedades rurais (1975-2017)

	1975	1980	1985	1995-1996	2006	2017
Estabelecimentos	4 993 252	5 159 851	5 801 809	4 859 865	5 175 636	5 072 152
Área total (ha)	323 896 082	364 854 421	374 924 929	353 611 246	333 680 037	350 253 329

Brasil: área das propriedades rurais (2017)

	Menos de 1 ha	De 1 a menos de 10 ha	De 10 a menos de 50 ha	De 50 a menos de 100 ha	De 100 a menos de 500 ha	Mais de 500 ha
Número de propriedades	606 823	1 935 839	1 585 966	393 949	365 453	105 548
Área total (ha)	277 534	7 711 580	36 854 205	26 929 140	74 164 629	204 316 241

Fonte das tabelas: IBGE. Censo Agropecuário 2017. Resultados preliminares. Disponível em: <https://biblioteca.ibge.gov.br/visualizacao/periodicos/3093/agro_2017_resultados_preliminares.pdf>. Acesso em: 16 out. 2018.

De fato, um dos grandes problemas agrários do Brasil é que a maior parte das terras ocupadas e os melhores solos encontram-se nas mãos de poucos proprietários, chamados de latifundiários. Não é raro haver enormes áreas ociosas (**latifúndios**), não utilizadas para a agropecuária, apenas à espera de valorização.

Em contrapartida, um imenso número de pequenos proprietários possui áreas ínfimas – os **minifúndios** –, muitas vezes insuficientes para garantir a suas famílias o sustento e uma boa alimentação. A expansão das grandes propriedades à custa das pequenas, das terras indígenas ou quilombolas e das reservas florestais é a causa de violentos conflitos pela terra no Brasil, com dezenas ou centenas de mortes a cada ano.

Gerson Sobreira/Terrastock

Vista aérea de um latifúndio em que se pratica a cafeicultura, no município de Cristalina (GO), em 2018.

Reforma agrária

Desde os anos 1950 se discute, no Brasil, a reforma agrária, que consiste na ideia de reorganização das propriedades do meio rural, visando à distribuição mais igualitária da terra. Pode-se dizer que a reforma agrária visa à mudança na estrutura fundiária do país, efetuada pelo Estado, com a desapropriação de grandes fazendas improdutivas e a distribuição de lotes de terras a famílias camponesas.

Essa política já foi adotada em vários países, como o Japão e a Coreia do Sul. Nos Estados Unidos, país que possui a maior produção agropecuária do mundo, predominam de forma absoluta as propriedades familiares, e não os latifúndios.

Embora se observe uma concentração de terra menor nos Estados Unidos do que no Brasil, há de se levar em conta que nos Estados Unidos o critério de definição de agricultura é administrativo, e não dimensional. Isto é, se um latifúndio tem mais de 50% de seu título de propriedade pertencente a uma família, ele também entra na categoria de agricultura familiar. No Brasil, muitas vezes, na prática, ocorre a mesma coisa – grandes latifúndios pertencem a famílias – mas não seriam considerados agricultura familiar porque ultrapassam o tamanho de quatro módulos fiscais e a mão de obra não é da própria família.

Essa diferença na ocupação da terra entre os Estados Unidos e o Brasil também decorreu da ocupação do interior: lá, no século XIX, o governo incentivava os imigrantes que vinham da Europa a se tornarem pequenos proprietários de terras ainda incultas; aqui, ao contrário, o governo procurou evitar que os imigrantes se tornassem proprietários de terras com uma lei promulgada em 1850, que proibia o acesso à terra, exceto se as pessoas tivessem dinheiro para comprar.

Apesar de intensamente discutida e de terem sido criados órgãos governamentais que deveriam implementá-la, como o Instituto Nacional de Colonização e Reforma Agrária (Incra), a reforma agrária nunca foi amplamente executada no Brasil e se deu apenas de forma parcial.

Mundo virtual

INCRA
Disponível em: <www.incra.gov.br>. Acesso em: 16 out. 2018.
Apresenta balanço, relatórios, notícias e estatísticas sobre a reforma agrária no Brasil.

Brasil: assentamentos rurais da reforma agrária (2015)

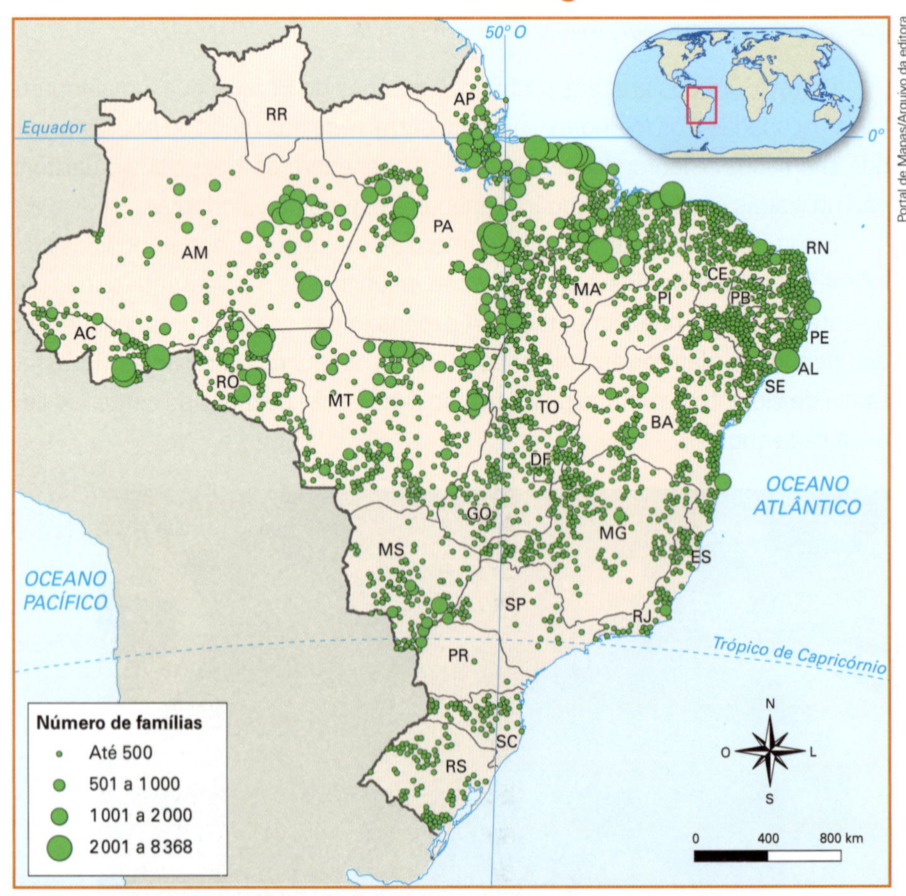

Fonte: elaborado com base em IBGE. *Atlas geográfico escolar*. 7. ed. Rio de Janeiro, 2016. p. 135.

3 Produtos agrícolas

Podem-se agrupar os produtos agrícolas brasileiros em duas categorias: os cultivos tradicionais, destinados principalmente à produção de alimentos para a população, como o feijão, o arroz e a mandioca; e os cultivos mais valorizados, que são as principais *commodities* do campo, produzidos para exportação ou para a indústria, como ocorre com grande parte da produção da cana-de-açúcar, do algodão, do café e principalmente da soja.

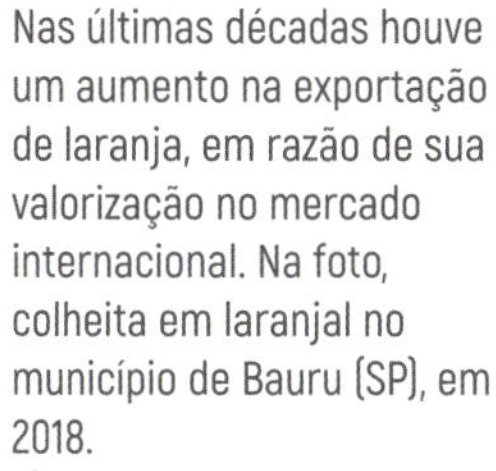

Nas últimas décadas houve um aumento na exportação de laranja, em razão de sua valorização no mercado internacional. Na foto, colheita em laranjal no município de Bauru (SP), em 2018.

Ricardo Teles/Pulsar Imagens

Os cultivos tradicionais desde o período colonial são relegados a segundo plano, em geral cultivados em pequenas propriedades e em terras menos produtivas. Os cultivos mais valorizados destinam-se principalmente à exportação ou à transformação industrial: em geral ocupam os melhores solos e são cultivados especialmente nas médias ou grandes propriedades rurais.

Contudo, muitos produtos destinados ao consumo interno podem eventualmente ser exportados se apresentarem valorização no mercado internacional, como ocorreu nas últimas décadas com a laranja. Da mesma forma, os produtos destinados à exportação também são consumidos dentro do país, mas em geral se exporta o produto de melhor qualidade e deixa-se o de pior qualidade para o consumo interno.

Quais são os principais produtos agrícolas do Brasil? Vamos conhecê-los a seguir.

Café

Originário do norte da África, o café foi introduzido no Brasil em 1727, na Amazônia, onde seu cultivo não obteve sucesso. No início do século XIX, foi transplantado para a Baixada Fluminense e expandiu-se para o Vale do Paraíba, entre o Rio de Janeiro e São Paulo, onde sua cultura prosperou de forma satisfatória, fato que coincidiu com o aumento do consumo internacional.

Em razão do relevo acidentado do Vale do Paraíba, bem como das fortes chuvas e da forma de plantio – que não observou as curvas de nível para evitar a erosão –, a cultura cafeeira acabou esgotando rapidamente os solos dessa área.

Os cafezais estenderam-se, então, para o interior do estado de São Paulo, inicialmente, até as regiões de Campinas, Sorocaba e Ribeirão Preto. Depois, para Presidente Prudente, Marília, Assis e, finalmente, para o norte do Paraná, onde se destaca a cidade de Londrina.

Na agricultura, uma das técnicas de cultivo muito utilizadas em terrenos íngremes é a de curva de nível, que produz em linhas de diferentes altitudes no terreno. A curva de nível auxilia na conservação do solo, evitando deslizamentos causados pela água da chuva, facilitando seu escoamento e infiltração no solo. Na foto, cafezal em Londrina (PR), em 2017.

Fabio Colombini/Acervo do fotógrafo

Commodity: esse termo vem do inglês e significa mercadoria. No comércio internacional é usado para se referir a matérias-primas (minérios e produtos agropecuários) ou bens industrializados com pouca tecnologia (açúcar, carnes industrializadas, etc.).

No início do século XIX, o café representava cerca de 20% das exportações brasileiras e era o terceiro produto em importância, após o açúcar e o algodão. Passou a ser, no fim daquele século, o primeiro artigo na pauta das exportações do país, representando mais de 60% dos produtos comercializados pelo Brasil no mercado internacional. No fim do século XIX, o país se tornou o grande fornecedor internacional de café, chegando a produzir cerca de 75% do total mundial.

Atualmente o país ainda ocupa o posto de maior produtor e exportador do mundo, porém, a importância desse produto nas exportações do país diminuiu bastante, representando, hoje, menos de 4% do valor total exportado. Apesar disso, continua a ser um produto relativamente importante na pauta de nossas exportações (veja novamente o gráfico na abertura do capítulo). Em 2016, Minas Gerais participava com quase metade da produção cafeeira do Brasil, seguida por Espírito Santo, Bahia, São Paulo, Rondônia e Paraná. Veja, ao lado, o mapa com os principais municípios produtores de café no Brasil.

Brasil: dez principais municípios produtores de café (2015)

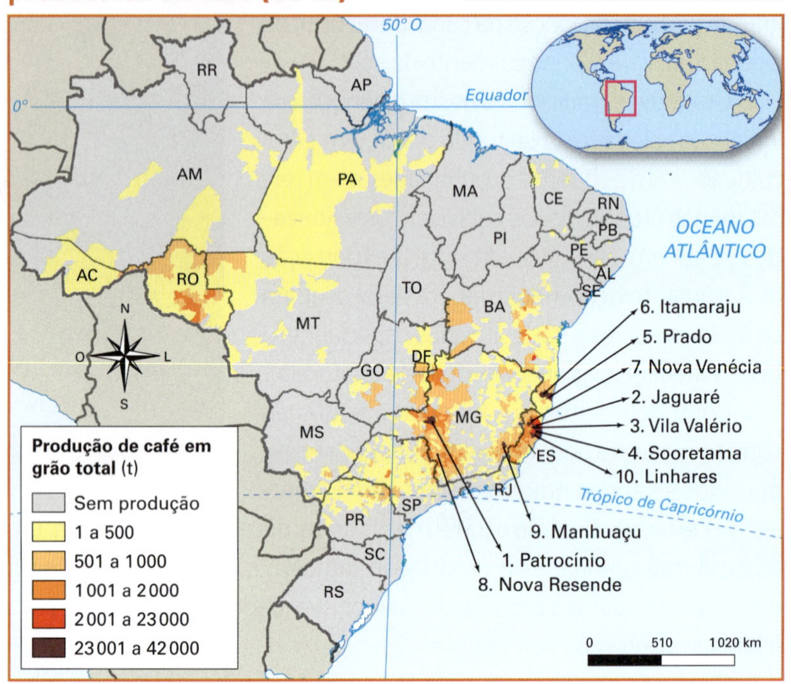

Fonte: IBGE. Resultados da produção agrícola municipal 2015. Disponível em: <http://www.ibge.gov.br/home/presidencia/noticias/imprensa/ppts/0000002742210911201621022340 5721.pdf>. Acesso em: 10 abr. 2018.

Soja

Planta leguminosa de grande valor proteico e originária da China, a soja foi introduzida no sul do Brasil por imigrantes japoneses no início do século passado. O seu cultivo expandiu-se bastante a partir dos anos 1970, devido a pesquisas da Embrapa que levaram a correções da acidez dos solos nas áreas de Cerrado do Brasil central. Alimento básico para o gado suíno, bovino e aves, além de matéria-prima para vários tipos de indústria (de óleos, tintas, corantes, processamento de diversos alimentos, etc.), tornou-se o grande destaque da agricultura e das exportações brasileiras em função da procura no mercado internacional.

A soja é destaque na agricultura brasileira. Na foto, trabalhador acerta carga de soja em caminhão após a colheita em Leópolis (PR), em 2018.

Em 1990, o Brasil produziu cerca de 20 milhões de toneladas de soja e, em 2016, a produção chegou a atingir os 104 milhões. A soja e seus derivados (principalmente óleos e farelos) alcançam cerca de 13% do valor total das exportações brasileiras. Nos últimos anos o Brasil se tornou o segundo maior produtor e o maior exportador mundial desse grão, ultrapassando os Estados Unidos, que são o maior produtor e segundo maior consumidor. O maior importador do produto é a China, que nos últimos anos se tornou o maior consumidor mundial, em razão de seu imenso efetivo de gado suíno e aves.

A soja foi o cultivo que mais cresceu no Brasil nas últimas décadas e, atualmente, é o ramo mais importante da agricultura e do agronegócio. Os principais estados produtores de soja, pela ordem, são: Mato Grosso, Paraná, Rio Grande do Sul, Goiás e Mato Grosso do Sul. Essa cultura também se espalha por partes de São Paulo, oeste da Bahia e sul do Maranhão e do Piauí. Veja, ao lado, o mapa com os principais municípios brasileiros que produzem soja.

Brasil: dez principais municípios produtores de soja (2015)

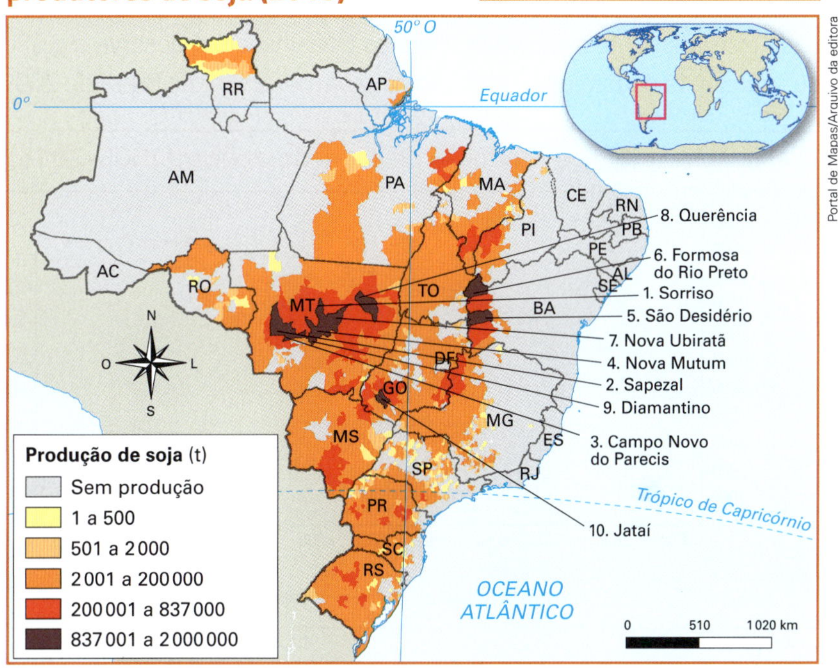

Fonte: elaborado com base em IBGE. Resultados da produção agrícola municipal 2015. Disponível em: <http://www.ibge.gov.br/home/presidencia/noticias/imprensa/ppts/00000027422109112016210223405721.pdf>. Acesso em: 10 abr. 2018.

Cana-de-açúcar

Originária da Ásia, a cana-de-açúcar foi introduzida no Brasil pelos colonizadores portugueses no século XVI. Durante séculos, a Zona da Mata nordestina foi a grande produtora no país. Os férteis solos de massapê e a menor distância em relação ao mercado europeu propiciaram condições favoráveis a esse cultivo. Além de produzir o açúcar, que é exportado e abastece o mercado interno, a cana serve também para a produção de álcool, importante fonte de energia. O Brasil é o maior produtor mundial da cana-de-açúcar, que é cultivada principalmente em São Paulo (60% do total nacional), Paraná, Minas Gerais e Pernambuco.

A grande expansão dos canaviais no Brasil, especialmente em São Paulo, está ligada ao uso do álcool hidratado (o etanol) como combustível em automóveis. Uma parte desse etanol é consumida internamente pela imensa frota de veículos – usado puro ou misturado à gasolina nos carros *flex* – e outra parte é exportada, pois vários países também passaram a usar o álcool misturado com a gasolina como forma de diminuir a poluição do ar nas cidades.

Flex: desenvolvido pela indústria automobilística, esse tipo de carro funciona com qualquer proporção de mistura de gasolina e álcool no tanque.

O solo de massapê, característico do litoral nordestino, é bastante fértil e colaborou para o cultivo da cana-de-açúcar no Nordeste. Na foto, plantação de cana-de-açúcar começa a despontar em solo de massapê, em Itambé (PE), em 2016.

A cana-de-açúcar é uma monocultura que provoca grandes impactos ambientais e sociais negativos. É lógico que qualquer atividade agrícola que emprega recursos naturais, como água e solo, e usa fertilizantes e praguicidas provoca algum impacto ambiental negativo; entretanto, pela grande extensão de terras que ocupa e, principalmente, pelo método de cultivo e colheita (com queima da palha ao ar livre, emitindo fuligem e gases do efeito estufa), a cultura da cana impacta intensamente o ambiente. Além disso, nas monoculturas não é raro a utilização do corte manual da cana, atividade extremamente desgastante para os trabalhadores. Observe o gráfico a seguir, que apresenta dados sobre produção da cana-de-açúcar no Brasil de 2005 a 2015.

Minha biblioteca

Verdes canaviais, de Vera Vilhena de Toledo e Cândida Vilares Gancho, São Paulo: Moderna, 2014.
A cana-de-açúcar, introduzida no Brasil colonial, foi responsável pela colonização do litoral e pelo desenvolvimento do Nordeste açucareiro. O livro aborda as contradições envolvidas na atividade agroindustrial canavieira.

Brasil: área colhida e produção de cana-de-açúcar (2005-2015)

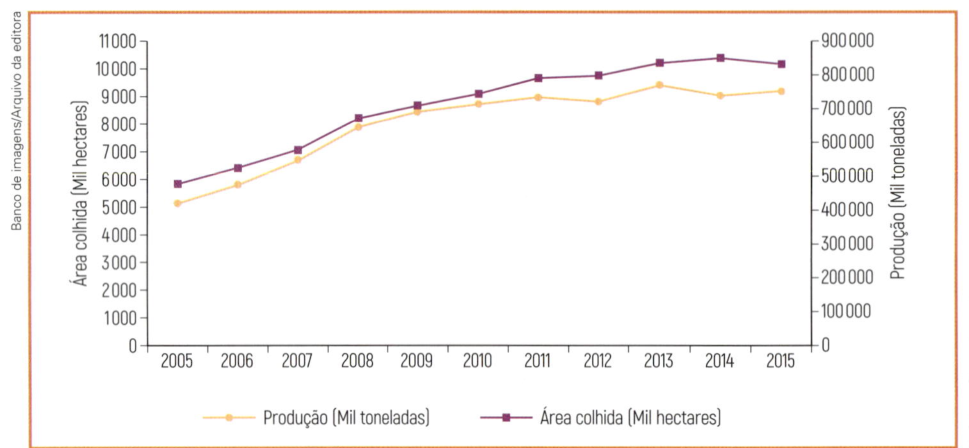

Fonte: elaborado com base em IBGE. Resultados da produção agrícola municipal 2015. Disponível em: <http://www.ibge.gov.br/home/presidencia/noticias/imprensa/ppts/00000027422109112016210223405721.pdf>. Acesso em: 10 abr. 2018.

Arroz

Originário da Ásia, o arroz é um produto básico para a alimentação brasileira e mundial. Os maiores produtores do globo são países asiáticos bastante populosos: China, Índia, Indonésia e Bangladesh. O Brasil é o maior produtor fora da Ásia.

Há no país duas variedades principais: o arroz de várzea ou irrigado, que é cultivado nos vales fluviais e oferece rendimento maior; e o arroz de sequeiro, que depende das chuvas. O Rio Grande do Sul é o maior produtor nacional de arroz (45% do total), seguido por Mato Grosso, Minas Gerais, Maranhão e Santa Catarina.

Plantação de arroz irrigado no município de Jaraguá do Sul (SC), em 2016.

Trigo

O trigo também é originário da Ásia e é um produto essencial na alimentação brasileira e mundial. É utilizado na fabricação de pães, massas, bolos, tortas, biscoitos, doces, etc. É um cereal tradicionalmente cultivado em clima temperado ou subtropical, embora nas últimas décadas seu cultivo venha se expandindo na região tropical do Brasil central. Entretanto, os maiores produtores brasileiros são os estados sulinos: Paraná (60% da produção nacional) e Rio Grande do Sul (27%), seguidos por São Paulo, Minas Gerais, Santa Catarina e Goiás.

Zig Koch/Tyba

Colheita mecanizada de trigo em Arapoti (PR), no norte do estado, em 2017.

O Brasil não é autossuficiente na produção de trigo. O país importa cerca de metade do seu consumo anual da Argentina, dos Estados Unidos e do Canadá. Nos anos 1950, começou-se a incentivar o cultivo do trigo, pois o país importava a maior parte do que consumia (mais de 80%).

Nos anos 1980, esse gênero alimentício destinado ao mercado interno sofreu grande expansão, graças aos subsídios governamentais, como créditos bancários, assistência técnica, etc., e o país passou a importar apenas 25% do consumo interno. No decorrer dos anos 1990, após a criação do Mercosul, a expansão dessa cultura diminuiu por causa da maior competitividade do produto argentino (que, com os acordos do Mercosul, passou a entrar no país sem pagar impostos). Em 2015, cerca de 50% do trigo consumido foi importado. Apesar disso, a produção interna praticamente dobrou de 2000 até 2015, em razão do aumento do consumo de trigo no país.

Mercosul: Mercado Comum do Sul, associação entre vários países sul-americanos, cujos membros fundadores são Brasil, Argentina, Uruguai e Paraguai. Destina-se principalmente a incentivar o comércio entre esses países por meio da eliminação das tarifas de importação, que são taxas ou impostos que um país cobra para permitir a comercialização de produtos estrangeiros no território nacional.

Algodão

O algodão produzido no Brasil destina-se à exportação e às indústrias têxtil (produção de tecidos) e de alimentos (fabricação de óleo comestível). Pela sua importância industrial, tem a maior parte da comercialização controlada por grandes empresas do ramo têxtil ou de alimentos enlatados, ou por intermediários, que revendem o produto para a indústria. Existem dois tipos principais de algodão no Brasil: o arbóreo ou de fibra, predominante no Nordeste, e o herbáceo ou de caroço, o mais importante em termos de produção e que predomina no Centro-Sul. O algodão é produzido principalmente nos estados de Mato Grosso, Bahia, Goiás, Mato Grosso do Sul, Minas Gerais e Maranhão.

Marillia Camelo/Folhapress

Beneficiamento de algodão em indústria têxtil de Fortaleza (CE), em 2018.

Feijão

Produto básico na alimentação nacional, embora em geral desvalorizado comercialmente (exceto nos raros períodos de escassez e aumento nos preços), o feijão é um alimento produzido quase sempre em pequenas propriedades, que utilizam técnicas agrícolas tradicionais. É um alimento importante na história da humanidade desde tempos remotos. Acredita-se que foi domesticado há 11 mil anos no Sudeste Asiático, ou que isso ocorreu há 7 mil anos no continente americano. É provável que essas duas domesticações tenham ocorrido, pois há diversas variedades de feijão, algumas nativas da Ásia e outras da América. É produzido principalmente nos estados do Paraná, Minas Gerais, Bahia, Santa Catarina, Goiás, São Paulo e Ceará.

Domesticado: processo de tornar um alimento adequado ao consumo humano que costumava levar vários séculos. Hoje, é mais rápido devido à moderna tecnologia genética. O milho, por exemplo, domesticado pelos povos pré-colombianos em partes da América Central e da América do Norte, apresentava originalmente espigas do tamanho de uma unha humana (2 ou 3 cm). Com cruzamentos entre espécies cada vez maiores e de sabor mais palatável, ele foi se desenvolvendo até chegar às variedades de milho que existem hoje.

Sombreado: produzido na sombra de outras árvores, evitando a exposição direta ao sol.

Cacau

Originário das Florestas Tropicais da América Central e do norte da América do Sul, o cacau já era uma planta conhecida e muito valorizada por povos pré-colombianos, como maias, astecas e incas. Foi levado da Amazônia para o sul da Bahia, onde se desenvolveu bastante, graças ao cultivo sombreado. Esse estado produz hoje cerca de 55% do total nacional, seguido pelo Pará, com 40%. O cacau é utilizado na fabricação de chocolates, licores, produtos farmacêuticos e cosméticos. Grande parte de sua produção é exportada.

Rubens Chaves/Pulsar Imagens

Cultivo de cacau pelo método sombreado, no município de Uruçuca (BA), em 2016.

Fumo

O tabaco produzido no Brasil é destinado basicamente às exportações e às indústrias de cigarros. Os principais estados produtores são Rio Grande do Sul, Santa Catarina e Paraná.

Uva

Cerca de 53% da produção da uva é empregada na fabricação de sucos e vinhos. O estado do Rio Grande do Sul produz mais da metade do total cultivado no país, seguido por Pernambuco e São Paulo.

Delfim Martins/Tyba

Colheita de uva no Vale do São Francisco, em Petrolina (PE), em 2016.

Milho e mandioca

Milho e mandioca são produtos agrícolas importantes para a alimentação humana e animal. Ambos são originários do continente americano: foram domesticados e eram bastante consumidos pelos povos pré-colombianos antes da chegada dos colonizadores europeus.

O Brasil é o terceiro maior produtor mundial de milho, atrás dos Estados Unidos e da China. Sua produção espalha-se pelo território nacional, principalmente nos estados de Mato Grosso, Paraná, Mato Grosso do Sul e Goiás. Embora a maior parte da produção fique no mercado interno, o Brasil também é um grande exportador mundial, atrás apenas dos Estados Unidos. Em 2015, as vendas de milho ao mercado externo renderam ao país cerca de 3 bilhões de dólares.

A mandioca, também conhecida como mandioca-mansa, aipim ou macaxeira, é muito presente na alimentação dos brasileiros. Desde antes da vinda dos portugueses, já fazia parte da alimentação indígena.

Atualmente, o Brasil é o segundo maior produtor mundial de mandioca, atrás apenas da Nigéria. As unidades da federação que se destacam no cultivo da mandioca são: Pará, Paraná, Bahia e Maranhão. Cerca de 87% desse alimento é produzido pela agricultura familiar.

Rubens Chaves/Pulsar Imagens

Mandiocas após colheita no município de Itaguajé (PR), em 2017.

Frutas

O Brasil é o terceiro maior produtor mundial de frutas, após a China e a Índia. As principais frutas produzidas e consumidas no país são, pela ordem: laranja, banana, manga, melão, limão e lima, uva, mamão, maçã, melancia, figo, abacate, pêssego e abacaxi. O país também se destaca na produção de nozes e castanhas.

O açaí, planta nativa da Amazônia, é extraída principalmente no Pará, mas há anos passou a ser cultivada e sua produção tem se ampliado devido ao aumento do consumo e das exportações. Veja alguns dados sobre a fruticultura brasileira.

Brasil: principais frutas produzidas e exportadas (2015)

PRODUÇÃO		EXPORTAÇÃO	
Fruta	Toneladas	Fruta	Milhões de dólares
Laranja	16 273 634	Laranja*	964,7
Banana	7 012 901	Manga	184,3
Melancia	2 171 288	Melão	154,2
Abacaxi	3 407 701	Nozes e castanhas	153,3
Coco	1 790 736	Limão e lima	78,6
Mamão	1 603 351	Uva	72,3
Uva	1 507 419	Mamão	43,6

* A laranja, fruta que rende mais dólares no comércio exterior, é mais exportada na forma de sucos e não *in natura* (ao natural).
Fonte: *Anuário Brasileiro da Fruticultura*, 2016.

Laranja

Nos anos 1990, a citricultura passou por grande expansão no Brasil, em virtude do aumento das exportações de suco de laranja e da participação das empresas multinacionais na produção de suco. Neste novo século, porém, a área plantada e a produção total vêm diminuindo. O país continua a ser o maior produtor mundial de laranja e o maior exportador do suco de laranja.

A principal região produtora é o estado de São Paulo (mais de 70% da produção nacional da laranja e mais de 90% da produção e exportação do suco), com destaque para os municípios de Casa Branca, Itapetininga, Buri e Botucatu.

A produção de laranja é quase totalmente controlada pelas indústrias de suco. Como os Estados Unidos são o segundo maior produtor e também o maior importador mundial, o aumento nas exportações brasileiras de suco de laranja está ligado principalmente a crises periódicas da citricultura norte-americana. Essas crises, concentradas na Flórida, produzem aumento na produção e exportação do Brasil. Da mesma forma, a grande produção nos Estados Unidos diminui as exportações e a produção brasileiras. Além disso, medidas restritivas às importações do produto brasileiro, implementadas ocasionalmente pelo governo norte-americano, levam à retração dessa cultura no Brasil.

Brasil: dez principais municípios produtores de laranja (2015)

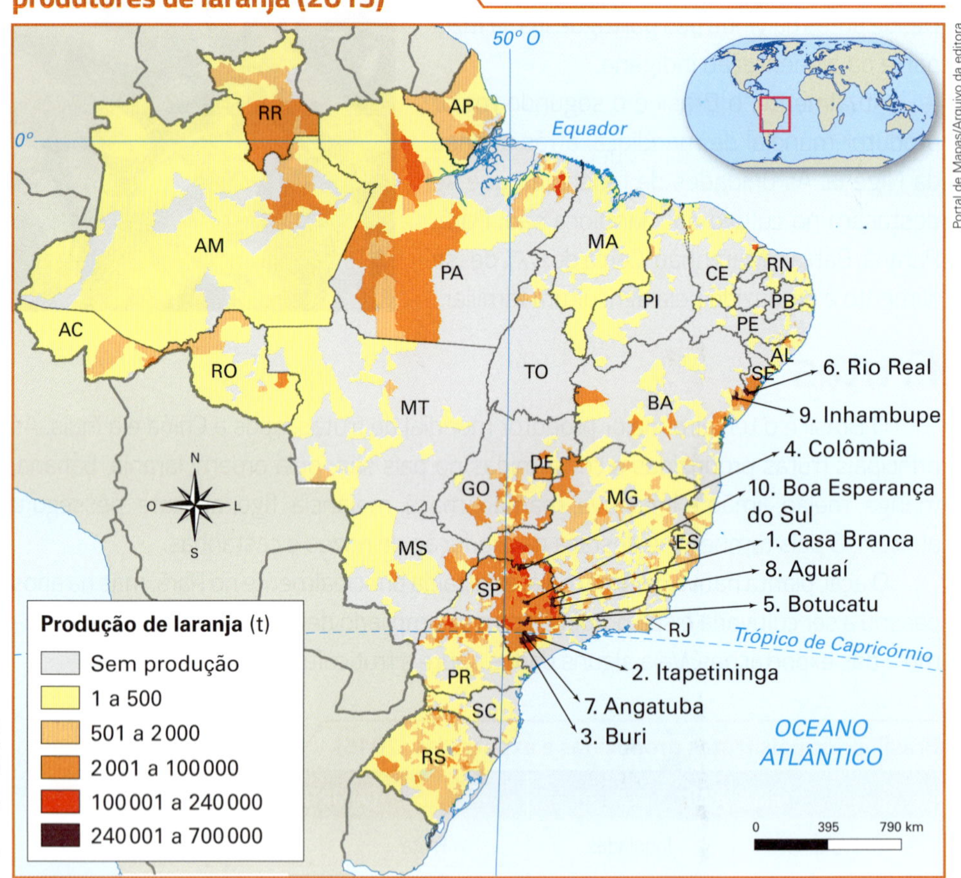

Fonte: elaborado com base em IBGE. Resultados da produção agrícola municipal 2015. Disponível em: <http://www.ibge.gov.br/home/presidencia/noticias/imprensa/ppts/00000027422109112016210223405721.pdf>. Acesso em: 13 jul. 2018.

Texto e ação

1. Com base no que você leu até agora, você conclui que o Brasil é um pequeno, médio ou um grande produtor agrícola? Justifique.

2. A partir da tabela *Brasil: principais frutas produzidas e exportadas (2015)*, elabore um gráfico circular que apresente o valor das exportações (em dólar). Não se esqueça do título, da legenda e da fonte dos dados.

4 Pecuária

A criação de gado bovino para corte é praticada especialmente nas grandes propriedades rurais, com mais de mil hectares. A pecuária bovina leiteira, a avicultura e a suinocultura são mais praticadas nas pequenas propriedades. O Brasil, atualmente, é o maior exportador mundial de carne bovina e de frango, e é o quarto exportador de carne suína, tipo de carne mais consumido em todo o mundo.

Desde os anos 1970, o consumo da carne de frango vem aumentando no Brasil. Nas últimas décadas, a avicultura teve ótimo desenvolvimento, com a função de suprir o mercado interno, compensar parcialmente o declínio do consumo da carne bovina, que é mais cara, e também para exportação. De 2,2 milhões de toneladas em 1990, a produção nacional de carne de frango subiu para cerca de 12,5 milhões em 2015.

Outro tipo de carne que vem apresentando crescimento na produção, exportação e no consumo interno é a suína. Em 2016, o Brasil atingiu a posição de quinto produtor mundial, após China, Estados Unidos, Alemanha e Espanha, e se tornou o quarto maior exportador.

Pecuária bovina

A criação bovina é o tipo de pecuária mais importante no Brasil, tanto no fornecimento de carne quanto na produção de leite para as indústrias de laticínios e para o consumo da população.

O rebanho nacional, um dos maiores do mundo, somava 212 milhões de cabeças em 2016. O número de cabeças de gado superou a população brasileira, que no mesmo ano era de 207 milhões de habitantes.

O rebanho bovino brasileiro ainda se concentra no Centro-Sul, apesar de uma recente expansão pela Amazônia, fator que contribuiu para o desmatamento da floresta. Os estados com maior quantidade de cabeças de gado são Mato Grosso, Minas Gerais, Goiás, Mato Grosso do Sul, Pará e Rio Grande do Sul. Observe o mapa ao lado.

Brasil: rebanho bovino (2012)

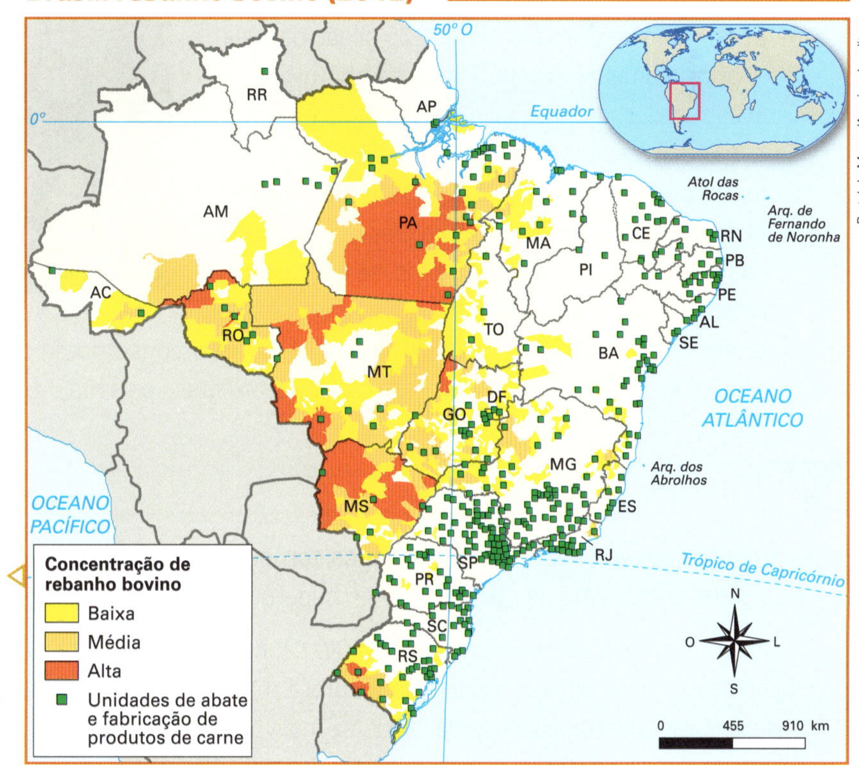

Fonte: elaborado com base em IBGE. Agroindústria 2012. Disponível em: <http://atlasescolar.ibge.gov.br/images/atlas/mapas_brasil/brasil_agroindustria.pdf>. Acesso em: 11 abr. 2018.

A pecuária bovina hoje se concentra principalmente em áreas onde o impacto ambiental é maior devido à existência de matas nativas: nas áreas de Cerrado do Brasil central e avançando cada vez mais para a Amazônia.

No Brasil predomina a raça de bovinos zebu, originária da Índia e que se adaptou muito bem ao clima do país. Contudo, em diversas áreas do Centro-Sul, o zebu sofreu aprimoramentos genéticos e modificou-se, engordando e crescendo rapidamente. Os gados nelore, gir e guzerá são o resultado de melhoramentos da raça zebu. Em áreas restritas no Rio Grande do Sul, cria-se gado de origem europeia, sobretudo raças holandesas e dinamarquesas, como *hereford*, *polled angus* e *durham*.

No Nordeste e na Amazônia predomina uma pecuária primitiva, com criações extensivas de gado zebu rústico ou "crioulo".

Outras criações

Além do gado bovino, a pecuária brasileira se destaca na criação de:

- **suínos** – depois da avicultura e do rebanho bovino, o suíno tem o maior contingente do país, com cerca de 38 milhões de porcos. Também é mais numeroso no Centro-Sul, principalmente em Santa Catarina, Paraná, Rio Grande do Sul e Minas Gerais;
- **ovinos** – os carneiros são criados em especial no Rio Grande do Sul, que atualmente detém aproximadamente 25% das 17,3 milhões de cabeças existentes no país. Depois vêm Bahia, Ceará e Piauí;
- **caprinos** – é muito comum a criação de caprinos no Brasil, especialmente no Nordeste, onde se adaptaram muito bem e são muito importantes para o fornecimento de carne e leite à população regional. Há aproximadamente 9 milhões desses animais no país, com cerca de 39% desse total no estado da Bahia, 15% em Pernambuco e 14% no Piauí;
- **aves** – com aproximadamente 1,25 bilhão de aves – principalmente frangos, mas também perus, avestruzes, codornas, galinhas-d'angola e outras –, o Brasil possui a maior criação da América e, no mundo, é inferior apenas à de alguns países asiáticos e à da Rússia. A avicultura cresceu bastante nas últimas décadas, concentrando-se em particular nos estados do Centro-Sul do país, especialmente no Paraná e em São Paulo. Atualmente, o maior consumo de carnes no Brasil é de frangos, que também é o tipo de carne que o país mais exporta.

Cândido Neto/Opção Brasil Imagens

Criação de caprinos no município de São João do Piauí (PI), em 2017.

Texto e ação

1. A criação de aves, especialmente frangos, tornou-se bastante relevante no Brasil. Por que nas últimas décadas o consumo de carne de frango superou o de carne bovina?
2. Observe o mapa *Brasil: rebanho bovino (2012)*, na página 137. Perceba que a pecuária bovina se concentra em áreas onde o impacto ambiental é maior devido à presença de áreas nativas, com o cerrado no Brasil central, avançando cada vez mais para a Amazônia.
   - Por que a prática da pecuária impacta negativamente essas áreas?

CONEXÕES COM MATEMÁTICA

1 Os estabelecimentos agropecuários no Brasil, de acordo com a sua dimensão e forma de gerenciamento, costumam ser divididos em familiares e não familiares (ou patronais). Observe os gráficos e o quadro a seguir e responda às questões.

Participação da agricultura patronal e familiar (2006)

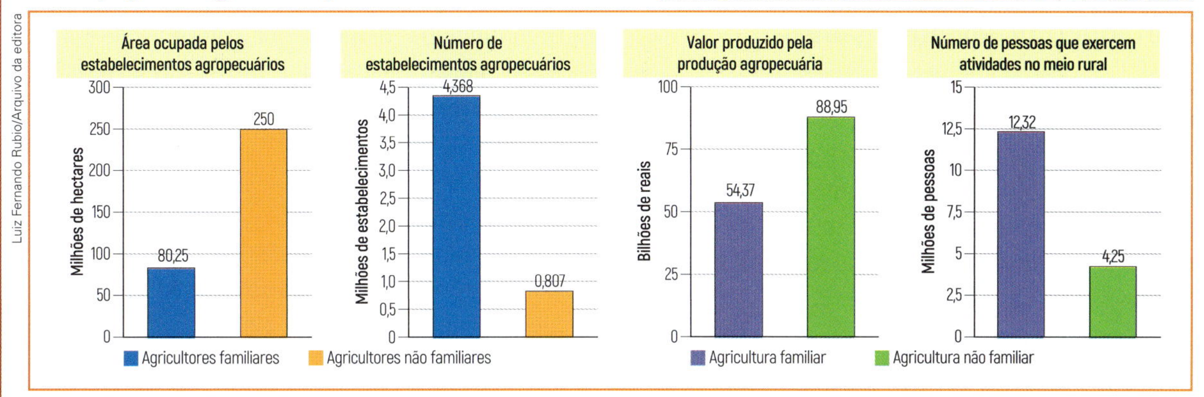

Fonte: elaborado com base em IBGE. *Censo Agropecuário 2006*. Disponível em: <https://ww2.ibge.gov.br/home/estatistica/economia/agropecuaria/censoagro/2006_segunda_apuracao/default.shtm>. Acesso em: 13 jul. 2018.

Comparação da participação dos modelos de agricultura familiar e não familiar na produção de alimentos básicos

Cultura	Familiar %	Não familiar %
Mandioca	87%	13%
Feijão	70%	30%
Milho	46%	54%
Café	38%	62%
Arroz	34%	66%
Trigo	21%	79%

Cultura	Familiar %	Não familiar %
Soja	16%	84%
Leite	58%	42%
Aves	50%	50%
Suínos	59%	41%
Bovinos	30%	70%

Fonte: elaborado com base em IBGE. *Censo Agropecuário 2006*. Disponível em: <https://ww2.ibge.gov.br/home/estatistica/economia/agropecuaria/censoagro/2006_segunda_apuracao/default.shtm>. Acesso em: 13 jul. 2018.

a) Qual dos dois tipos de estabelecimento agropecuário ocupa maior área total? Qual possui maior número de estabelecimentos?

b) O que se pode concluir com base no que você respondeu na item **a**?

c) Qual dos dois tipos de estabelecimento agropecuário produz mais alimentos para a população nacional? Por quê?

d) As propriedades familiares produzem 58% do leite com apenas 30% do rebanho bovino do país. Como você explica esse fato?

2 Produtividade ou eficiência produtiva é uma relação entre a produção e os fatores de produção, como trabalhadores, máquinas ou terra. Quanto maior for a relação entre a quantidade produzida e algum desses fatores (por exemplo, maior produção usando menos trabalhadores; ou maior produção usando menos terra), maior é a produtividade. Com base nessa definição, analise:

a) Qual é a produtividade dos dois tipos de agricultura em relação à área que ocupam? Qual dos dois tipos é mais produtivo nesse item? Por quê?

b) Qual é a produtividade dos dois tipos em relação aos trabalhadores ou pessoal ocupado? Qual dos dois tipos é mais produtivo nesse item? Procure explicar o porquê disso.

ATIVIDADES

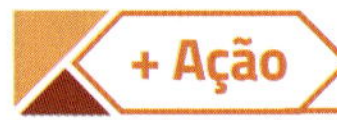

1 › Você sabe o que é alimento orgânico? Leia o texto a seguir.

O que define um produto orgânico?

Para ser considerado orgânico, o produto deve ser cultivado em um ambiente que considere sustentabilidade social, ambiental e econômica e valorize a cultura das comunidades rurais. A agricultura orgânica não utiliza agrotóxicos, hormônios, drogas veterinárias, adubos químicos, antibióticos ou transgênicos em qualquer fase da produção. [...]

Os produtores de orgânicos utilizam o rodízio de culturas e diversificação de espécies entre e dentro dos canteiros [isto é, policultura ao invés da monocultura]. Nas lavouras, são aplicados cordões de contorno com plantas diversas, que ajudam a proteger o cultivo de pragas e doenças, servem como quebra-vento e também protegem o solo contra erosão. Praticam o plantio direto, caracterizado pelo cultivo em cima do resíduo da cultura anterior, sem que o trator limpe o solo. [...] O solo é enriquecido com adubo orgânico que promove o desenvolvimento da vida neste solo, como minhocas, bactérias e fungos benéficos [além de folhas e restos de vegetais], que contribuem para o equilíbrio do sistema.

[...] A produção orgânica vai além da não utilização de agrotóxicos. O cultivo deve respeitar aspectos ambientais, sociais, culturais e econômicos, garantindo um sistema agrícola sustentável. [...]

O produtor orgânico se preocupa com a preservação do meio ambiente e tem compromisso com a qualidade de vida de seus empregados. O produto, então, pode ter seu custo de produção um pouco maior, acrescido destas responsabilidades.

Fonte: *Canal Rural*, 24 maio 2015. Disponível em: <www.canalrural.com.br/noticias/agricultura/que-define-produto-organico-56619>. Acesso em: 11 abr. 2018.

Responda às questões:

a) Quando um produto é considerado orgânico?

b) Na sua opinião, quais motivos mais convencem as pessoas a usar produtos originados da agricultura orgânica?

c) Procure explicar por que quanto mais pessoas consumirem produtos orgânicos, mais baratos eles ficarão.

2 › Leia o texto a seguir. Depois, responda às questões.

Pecuária orgânica é um sistema de produção baseado em 3 elos: o meio ambiente, o econômico e o social; tendo os três a mesma importância. O sistema orgânico busca produzir da forma mais natural possível, economicamente viável e socialmente participativa na região que se encontra.

Ambientalmente, é um sistema preocupado com os recursos naturais existentes, preservando-os ao máximo. Entre algumas das coisas, busca a preservação e recuperação da flora e da fauna locais, não utilização de animais geneticamente modificados (transgênicos) ou substâncias químicas artificiais, utilização racional do solo e da água e tratamento dos resíduos produzidos.

Economicamente ainda é um sistema que busca uma alta produção e lucro, porém diferente dos outros sistemas produtivos, não tem esse como o elo de maior importância. Como um sistema produtivo, ainda tem que operar e se manter no mercado.

No âmbito social, o sistema orgânico se preocupa e se insere na sociedade local, cumprindo as leis trabalhistas, dando preferência aos trabalhadores locais, melhorando a qualidade de vida destes e do resto da comunidade ao seu redor.

Além disso tudo, sua produção é baseada no bem-estar, onde os animais são criados o mais próximo possível do seu natural.

Fonte: PECUÁRIA orgânica. Disponível em: <www.usp.br/pecuariaorganica/?page_id=176>. Acesso em: jul. 2018.

a) Quais são os três componentes ou elos básicos da pecuária orgânica? No que ela difere da pecuária tradicional?

b) Explique no que consiste a preocupação com o bem-estar do gado na pecuária orgânica.

c) Alguns criticam a preocupação econômica em qualquer forma de agropecuária, inclusive a orgânica. Você acha que seria possível um cultivo ou criação sem nenhuma preocupação econômica? Por quê?

Autoavaliação

1. Quais foram as atividades mais fáceis para você? Por quê?
2. Algum ponto deste capítulo não ficou claro? Qual?
3. Você participou das atividades em dupla e em grupo e expressou suas opiniões?
4. Como você avalia sua compreensão dos assuntos tratados neste capítulo?
   - **Excelente**: não tive dificuldade.
   - **Bom**: consegui resolver as dificuldades de forma rápida.
   - **Regular**: tive dificuldade para entender os conceitos e realizar as atividades propostas.

Lendo a imagem

1. Em duplas, observem a imagem abaixo.

Thomaz Vita Neto/Tyba

Trabalhador aplica agrotóxico em plantação de cana-de-açúcar no município de Planalto (SP), em 2016.

a) Listem os elementos visíveis na foto.

b) O que o trabalhador está fazendo?

c) Por que ele está usando máscara?

d) Que danos o uso de agrotóxicos pode provocar ao meio ambiente e às pessoas?

2. Observe a fotografia abaixo.

Tiago Queiroz/Agência Estado

Vista de paisagem rural em Sinop (MT), em 2015.

- Qual é o aspecto negativo da agropecuária retratado na imagem?

Pesquisa e exposição: Manifestações culturais na cidade e no campo

O Brasil é o maior país da América do Sul em área territorial e o quinto maior do mundo. No território brasileiro habitam mais de 200 milhões de pessoas, de diversas origens e ascendências, o que confere diversidade à nossa cultura.

Que manifestações culturais você reconhece no estado onde mora?

Neste projeto, você vai pesquisá-las para conhecer mais sobre elas.

Hans von Manteuffel/Opção Brasil Imagem

O frevo, ritmo carnavalesco, é uma manifestação cultural típica da região Nordeste. Na foto, passistas dançam frevo em Olinda (PE), em 2015.

Marcelo Bittencourt/Futura Press

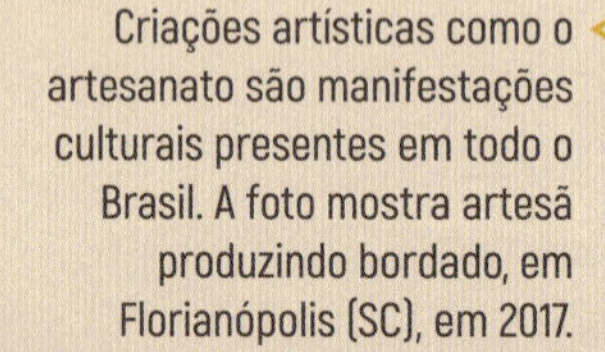

Criações artísticas como o artesanato são manifestações culturais presentes em todo o Brasil. A foto mostra artesã produzindo bordado, em Florianópolis (SC), em 2017.

Luciana Whitaker/Pulsar Imagens

Fabio Colombini/Acervo do fotógrafo

A arte indígena é bastante diversificada. Artefatos e adornos com plumas e penas, bem como objetos de cerâmica e utensílios trançados em vime e outras fibras destacam-se na cultura indígena. Na foto, mulher Guarani confecciona cestos de fibra em São Paulo (SP). No detalhe, cocares feito por indígenas Munduruku, em Itaituba (PA). Fotos de 2017.

Marcia Minillo/Olhar Imagem

A cultura também se manifesta na alimentação. O feijão-tropeiro é um prato bastante apreciado no Brasil, principalmente nas culinárias mineira, goiana e paulista, e leva, geralmente, feijão, farinha de mandioca, linguiça e ovos.

Secom/Prefeitura Municipal de Corupá

A cuca, bastante apreciada no Sul do Brasil, é de origem alemã. Seu nome provém da palavra alemã *kushen*, que significa "bolo".

Etapa 1 – O que fazer

Organizem-se em grupos de 3 ou 4 alunos e conversem sobre as manifestações culturais que já conhecem no estado onde moram. Caso tenham dificuldade de identificá-las, realizem uma pesquisa na internet ou com colegas, professores e familiares.

Então, escolham duas manifestações culturais para conhecer melhor: elas podem estar relacionadas a festas, danças, vestuário, culinária, música, artesanato, religião, etc.

Bruno Kelly/Reuters/Fotoarena

A capoeira é uma manifestação cultural brasileira. Mistura de jogo, dança e luta, essa arte se manifesta por todo o Brasil, sendo conhecida e praticada também no exterior. Sua origem é africana. Na foto, capoeiristas no município do Rio de Janeiro (RJ), em 2016.

Etapa 2 – Como fazer

Sobre cada manifestação cultural que vocês escolheram, procurem saber:

- Qual é a origem dessa manifestação cultural?
- Quais são suas características?
- Onde é realizada?
- Ela é mais frequente na área urbana, na rural ou em ambas? Por quê?

Tudo o que o grupo descobrir deve ser exposto em um cartaz. Elaborem um texto para cada uma das manifestações culturais ou arranjem as informações em tópicos. Não se esqueçam de usar imagens que representem a cultura de seu estado: podem ser fotos ou ilustrações. Todas as imagens devem ser legendadas e os créditos precisam ser informados.

Etapa 3 – Apresentação

Combinem com o professor e os colegas uma data para apresentarem as produções. Aproveitem o momento para trocar ideias com os colegas!

Estrada que liga os municípios de Lauro Müller e Bom Jardim da Serra, no estado de Santa Catarina. A estrada possui 284 curvas e sua extensão é de 23 km. Essa serra é conhecida como serra do Rio do Rastro.

UNIDADE

3 Paisagens naturais e ação humana

Nesta unidade você vai estudar a dinâmica própria dos elementos da natureza – relevo, clima, hidrografia e vegetação – e como as ações humanas interagem com esses elementos na organização dos espaços ocupados e modificados pelas atividades desenvolvidas em nossa sociedade.

Observe a foto e responda às seguintes questões:

1. O que chama a sua atenção na imagem?
2. O que foi construído na paisagem?
3. De que forma a construção alterou a paisagem?

CAPÍTULO 7

Relevo e clima

Pessoas passeiam em trilha em área de Mata Atlântica no Parque Estadual da Pedra Branca, no Rio de Janeiro (RJ), em 2017.

Paisagem de Caatinga no município de Olho D'Água do Casado (AL), em 2016.

Neste capítulo, vamos estudar o relevo e o clima. Associados a outros elementos da natureza – como estrutura geológica, vegetação e hidrografia –, formam diferentes conjuntos: as chamadas **paisagens naturais**. Essas paisagens influenciam diretamente na vida humana, determinando muitas vezes os locais nos quais há possibilidade de sobreviver. No entanto, o ser humano também influencia as paisagens naturais, alterando-as para atender a suas necessidades ou atividades (agricultura, pesca, construção de rodovias, etc.).

Para começar

Observe as fotos e responda:

1. Qual paisagem apresenta maior ocorrência de chuva? Como você chegou a essa conclusão?
2. Com base nas imagens, pode-se concluir que o clima influencia a vegetação?

1 A dinâmica da natureza

A paisagem natural é sempre o resultado da interação dinâmica entre os diversos elementos da natureza. Interligados, esses elementos agem uns sobre os outros, de modo que, se um deles sofrer alterações, isso trará modificações em todo o conjunto ou sistema.

Por exemplo, a vegetação depende do clima e do solo, mas também os influencia. Quase todos os tipos de vegetação, principalmente as plantas de raízes profundas, dificultam a erosão do solo; em contrapartida, a ausência de vegetação facilita a erosão. Em certas áreas desmatadas, nota-se que, além de as chuvas diminuírem, há um ligeiro aumento da temperatura, o que significa alteração do clima local.

Miriam Cardoso Souza/Fotoarena

Neve no município de Caxias do Sul (RS). Ao fundo, notam-se algumas araucárias, vegetação típica da região Sul do Brasil, de clima subtropical úmido, cujas baixas temperaturas favorecem seu desenvolvimento. Em razão da exploração de sua madeira, muito intensa até as décadas de 1970 e 1980, atualmente a araucária é considerada uma espécie em risco de extinção.

O clima é influenciado pelo relevo: as áreas elevadas, por exemplo, são mais frias; e barreiras montanhosas podem dificultar a penetração de nuvens úmidas para determinados locais. O relevo também é modificado pelo clima, em especial pela ação das chuvas, dos ventos e pela variação da temperatura.

O volume de água dos rios pode variar de acordo com a quantidade de chuvas ou com o derretimento da neve, assim como uma parte da água evaporada dos rios e lagos contribui para aumentar o nível de umidade da atmosfera. Em alguns locais onde os rios foram represados e formaram enormes lagos artificiais, observou-se um aumento dos índices de pluviosidade (chuvas).

Assim, diferentes combinações desses elementos naturais formam paisagens diversificadas. Como o território brasileiro é muito extenso (cerca de 8,51 milhões de quilômetros quadrados), ele não apresenta paisagem natural homogênea em toda a sua extensão, mas uma ampla variedade de paisagens.

Texto e ação

1. Em duplas, expliquem a afirmação: "A paisagem natural é o resultado da interação dinâmica entre os diversos elementos da natureza".

2. Com um imenso território, o Brasil apresenta variedade de paisagens. Sobre esse assunto:

   a) Liste quatro paisagens do Brasil.

   b) Quais das paisagens que você listou são naturais? E quais são humanizadas ou culturais?

   c) Escolha uma das paisagens listadas e escreva um pequeno texto contando como você conhece essa paisagem: por meio de passeios, viagens, fotos, filmes, televisão, internet, etc. Depois, compartilhe com os colegas.

2 Estrutura geológica e relevo

Chamamos de estrutura geológica as rochas que compõem determinado local. Elas podem estar dispostas em diferentes camadas, ser de diferentes tipos e idades e originadas por distintos processos naturais. A importância da estrutura geológica depende das riquezas minerais a ela associadas e do seu papel na constituição do solo e do relevo.

O ponto de partida para compreender a estrutura geológica de um lugar é saber quais são os tipos de rocha ali predominantes. Dependendo do tipo de rocha que aparece em maior quantidade, podem-se reconhecer três tipos principais de estruturas geológicas:

- **Escudos cristalinos** ou **maciços antigos**: compostos de rochas cristalinas (ígneas ou magmáticas e metamórficas), são estruturas bastante resistentes e rígidas (foto ao lado). De idades geológicas bem antigas (das eras Arqueozoica – no Pré-Cambriano – e Paleozoica), originam relevos planálticos e, eventualmente, algumas depressões (isto é, áreas rebaixadas).

Marcos Amend/Pulsar Imagens

Pico da Neblina, ponto mais alto do Brasil, formado por rochas cristalinas, no município de Santa Isabel do Rio Negro (AM). Foto de 2017.

- **Bacias sedimentares**: apresentam rochas mais recentes que os escudos, datam das eras Paleozoica, Mesozoica e Cenozoica. Constituídas por detritos acumulados e compostas de rochas sedimentares, originam planícies, planaltos sedimentares e depressões (foto abaixo, à esquerda).
- **Dobramentos modernos**: são áreas que sofreram elevações do terreno (grandes dobramentos) em consequência de pressões originadas no interior do planeta, no período Terciário (era Cenozoica), e que formam relevo montanhoso, como as grandes cadeias de montanhas jovens ou terciárias, também chamadas de montanhas típicas, como os Alpes, os Andes, o Himalaia, as montanhas Rochosas, entre outras. Veja a foto abaixo, à direita.

Zig Koch/Opção Brasil Imagens

Com formações areníticas esculpidas pela ação dos ventos e das chuvas, o Parque Estadual de Vila Velha, em Ponta Grossa (PR), está localizado em uma área de bacia sedimentar. Foto de 2018.

obscur/Shutterstock

Santiago do Chile, em foto de 2017. Ao fundo, montanhas da cordilheira dos Andes, formadas por dobramentos modernos.

Estrutura geológica do relevo brasileiro

A estrutura geológica do relevo brasileiro é constituída por escudos cristalinos, que abrangem pouco mais de um terço (36%) do território nacional, e por bacias sedimentares, que ocupam cerca de dois terços (64%). Não existem dobramentos modernos no Brasil, o que explica o fato de não existirem aqui as montanhas típicas, mas apenas as áreas montanhosas originadas por dobramentos antigos (de bilhões de anos), por falhas geológicas e pela erosão diferencial (isto é, desgaste menor em rochas cristalinas, como o granito, e maior nas áreas com rochas menos resistentes à erosão e ao intemperismo).

Como o território brasileiro é predominantemente tropical, com temperaturas elevadas, chuvas quase sempre abundantes e reduzida atividade geológica interna (vulcanismos, terremotos, dobramentos), os agentes que provocam as maiores modificações no relevo brasileiro, além do ser humano, são os elementos do clima (chuvas, ventos, temperatura) e a hidrografia (rios).

As altitudes do relevo brasileiro, em geral, são modestas. Apenas dois picos se aproximam de 3 mil metros de altitude: o pico da Neblina e o pico 31 de Março, ambos localizados próximo à fronteira do estado do Amazonas com a Venezuela. Cerca de 41% do território nacional tem, no máximo, 200 m de altitude; 37% têm até 500 m; e 14,7%, até 900 m de altitude.

O território brasileiro está em uma posição central na placa Sul-Americana; por isso, ele não foi atingido pelos desdobramentos do Período Terciário nem sofre com abalos sísmicos frequentes e intensos, embora existam também aqui terremotos de menor intensidade. Além disso, a antiguidade dos terrenos mais elevados do país – os escudos cristalinos do Arqueozoico – fez com que eles se desgastassem pelo constante processo erosivo, que rebaixou as formas de relevo mais salientes.

Entretanto, o predomínio de baixas altitudes não significa que o relevo brasileiro seja composto apenas de planícies. Ele é constituído basicamente de planaltos, com alguns chapadões e serras, além de depressões – áreas rebaixadas em relação às regiões vizinhas. As planícies ocupam bem menos de um quinto do território nacional.

Muitas áreas outrora tidas como planícies são, de fato, depressões ou planaltos de baixas altitudes (os planaltos sedimentares ou típicos). O maior exemplo é a planície Amazônica. Há alguns anos, costumava-se considerar planície toda a imensa área que margeia o rio Amazonas e seus afluentes (mais de 1 600 km^2, com altitude de 0 m a 200 m). No entanto, apenas 1% dessa área, aproximadamente, é, de fato, planície: os 99% restantes são depressões ou baixos platôs (áreas planálticas bastante aplainadas pela erosão, com inúmeras colinas).

Serra da Mantiqueira, localizada em área de planalto, no município de Camanducaia (MG), em 2018. Entre os estados de São Paulo, Rio de Janeiro e Minas Gerais, a serra ficou à margem da exploração das lavouras de exportação, em razão de seu relevo acidentado. Esse fato, porém, não impediu o surgimento de pequenas cidades serranas, algumas das quais constituem áreas de proteção ambiental da Mata Atlântica.

João Prudente/Pulsar Imagens

Principais unidades de relevo no Brasil

Vamos conhecer agora as principais unidades do relevo terrestre brasileiro, que é subdividido em quatro macrounidades e em algumas microunidades, ou seja, formas de relevo que, em geral, situam-se dentro ou ao lado de uma das unidades maiores. Observe, a seguir, quais são as quatro macrounidades do relevo e como elas se distribuem pelo território brasileiro.

Fabio Colombini/Acervo do fotógrafo

Depressão periférica paulista (área de depressão relativa) no município de Pardinho (SP), em 2016.

- **Planaltos**: são terrenos altos, variando de planos (chapadas) a ondulados (colinas, morros). Geralmente em um planalto predominam os processos de erosão, pois o desgaste da rocha é maior do que o acúmulo de sedimentos.
- **Planícies**: são terrenos planos e quase sempre baixos, formados pela acumulação de sedimentos de origens diversas: fluvial, marinha, lacustre, eólica ou glacial.
- **Depressões**: são áreas rebaixadas. Quando situadas abaixo do nível do mar, são denominadas **depressões absolutas**; quando acima do nível do mar, mas abaixo das áreas vizinhas, são chamadas de **depressões relativas**. Estas últimas existem em grande quantidade no Brasil. Não há depressões absolutas no país.
- **Montanhas**: são terrenos altos e fortemente ondulados, podendo ter várias origens: dobramentos, vulcanismo, blocos falhados, etc.

Brasil: relevo

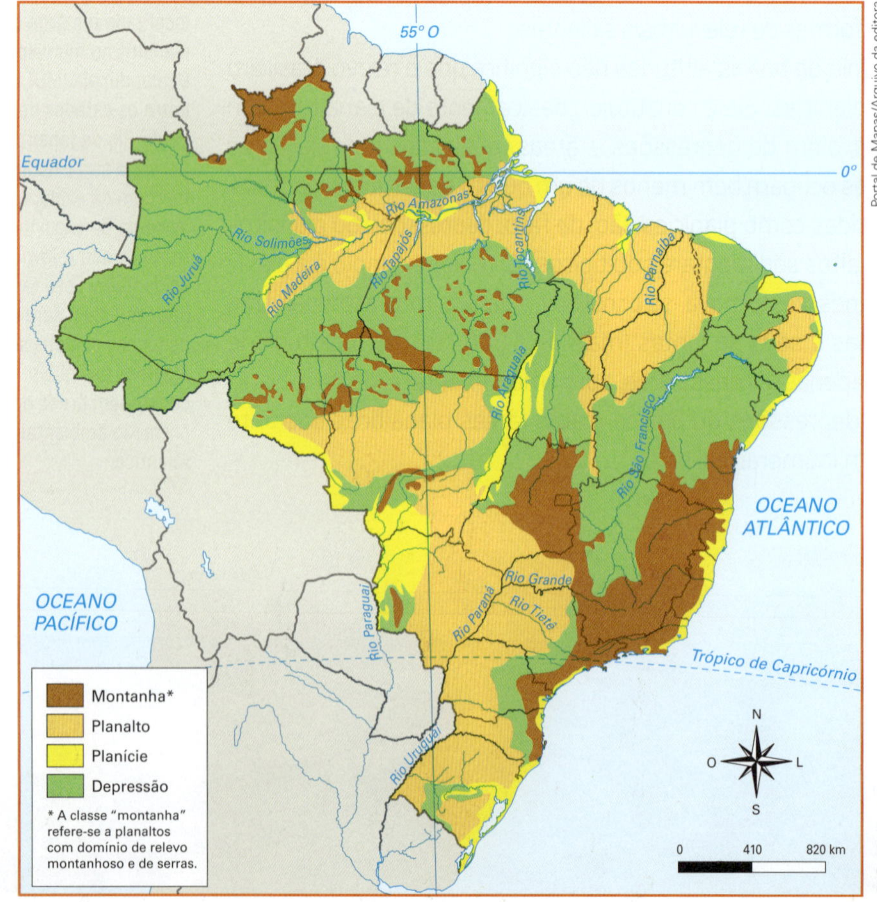

Portal de Mapas/Arquivo da editora

Fonte: elaborado com base em FLORENZANO, Teresa Gallotti (Org.). *Geomorfologia*: conceitos e tecnologias atuais. São Paulo: Oficina de Textos, 2008.

Outras unidades de relevo

Observe agora algumas das microunidades de relevo.

- **Chapadas**: são grandes superfícies planas, típicas de planaltos sedimentares, em geral de estrutura horizontal e acima de 600 metros de altitude. No Brasil, elas são comuns nas regiões Centro-Oeste (chapadas dos Guimarães e dos Parecis – em Mato Grosso – e dos Veadeiros – em Goiás) e Nordeste (chapadas Diamantina – na Bahia –, do Apodi – no Rio Grande do Norte – e do Araripe – entre os estados do Ceará, Pernambuco e Piauí).
- **Tabuleiros**: áreas de relevo plano, de origem sedimentar, de baixa altitude e com limite abrupto. Típicas da costa da região Nordeste do Brasil.
- **Morros**: médias elevações do terreno, com domínio de topos arredondados, amplitudes entre 100 m e 200 m e altas declividades.
- **Terraços**: patamares em forma de degraus, localizados nas encostas dos vales.
- **Falésias**: são uma forma de litoral, constituídas por barreiras abruptas entre o continente e o oceano.
- **Serras**: são terrenos acidentados com forte desnível, formados por morros. No entanto, é importante não confundir essa microunidade de relevo com as escarpas, pois nas serras é possível subir por um lado e descer pelo lado oposto, enquanto na escarpa só é possível subir e descer pelo mesmo lado.
- **Escarpas**: nome dado aos terrenos muito íngremes, de 300 m a 800 m de altitude, que lembram um degrau, localizados na transição de um planalto para uma área mais baixa. Às vezes são chamadas impropriamente de serras, como no caso da serra do Mar, que na realidade é a escarpa ou a borda do planalto Atlântico na sua transição para planícies litorâneas, como a Baixada Santista.

O relevo e a sua importância

Dependendo de suas características, o relevo favorece ou dificulta a ocupação humana. Ele pode ser um obstáculo ao uso da terra no campo ou na cidade e dificultar ou encarecer a construção de grandes obras de engenharia (estradas, aeroportos, hidrelétricas, etc.).

Áreas montanhosas com rochas sólidas exigem maior planejamento e maior dispêndio de recursos para alterá-las e evitar que a paisagem sofra efeitos que resultem em erosão ou desmoronamentos. Contudo, outras formas de relevo favorecem a ocupação humana, como áreas planas tanto de planícies quanto de planaltos. Nessas áreas, o custo para a construção de estradas, por exemplo, é mais baixo do que em áreas montanhosas. Além disso, superfícies de relevo plano facilitam o plantio e a colheita de diversos gêneros alimentícios. Por isso, podemos dizer que o relevo também facilita a ocupação humana no campo.

O relevo ainda pode ter um grande valor cênico, como a cidade do Rio de Janeiro (RJ) ou a chapada dos Guimarães, em Mato Grosso, como atração turística. Observe as imagens ao lado, que mostram duas formas de interação com o relevo.

Alguns tipos de relevo são inapropriados para construções, como áreas de várzeas de rios, que são periodicamente inundadas pelas enchentes nas épocas de fortes chuvas, ou as encostas ou vertentes de morros e montanhas, que podem ser erodidas pela infiltração da água das chuvas no solo e provocar desabamentos ou escorregamentos de terras. Esse fato leva, às vezes, ao soterramento de habitações e outras edificações, que em geral são irregulares por estarem localizadas em áreas de risco.

Dispêndio: gasto.
Vertente: superfície em declive.

Rubens Chaves/Pulsar Imagens

Rodovia dos Imigrantes em trecho próximo a Cubatão (SP), em 2018. Esse tipo de intervenção na paisagem altera a dinâmica natural do local, pois, com essa construção, carros começam a percorrer a área, emitindo gases poluentes na atmosfera.

Marcos Amend/Pulsar Imagens

Cachoeira Véu da Noiva, na Chapada dos Guimarães, no município de mesmo nome (MT). Foto de 2015. Observar essa paisagem ou fotografá-la não a altera.

Texto e ação

1. Cite exemplos de formas de relevo cuja ocupação irregular ocasiona catástrofes frequentes. Você conhece algum caso desse tipo no Brasil ou em seu município? Qual(ais)?

2. Observe o mapa sobre as principais unidades de relevo no Brasil (página 150) e responda às questões a seguir.

   a) Que forma de relevo é minoritária no território brasileiro? Onde ela se localiza?

   b) Qual é a cor que indica as áreas montanhosas? Onde elas se localizam?

   c) Que forma de relevo predomina no estado onde você mora?

Relevo e sociedade humana

Os elementos da paisagem natural – sobretudo relevo, clima e hidrografia – exercem influência na ocupação humana de um determinado espaço. Toda aglomeração humana, por exemplo, procura se fixar em uma área próxima ao abastecimento de água potável. Ocorre também uma influência mútua na relação entre relevo e sociedade humana. Normalmente, os agrupamentos humanos optam por estabelecer suas moradas em lugares com baixas altitudes, planos ou naqueles menos inclinados possíveis: 66% da humanidade vive em áreas planas e com no máximo 200 metros de altitude. Quando assistimos na televisão ou lemos notícias a respeito do desabamento de encostas, desmoronamentos e mortes por movimentos de massas, algo muito comum em áreas como na região serrana do Rio de Janeiro, por exemplo, percebemos o quanto é importante levar em conta as características do relevo ao construir edificações.

SECOM/Prefeitura de Petrópolis

Foto de desabamento ocasionado pelas chuvas em região de encosta no município de Petrópolis (RJ), em 2017. Esse é um exemplo de ocupação humana inadequada ao relevo da área.

A ocupação desordenada do solo, principalmente nas cidades – edificações em áreas de encosta ou em áreas de várzea –, costuma originar desabamentos ou alagamentos. Isso é agravado pela remoção da vegetação próxima a rios e nas encostas. Assim, a força da água das chuvas e a ação da gravidade proporcionam impactos erosivos sobre o solo e suas consequências sobre as populações que habitam essas áreas. Esse é um problema recorrente em muitas cidades brasileiras e que frequentemente origina catástrofes. As desigualdades sociais aliadas à ausência de habitações para a população de menor renda são fatores que influenciam na ocupação irregular dessas áreas.

Movimento de massa: deslocamento de rochas ou sedimentos (partículas de rochas) em superfícies inclinadas.

Também a agricultura depende bastante da água, do solo, do clima e do relevo. Para uma boa prática agrícola, é essencial ter algum conhecimento sobre os aspectos físicos da área a ser cultivada. Desde civilizações milenares – como os incas ou os chineses da Antiguidade – já existiam práticas de cultivo em ambientes adversos empregando técnicas agrícolas como o cultivo em curvas de nível e o terraceamento para evitar a erosão dos solos pelas chuvas.

Nowaczyk/Shutterstock

Terraço agrícola dos incas em Machu Picchu, no Peru, em foto de 2016. Os incas, povo pré-colombiano, praticavam a agricultura – de milho, batatas, mandioca, tomate e outros produtos – em curvas de nível para evitar a erosão dos solos. Esse é um exemplo de ocupação humana adequada ao relevo.

Geolink

Leia o texto.

Nasa cria sistema capaz de prever deslizamentos de terra em todo o mundo

A Nasa – agência espacial norte-americana – desenvolveu um sistema que permite a observação de ameaças de deslizamentos de terra causadas pela chuva em qualquer parte do mundo e quase que em tempo real. [...]

Segundo os pesquisadores, a precipitação é o gatilho mais comum dos deslizamentos de terra em todo o mundo. E, se as condições sob a superfície da Terra já são instáveis, as fortes chuvas atuam apenas como a última gota que faz com que lama, pedras ou detritos – ou todos combinados – se movam rapidamente pelas montanhas e encostas.

A partir de um multissatélite chamado GPM (*Global Precipitation Measurement*), o novo sistema fornece estimativas de precipitações em todo o mundo a cada 30 minutos. O monitor estima a potencial atividade de deslizamento das áreas com precipitação pesada, persistente e recente. São considerados críticos os locais que excederem suas próprias médias de precipitação dos últimos sete dias.

Segundo a Nasa, em lugares onde a precipitação é excepcionalmente alta, o sistema usa um mapa de suscetibilidade para determinar se a área é propensa a deslizamentos de terra. Neste mapa são consideradas cinco características bastante impactantes: construção de estradas nas proximidades, remoção ou queima de árvores, falha tectônica, rocha fraca e encostas íngremes.

Se o mapa de suscetibilidade mostrar que a área com chuvas fortes é vulnerável, o modelo produz um alerta sobre a "probabilidade alta" ou "moderada" de deslizamento. O modelo produz novos alertas a cada 30 minutos. [...]

Fonte: UOL notícias. Nasa cria sistema capaz de prever deslizamentos de terra em todo o mundo. *UOL*, 22 mar. 2018. Disponível em: <https://noticias.uol.com.br/ciencia/ultimas-noticias/redacao/2018/03/22/nasa-cria-sistema-capaz-de-prever-deslizamentos-de-terra-em-todo-o-mundo.htm>. Acesso em: 25 maio 2018.

Mundo: probabilidade de deslizamento de terra no mês de dezembro (em percentual)*

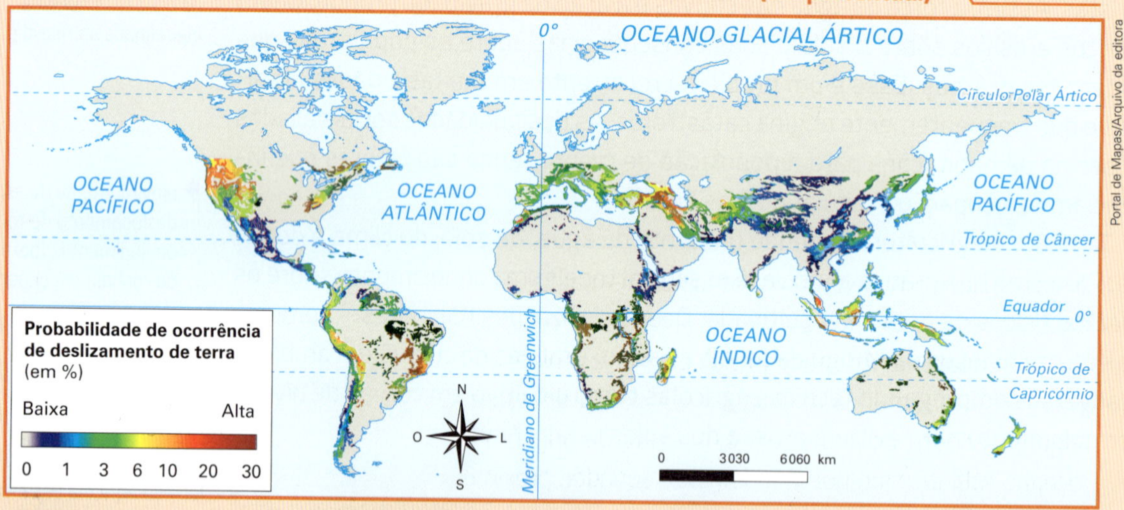

Fonte: elaborado com base em UOL notícias. Nasa cria sistema capaz de prever deslizamentos de terra em todo o mundo. *UOL*, 22 mar. 2018. Disponível em: <https://noticias.uol.com.br/ciencia/ultimas-noticias/redacao/2018/03/22/nasa-cria-sistema-capaz-de-prever-deslizamentos-de-terra-em-todo-o-mundo.htm>. Acesso em: 25 maio 2018.

* O modelo mostra um mapa que foi gerado com informações coletadas entre os anos de 2007 a 2016; por conta disso, ele não representa um ano específico.

Agora, responda às questões.

1. O que é o multissatélite chamado GPM?
2. Na sua opinião, qual é a importância do multissatélite?
3. Observe novamente o mapa *Brasil: relevo*, na página 150, e, com base nele e em seus conhecimentos, responda: Quais áreas do Brasil poderiam se beneficiar mais com esse sistema?
4. Observe no mapa acima que, no Brasil, a maior probabilidade de deslizamento de terra no período do verão se dá em uma área bem específica. Que área é essa? Que fatores podem contribuir para esses deslizamentos?

3 Clima e massas de ar

Damos o nome de **clima** ao conjunto de variações do tempo atmosférico de um determinado local da superfície terrestre. Para compreender o clima de um local, temos de estudar os diversos tipos de tempo atmosférico que ali costumam ocorrer durante anos seguidos (geralmente em um período de trinta anos). O resultado desse estudo, uma espécie de síntese dos tipos de tempo que geralmente ocorrem no local, definirá o clima.

O tempo e o clima se referem aos mesmos fenômenos atmosféricos: temperatura, pressão atmosférica, ventos, umidade do ar e precipitações, como chuva, neve, geada e granizo. O tempo, no entanto, se refere a um momento específico (tempo chuvoso, por exemplo), enquanto o clima se refere aos tipos de tempo que costumam ocorrer em determinado local durante um ano (o clima de Manaus, por exemplo, é quente e úmido, embora em alguns dias o tempo possa estar seco ou, às vezes, menos quente).

Um elemento importante para explicar as mudanças do tempo atmosférico são as **massas de ar**, que são porções espessas e extensas da atmosfera, com milhares de quilômetros quadrados de extensão e características próprias de pressão, temperatura e umidade determinadas pela região na qual se originam. Em razão das diferenças de pressão atmosférica entre as diversas regiões da superfície terrestre, as massas de ar estão em constante movimento.

Existem massas de ar polares, equatoriais, tropicais oceânicas e continentais, que se movimentam constantemente e, com frequência, ocupam o lugar umas das outras.

O encontro entre duas massas de ar de diferentes temperaturas recebe o nome de **frente**. Ocorre uma frente fria, por exemplo, quando uma massa polar se desloca e empurra outra massa, tropical, ocupando o seu espaço.

Minha biblioteca

Clima e meio ambiente, de José Bueno Conti. São Paulo: Atual, 1998.

O livro explica os mecanismos de regulação do clima atmosférico em escala global e como as ações humanas podem provocar mudanças climáticas que impactam diretamente nosso cotidiano.

Massas de ar que influenciam o clima do Brasil

O clima brasileiro é influenciado pelas seguintes massas de ar (veja o mapa ao lado):

- **Massa Equatorial Atlântica (mEa)**: quente e úmida, domina a parte litorânea da Amazônia e do Nordeste em alguns períodos do ano e tem seu centro de origem no oceano Atlântico (ao norte da linha do equador, próximo ao arquipélago dos Açores).
- **Massa Equatorial Continental (mEc)**: também quente e úmida, com centro de origem na parte ocidental da Amazônia, domina a porção noroeste do território amazônico durante praticamente todo o ano. Localizada acima dos continentes, é a única massa continental úmida no globo, pois, como regra, as massas de ar oceânicas são úmidas, e as continentais, secas. Sua umidade pode ser explicada principalmente pela presença da floresta Amazônica, como veremos melhor a seguir.

As massas de ar que atuam no Brasil

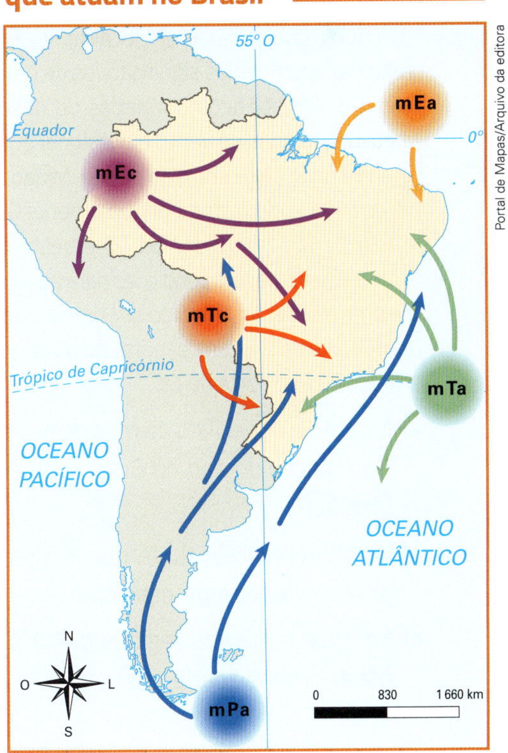

Fonte: elaborado com base em SIMIELLI, Maria Elena. *Geoatlas*. São Paulo: Ática, 2012.

- **Massa Tropical Atlântica (mTa)**: quente e úmida, originária do oceano Atlântico nas imediações do trópico de Capricórnio, exerce grande influência sobre a parte litorânea do Brasil, desde o Nordeste até o Sul.
- **Massa Tropical Continental (mTc)**: quente e seca, origina-se na depressão do Chaco, entre o norte da Argentina e o Paraguai, e abrange uma área de atuação muito limitada. Permanece em sua região de origem durante quase todo o ano, mas às vezes sofre uma retração pelo avanço de alguma frente polar.
- **Massa Polar Atlântica (mPa)**: fria e úmida, forma-se nas porções do oceano Atlântico próximas à Patagônia (sul da Argentina). Atua mais no inverno, quando penetra no Brasil como frente fria, provocando chuvas e o declínio da temperatura. Embora a frente fria chegue, às vezes, até a Amazônia, ela influencia mais o clima do sul do país, em especial o das áreas localizadas abaixo do trópico de Capricórnio.

Texto e ação

1› Imagine que você vai viajar para Fernando de Noronha (PE). Na quarta-feira, você faz uma consulta na internet para descobrir a previsão das condições atmosféricas desse local para o fim de semana. Nessa situação é correto afirmar que o que foi visto é a previsão do tempo ou do clima? Por quê?

2› Imagine agora que você e sua família vão se mudar para uma cidade distante, em outra região do país. Ao consultar algum *site* da internet para conseguir informações sobre esse local, você pesquisará o clima ou o tempo dessa cidade? Por quê?

3› Observe a notificação a seguir, que trata da previsão do tempo (simplificada) para o território brasileiro no dia 12 de maio de 2017. Depois responda às questões.

Condições do tempo em 12/5/2017 no território brasileiro

Nesta sexta-feira (12/5) ocorrerão pancadas de chuva, que poderão ser localmente fortes e registrar acumulados significativos de precipitação. Podem ser acompanhadas de descargas elétricas, rajadas de vento e ocasional queda de granizo no RS. No centro do país a umidade abaixo dos 40% poderá afetar principalmente GO, MG, oeste de SP, centro-sul do TO e oeste da BA. Entre PE e PB haverá condições para acumulados de precipitação ao longo do dia, bem como entre o AP, norte do PA, centro-norte do MA e entre os litorais do PI e norte do CE.

a) Nesse dia específico do mês de maio, qual é a estação do ano no Brasil e no hemisfério sul?

b) Qual é a previsão do tempo atmosférico predominante para esse dia?

c) Em qual região ou regiões do país havia maior probabilidade de chuvas?

Brasil: previsão do tempo (12/5/2017)

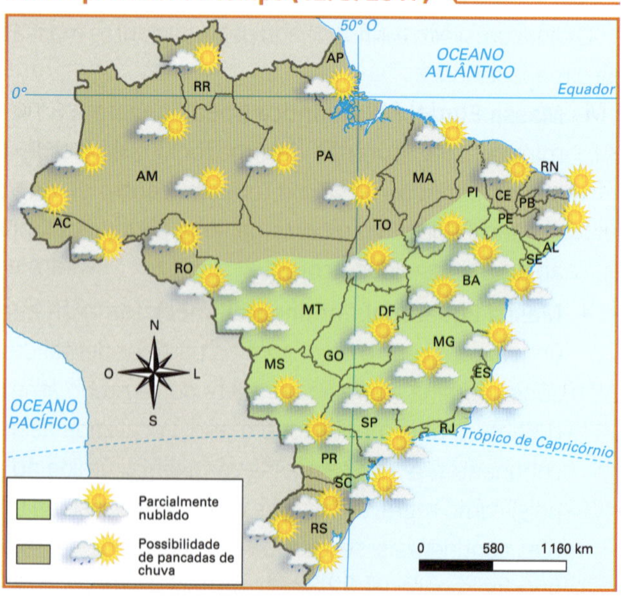

Portal de Mapas/Arquivo da editora

Fonte: elaborado com base em INPE. Centro de Previsão do Tempo e Estudos Climáticos. Disponível em: <http://tempo.cptec.inpe.br>. Acesso em: 12 maio 2017.

4 Os tipos de clima do Brasil

De acordo com a atuação das massas de ar, verificamos a existência de seis tipos de clima no Brasil: equatorial úmido, litorâneo úmido, tropical continental, tropical semiárido, tropical de altitude e subtropical úmido. Observe, no mapa a seguir, a localização dos tipos climáticos existentes no país.

Brasil: clima

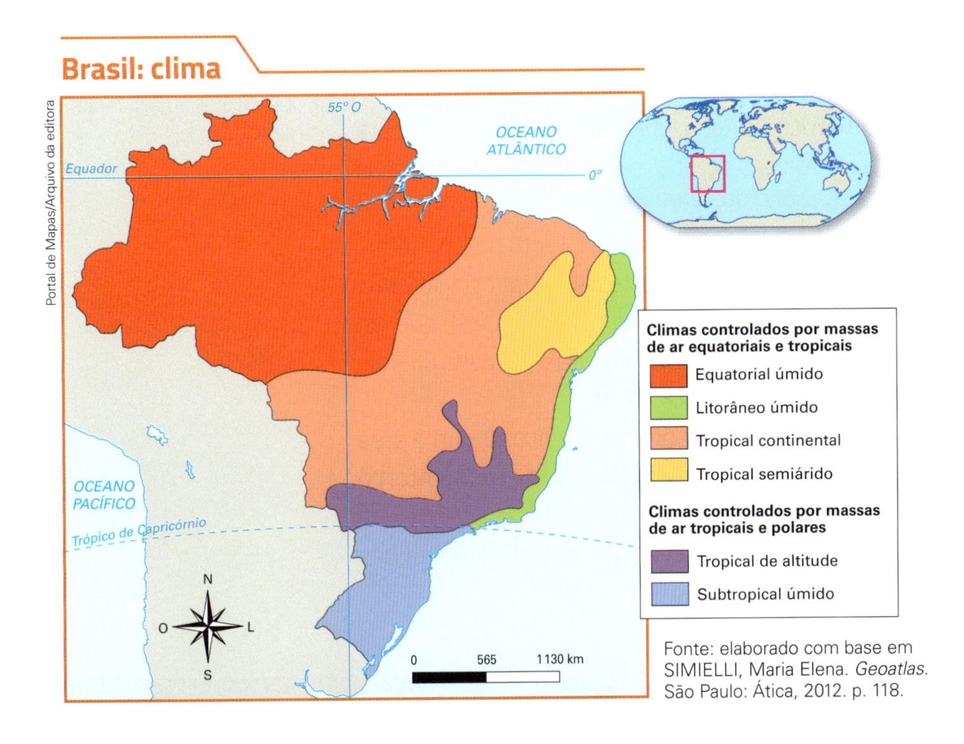

Fonte: elaborado com base em SIMIELLI, Maria Elena. *Geoatlas*. São Paulo: Ática, 2012. p. 118.

Clima equatorial úmido

O clima equatorial úmido abrange principalmente a área da Amazônia brasileira. É dominado pela **Massa Equatorial Continental** (mEc) em quase toda a sua extensão e durante o ano todo. Apenas na porção litorânea da Amazônia há alguma influência da **Massa Equatorial Atlântica** (mEa). Algumas vezes, no inverno, a frente fria atinge o sul e o sudoeste dessa região, ocasionando uma queda da temperatura denominada **friagem**. Embora as massas de ar continentais sejam geralmente secas, a mEc é úmida por localizar-se sobre a Amazônia, que, além de fornecer umidade para essa massa de ar pela evapotranspiração dos vegetais, tem em seu território a mais rica bacia hidrográfica do planeta, com muitos rios caudalosos.

Trata-se, portanto, de um clima quente e úmido. As médias térmicas mensais variam de 25 °C a 28 °C, ocorrendo baixa amplitude térmica anual (diferença entre a média mensal mais quente e a mais fria). O resfriamento no inverno é pequeno. As médias pluviométricas são altas (de 1 500 mm a 2 500 mm por ano), e a estação seca é geralmente curta (poucos meses ao ano, ou nenhum, em alguns lugares).

Como se trata de uma região de calmaria, causada pelo encontro dos alísios do hemisfério norte com os do hemisfério sul, as precipitações que aí ocorrem são, em sua maioria, chuvas de convecção. Ou seja, resultam do movimento ascendente do ar quente carregado de umidade, que provoca a condensação do vapor de água da atmosfera ao encontrar temperaturas baixas nas altitudes mais elevadas.

Evapotranspiração: processo pelo qual as matas perdem água por uma combinação de evaporação (dos solos) e de transpiração (das plantas).

Caudaloso: que possui intensa corrente ou fluxo.

Média térmica mensal: média das temperaturas verificadas em um mês em determinado lugar.

Alísio: vento que sopra durante o ano todo sobre extensas regiões, a partir das altas pressões subtropicais na direção das baixas pressões equatoriais.

Clima litorâneo úmido

Influenciado pela **Massa Tropical Atlântica** (mTa), o clima litorâneo úmido abrange a porção do território brasileiro próxima ao litoral, desde o Rio Grande do Norte até a parte setentrional do estado de São Paulo. No inverno, um avanço da **Massa Polar Atlântica** (mPa) na forma de frente fria desloca a mTa e passa a predominar durante dias ou semanas nessa área e principalmente no sul do país.

Notam-se nesse clima duas estações principais: o **verão**, geralmente mais chuvoso (com exceção do litoral nordestino, onde chove mais no inverno, por causa da influência da mEa), e o **inverno**, período menos chuvoso. As médias térmicas são elevadas, assim como os índices pluviométricos. É um clima quente e úmido, embora apresente maior diferença entre as duas estações do ano, se comparado ao clima da Amazônia, em que quase não há diferença.

Índice pluviométrico: número que indica a quantidade de chuva que cai em uma área durante certo período.

Nesta área, o clima se caracteriza pela grande circulação de ar, tanto pela penetração da frente fria (deslocando da região Sul para a região Norte) como, principalmente, pela penetração do ar oceânico (vindo de leste em direção ao oeste do país), que, ao encontrar as áreas montanhosas (serra do Mar, chapada Diamantina e chapada da Borborema), ocasiona as chuvas de relevo, chamadas de **orográficas**.

Esse tipo de chuva ocorre quando o ar úmido em movimento encontra uma área montanhosa e é obrigado a elevar-se, ocasionando resfriamento; nesse momento, há condensação do vapor de água e precipitações. As médias pluviométricas desse clima situam-se entre 1 500 mm e 2 000 mm ao ano. Portanto, em geral é um clima menos úmido do que o equatorial.

Clima tropical semiárido

Abrange a região conhecida como Sertão do Nordeste. É um tipo de clima quente e seco, com médias anuais de pluviosidade geralmente inferiores a 1 000 mm – a menor média do Brasil foi registrada em Cabaceiras, na Paraíba: 278 mm/ano. Além disso, as chuvas concentram-se em um período curto, geralmente três meses ao ano. Às vezes, esse período é ainda menor ou simplesmente não ocorre durante um ano ou mais, o que ocasiona as conhecidas secas regionais. Esse índice pluviométrico baixo e irregular pode ser explicado pela situação da região em relação à circulação das massas de ar e pelo seu relevo.

Delfim Martins/Pulsar Imagens

Brejo de altitude na serra do Araripe, em Barbalha (CE). Foto de 2017.

O Sertão nordestino é um local de encontro de quatro sistemas atmosféricos oriundos das massas de ar mEc, mTa, mEa e mPa. As poucas chuvas que aí ocorrem se devem à influência da mEc no verão, que, ao aproximar-se dessa área, vai se tornando menos úmida do que no seu centro de origem (Amazônia ocidental).

No inverno, ocorre a influência da mTa e dos alísios oriundos da mEa e, às vezes, há penetração da frente fria. Mas essas correntes de ar já chegam secas à região, pois perderam a umidade com as chuvas nas áreas litorâneas e nas chapadas da região Nordeste (Diamantina e da Borborema).

Em alguns locais de maior altitude (denominados brejos), a frente fria costuma provocar chuvas de relevo durante o inverno. Aos poucos, esses locais se transformaram em ilhas verdes no meio da Caatinga, a vegetação regional.

Clima tropical continental

O clima tropical continental abrange Minas Gerais, Goiás, parte de São Paulo, Mato Grosso do Sul, parte de Mato Grosso, trechos da Bahia, do Maranhão, do Piauí e do Ceará. É um clima tropical típico, ou seja, quente e semiúmido, com uma estação chuvosa (o verão) e outra seca (o inverno).

Durante o verão, esse clima é dominado pela **Massa Equatorial Continental** (mEc), que provoca chuvas frequentes. No inverno, há um recuo da mEc, que se limita à Amazônia, e ocorre penetração da mTa, que já perdeu a umidade na faixa litorânea e nas áreas montanhosas. Às vezes, há também penetração da frente polar, que provoca uma ligeira redução da temperatura e um período de chuvas escassas. As médias térmicas situam-se entre 20 °C e 28 °C, e a pluviosidade fica em torno de 1 500 mm/ano.

Clima tropical de altitude

É o clima das áreas de maior altitude da região Sudeste. É influenciado pela **Massa Tropical Atlântica** (mTa), que é úmida. Com verões menos quentes e invernos mais frios do que o clima tropical continental, apresenta índice pluviométrico acima de 1 700 mm. No inverno, registram-se baixas temperaturas e ocorrem geadas em virtude da atuação da **Massa Polar Atlântica** (mPa).

Clima subtropical úmido

Abrange o Brasil meridional, isto é, a porção do território brasileiro localizada ao sul do trópico de Capricórnio. Predomina a mTa, que provoca chuvas abundantes, principalmente no verão. No inverno, é frequente a penetração da frente polar, que dá origem a chuvas frontais – precipitações resultantes do encontro da massa de ar quente com a massa de ar fria, quando ocorre grande condensação do vapor de água atmosférico. O índice médio anual de pluviosidade é elevado (superior a 1 500 mm) e as chuvas são bem distribuídas durante o ano, inexistindo uma estação seca.

É o tipo de clima que, diferentemente dos demais climas do Brasil, pode ser classificado como mesotérmico, isto é, de temperaturas médias (a média do mês mais frio é inferior a 18 °C). A amplitude térmica anual é elevada, a maior dos climas brasileiros. Existe, assim, uma sensível diferença entre verão (bem quente) e inverno (frio, às vezes com geadas e até neve em alguns locais). Nesse tipo de clima, percebe-se mais nitidamente um esboço de primavera e outono, estações que, na prática, não existem na maior parte do território brasileiro.

Texto e ação

1 › Um eventual desmatamento quase completo na Amazônia modificaria o clima da região? Por quê?

2 › Observe o mapa *Brasil: clima*, da página 157, e aponte que tipo de clima predomina na região Norte do Brasil. Quais são as principais características desse clima?

3 › De acordo com as informações desse mapa, que tipo de clima predomina no estado onde você mora? Em sua opinião, como esse tipo climático interfere na vida das pessoas?

5 Solo urbano e enchentes no Brasil

Praticamente todos os anos, no período das chuvas – sobretudo em dezembro e janeiro na maior parte do país –, ocorrem enchentes em várias cidades brasileiras que, às vezes, ocasionam inundações e até desabamentos de encostas.

A chuva que cai sobre o solo pode seguir dois caminhos: infiltrar-se no subsolo, formando lençóis subterrâneos de água, ou escorrer pela superfície, formando enxurradas, regatos, córregos e rios. Alguns desses cursos de água são temporários e só surgem quando chove; outros são perenes, existindo durante todo o ano. Neste caso, o que garante a perenidade dos cursos de água é o lençol subterrâneo.

Regato: corrente de água pouco volumosa e de pequena extensão.

A capacidade de retenção de água pelo subsolo depende da permeabilidade do solo. Em solos arenosos a permeabilidade é alta, o que significa que a água se infiltra facilmente no subsolo. Em solos argilosos, a permeabilidade é baixa, o que dificulta essa infiltração. Em solos rochosos, compactados, cimentados ou asfaltados, a permeabilidade é nula.

Em síntese, quanto maior a permeabilidade do solo, mais a água da chuva consegue se infiltrar no subsolo e, consequentemente, menos água vai escoar pela superfície. Onde não há construções, a permeabilidade do solo é geralmente alta, e grande parte da água das chuvas se infiltra. No entanto, nas cidades, com as construções e o asfaltamento das ruas, o solo tornou-se praticamente impermeável, exceto nas raras áreas verdes. Assim, não há mais infiltração da água das chuvas, que em sua totalidade corre pela superfície, por ruas e avenidas, ocasionando inundações. A solução é construir redes de galerias de águas pluviais, mas com as fortes chuvas elas são insuficientes e entopem devido ao excesso de lixo.

A situação piora nas várzeas dos rios, muitas vezes ocupadas por construções e moradias irregulares. Todo rio tem um leito normal e um leito maior, para onde ele transborda nos períodos das cheias, quando recebe mais água das chuvas ou do derretimento de neve.

As várzeas são esse leito maior do rio, o qual, de modo inevitável, vai ocupá-las nas épocas de cheias mais intensas. Dessa forma, a maneira inadequada de ocupação humana de certas áreas, especialmente nas áreas de risco (encostas de morros, várzeas), e a carência ou obstrução de galerias de água são responsáveis pelas enchentes e inundações, pelos desabamentos e movimentos de massa de encostas.

Luis Lima Jr/Fotoarena

Alagamento devido a fortes chuvas em São José dos Campos (SP), em 2016.

CONEXÕES COM CIÊNCIAS E HISTÓRIA

- Leia o texto abaixo, que compara as pesquisas sobre as rochas sedimentares com as pesquisas a respeito de fatos históricos.

Um historiador pode facilmente desnortear um geólogo se perguntar qual a idade da vasta camada de rochas sedimentares conhecida como Grupo Bambuí, que forma uma pequena área dos estados de Goiás e Tocantins e boa parte de Minas Gerais e Bahia. [...] Os geólogos começaram a estudar essa região há 30 anos, mas a idade atribuída a ela ainda é incerta: varia de 740 milhões a 550 milhões de anos [...]. Estudos em andamento indicam que a idade das rochas pode até ser mais recente [...]. O grande problema para a definição de uma data mais precisa é que as rochas do coração do Brasil são sedimentares, ou seja, formadas pela combinação e fusão de fragmentos de outras rochas e detritos terrestres ou marinhos. Outras regiões são formadas por rochas de origem vulcânica, cuja datação é bem mais simples. [...]

Se quisessem, os geólogos poderiam provocar os historiadores perguntando quando começou a Segunda Guerra Mundial. A resposta mais provável será 1º de setembro de 1939, quando os alemães invadiram a Polônia. Essa, porém, é uma "resposta europeia", na visão do historiador inglês Niall Fergusson. Para ele, a "resposta real" é 7 de julho de 1937, quando o Japão invadiu a China, iniciando uma guerra que em poucos meses mobilizou 850 mil soldados. Fergusson considera outras possibilidades: a guerra pode ter começado talvez antes, em 1931, quando o Japão ocupou a Manchúria, um território chinês, em um episódio sangrento que deixou 200 mil mortos, ou em 1935, quando Mussolini invadiu a Abissínia [atual Etiópia], ou ainda em 1936, quando os alemães e os italianos ajudaram Franco a conter os rebeldes na guerra civil da Espanha, já testando as táticas que usariam depois contra outros países. Talvez os geólogos e os historiadores tenham mais em comum do que imaginam.

Fonte: FIORAVANTI, Carlos. Rochas rejuvenescidas. São Paulo: *Revista Pesquisa Fapesp*, ed. 195, maio 2012. Disponível em: <http://revistapesquisa.fapesp.br/2012/05/11/rochas-rejuvenescidas>. Acesso em: 4 maio 2018.

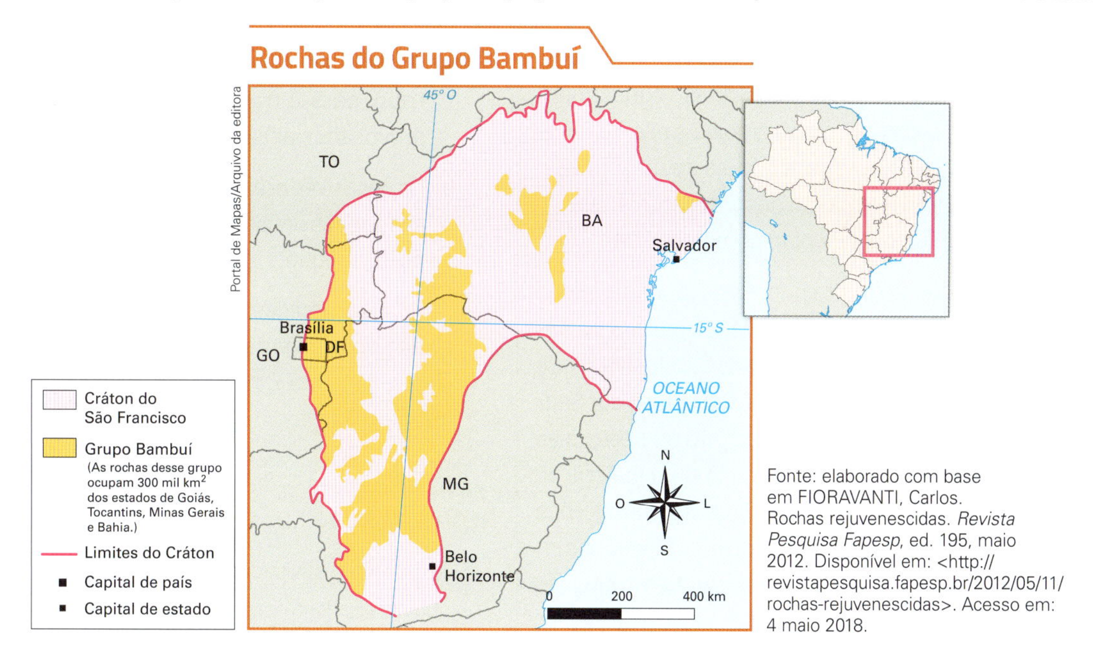

Fonte: elaborado com base em FIORAVANTI, Carlos. Rochas rejuvenescidas. *Revista Pesquisa Fapesp*, ed. 195, maio 2012. Disponível em: <http://revistapesquisa.fapesp.br/2012/05/11/rochas-rejuvenescidas>. Acesso em: 4 maio 2018.

Agora, responda às questões:

a) Há alguma relação entre a notícia acima e o que você estudou neste capítulo? Qual?

b) Compare o mapa acima com o mapa do relevo brasileiro, na página 150 deste capítulo. O que é possível concluir?

c) Os cientistas costumam dizer que não existem verdades absolutas, mas apenas relativas. O texto comprova ou desaprova essa opinião? Por quê?

ATIVIDADES

+ Ação

1› Todos os dias, jornais, emissoras de rádio e televisão e *sites* na internet informam a previsão do tempo referindo-se à influência das massas de ar no território brasileiro.

a) Assista a um programa jornalístico nacional. Registre informações relativas a massas de ar. Não se esqueça de anotar o dia em que você assistiu ao programa.

b) Compare as informações do mapa de massas de ar da página 155 com as que você coletou. Responda:

- Qual massa de ar predominava no país no dia em que você assistiu à previsão do tempo?
- Você acha importante observar a previsão do tempo? Na sua opinião, por que os veículos de comunicação reproduzem essas informações?

2› Leia o texto a seguir e responda às questões.

Por que tragédias causadas pelas chuvas são recorrentes no Brasil

[...] Inundações e desabamentos são consequências diretas das chuvas, mas o problema não é apenas meteorológico. É humano. Trata-se de uma combinação de fatores: ocupação desordenada, acúmulo de lixo e entulho, falta de planejamento urbano.

"Na verdade são muito poucos os problemas brasileiros que podem ser considerados realmente desastres naturais, ou seja, provocados exclusivamente pela própria natureza", diz Álvaro Rodrigues dos Santos, geólogo e ex-diretor do Instituto de Pesquisas Tecnológicas de São Paulo. Segundo ele, a maioria de nossos problemas de ordem geológica e hidrológica é de alguma forma induzida por erros técnicos cometidos pelo homem na gestão do uso do solo, tanto nas cidades quanto no campo. [...]

O planejamento urbano – na verdade, a falta dele – é a raiz do problema. A destruição da mata ciliar dos rios, a ocupação humana das áreas de várzeas e o desmatamento das encostas estão diretamente relacionados aos efeitos danosos das chuvas. Como as árvores funcionam como uma camada impermeabilizadora, o desflorestamento fragiliza o solo e as construções irregulares o tornam instável, tornando-o mais exposto a deslizamentos.

Os programas de combate às enchentes têm se dedicado a medidas estruturais de ampliação da capacidade da vazão dos cursos d'água, mas as cidades continuam crescendo de forma desordenada. As construções deixam o solo impermeável, impedindo que ele absorva a água. Desta forma, a chuva se acumula. Além disso, lixo e entulho continuam sendo despejados nos rios e os cursos d'água são canalizados. [...]

O Brasil instituiu a Política Nacional de Proteção e Defesa Civil em abril de 2012. A aprovação da lei, principal marco regulatório do país, foi comemorada porque estabelece que as regiões têm de mapear os riscos e divide a responsabilidade entre diferentes níveis de governo. A partir dela, a gestão do risco começou a ser levada em consideração em planos diretores e de zoneamento.

Mas, para a Política Nacional ser aprovada, foi preciso que várias tragédias se seguissem por todo o país para evidenciar a necessidade de uma regulação.

Fonte: DIAS, Tatiana. Por que tragédias causadas pelas chuvas são recorrentes no Brasil? *Nexo*, São Paulo, 29 dez. 2015. Disponível em: <www.nexojornal.com.br/expresso/2015/12/29/Por-que-tragédias-causadas-pelas-chuvas-são-recorrentes-no-Brasil>. Acesso em: 4 maio 2018.

a) Por que a ausência de planejamento urbano contribui para a frequente ocorrência de tragédias provocadas pelas chuvas no Brasil?

b) Os desastres ocasionados pelas chuvas abundantes são apenas um problema natural ou também humano? Justifique.

c) Que medidas poderiam ser tomadas para amenizar o problema social ocasionado pelas chuvas abundantes? Em duplas, conversem sobre isso.

Autoavaliação

1. Quais foram as atividades mais fáceis para você? Por quê?
2. Algum ponto deste capítulo não ficou claro? Qual?
3. Você participou das atividades em dupla e em grupo e expressou suas opiniões?
4. Como você avalia sua compreensão dos assuntos tratados neste capítulo?

» **Excelente**: não tive dificuldade.

» **Bom**: consegui resolver as dificuldades de forma rápida.

» **Regular**: tive dificuldade para entender os conceitos e realizar as atividades propostas.

Lendo a imagem

- No verão, muitas cidades brasileiras sofrem com as chuvas, que transformam ruas e avenidas em verdadeiros rios. Observe as imagens a seguir.

Agora, responda às questões:

a) Qual é o problema apresentado nas charges? Qual é o humor contido nas charges?

b) Em qual espaço ele se tornou mais intenso nos últimos anos?

c) Quais são os fatores que ajudam a provocá-lo?

d) Quais são os meses mais chuvosos no município onde você mora? Ocorrem enchentes nesse período?

e) Pesquise em jornais, revistas e na internet artigos e imagens sobre enchentes no Brasil e elabore um pequeno texto sobre a ação humana na natureza.

CAPÍTULO

8 Hidrografia e biomas

Vista aérea do Parque Nacional de Anavilhanas e do Rio Negro, em Manaus (AM). Foto de 2017.

As paisagens brasileiras são marcadas pelos rios. A rede hidrográfica no Brasil é abundante, tanto em águas superficiais (principalmente rios) quanto em águas subterrâneas. O país é, por sinal, o de maior reserva de água potável do mundo. O território brasileiro possui vários biomas ricos em biodiversidade em razão do predomínio de clima quente e da elevada umidade.

Com relação ao seu aproveitamento econômico, os rios são bastante utilizados como fonte de energia. Neste capítulo, vamos estudar as águas e os biomas do Brasil.

Para começar

1. Você acha que a imagem desta página apresenta um exemplo de biodiversidade?
2. A água potável e a biodiversidade são recursos naturais importantes? Por quê?

1 A hidrografia brasileira

O Brasil é um país rico em águas superficiais. Observe algumas características da hidrografia brasileira:

- **Hidrografia rica em rios e pobre em lagos** – Em virtude do clima em geral chuvoso e da imensidão do território, temos algumas das mais ricas bacias hidrográficas da superfície terrestre. Entretanto, por causa da estrutura geológica e do relevo, o território brasileiro não possui grandes lagos. Destacam-se os lagos de barragem marinha, como a laguna dos Patos e a lagoa Mirim, entre outras originadas pela acumulação de sedimentos trazidos pelo mar em áreas litorâneas, as chamadas restingas.
- **Regime de alimentação** – O regime de alimentação dos rios brasileiros é basicamente pluvial, ou seja, dependente de chuvas. Não se registra regime niveal (de neves) nem glacial (de geleiras). Apenas o rio Amazonas depende, em parte, do derretimento da neve na cordilheira dos Andes, onde ele nasce, mas a maior parte de sua alimentação provém mesmo das chuvas. Dessa forma, com exceção de alguns rios do litoral do Nordeste, o período de maiores cheias dos rios brasileiros é o verão, quando as chuvas são mais abundantes. Há uma densa e importante rede fluvial, com um grande número de rios volumosos, o que se deve aos elevados índices pluviométricos registrados na maior parte do país.
- **Rios perenes** – A grande maioria dos rios brasileiros é perene, ou seja, nunca seca totalmente. Apenas alguns rios que nascem no Sertão nordestino são intermitentes, isto é, secam totalmente durante alguns meses do ano.
- **Navegação** – O transporte por hidrovia ainda é pouco empregado no Brasil, embora seja bem mais econômico do que o rodoviário e o ferroviário. Para transportar carga idêntica à mesma distância, o transporte hidroviário custa, em média, quatro vezes menos que o ferroviário e quase vinte vezes menos que o rodoviário.

De olho na tela

Entre rios. Direção de Caio Silva Ferraz. São Paulo: Senac, 2009.

O documentário aborda a modificação dos cursos naturais dos rios da cidade de São Paulo.

Minha biblioteca

Entre rios, de Domingos Pellegrini e outros. São Paulo: FTD, 2014.

O livro reúne contos de sete autores sobre rios brasileiros. As histórias formam um mosaico de lembranças e do imaginário que cerca os rios e sua importância na formação do Brasil como nação.

Tecnicamente, é possível interligar bacias hidrográficas com a construção de canais artificiais, bem como corrigir certas corredeiras ou quedas-d'água por meio de eclusas, alargamento de trechos e barragens. Porém, isso nunca foi feito no país: as boas condições de navegabilidade do rio Amazonas e seus afluentes, por exemplo, foram ignoradas de tal forma que se construíram rodovias paralelas ao rio (como a Transamazônica). Apenas nos últimos anos, com o avanço do Mercosul, é que se começou a explorar com um pouco mais de intensidade os rios que compõem a bacia do Prata (Paraguai, Uruguai, Paraná e afluentes) para fins de navegação fluvial.

Trecho do rio Piracicaba, afluente do rio Tietê. Perene, o rio Piracicaba abastece a Grande São Paulo e a região de Campinas. Foto de 2017.

João Prudente/Pulsar Imagens

- **Produção de energia** – O uso dos rios tem sido intenso na produção de energia elétrica. Segundo dados de 2017, cerca de 68% do total da eletricidade do Brasil provém de fontes hidráulicas, diferentemente de países como a Grã-Bretanha, o Japão e os Estados Unidos, onde cerca de 80% desse total é fornecido pelo carvão, pelo gás natural ou pelo petróleo (usinas termelétricas).

  A hidreletricidade já chegou a gerar mais de 95% da energia elétrica do país. Atualmente, mesmo com a construção de algumas novas hidrelétricas, vem perdendo sua fração no total nacional devido à construção de usinas termelétricas (a gás, principalmente) e eólicas (movidas pelos ventos).

Tales Azzi/Pulsar Imagens

Vista da hidrelétrica de Furnas, em São João da Barra (MG), em 2018.

Bacias ou regiões hidrográficas

Denomina-se **bacia hidrográfica** a área abrangida por um rio principal e seus afluentes (e subafluentes). As bacias hidrográficas próximas entre si e com semelhanças ambientais formam uma **região hidrográfica**. O Conselho Nacional de Recursos Hídricos (CNRH) dividiu o território nacional em doze regiões hidrográficas, conforme se observa no quadro e no mapa abaixo. Essas regiões hidrográficas brasileiras, ao contrário das bacias hidrográficas (que podem abranger dois ou mais países), limitam-se ao território nacional.

Bacia ou região hidrográfica	Superfície (km²)	Porcentagem em relação à área total do país (%)
Amazônica	3 869 953	45,1
Tocantins-Araguaia	918 822	11
Paraná	879 873	10,3
São Francisco	638 576	8
Paraguai	363 446	4
Uruguai	174 533	2
Parnaíba	333 056	3,9
Atlântico Leste	388 160	4,5
Atlântico Nordeste Ocidental	274 301	3,2
Atlântico Nordeste Oriental	286 802	3,3
Atlântico Sudeste	214 629	2,5
Atlântico Sul	187 522	2,2

Fonte: Agência Nacional de Água (ANA). Disponível em: <http://www2.ana.gov.br/Paginas/default.aspx>. Acesso em: 16 jul. 2018.

Brasil: regiões hidrográficas

Portal de Mapas/Arquivo da editora

Fonte: elaborado com base em IBGE. *Atlas geográfico escolar*. Disponível em: <http://atlasescolar.ibge.gov.br/images/atlas/mapas_brasil/brasil_bacias.pdf>. Acesso em: 7 maio 2018.

Geolink 1

Leia o texto a seguir.

A crescente escassez de água potável

Atualmente, 29 países já têm problemas com a falta d'água e a situação tende a piorar. A escassez atinge 460 milhões de pessoas e dezenas de milhões delas vivem com menos de cinco litros de água por dia.

Segundo o estudo "Corrupção Global 2008: Corrupção no Setor de Água", elaborado pelo Programa das Nações Unidas para o Desenvolvimento e pela ONG Transparência Internacional, mais de 1 bilhão de pessoas não têm acesso à água potável e 2,4 bilhões vivem sem saneamento básico. O mesmo estudo revela que essa situação se deve mais a falhas de governança do que à escassez de recursos hídricos.

Uma projeção feita pelos cientistas indica que, em 2025, 2,43 bilhões de pessoas (dois de cada três habitantes do planeta) serão afetadas de alguma forma pela escassez, passando sede ou contraindo doenças como cólera e amebíase, provocadas pela má qualidade da água. Será um problema como nunca antes houve no planeta. [...]

O Brasil é um dos países mais ricos em água do planeta. Cerca de 12% da água doce superficial disponível na Terra está aqui. Essa água, porém, tem uma distribuição muito desigual. A região Norte, com 7% da população, possui 68% da água do Brasil; enquanto o Nordeste, com 29% da população, possui 3%; e o Sudeste, com 43% da população, conta com apenas 6%. Só a Amazônia tem 80% da água existente no Brasil.

Dirceu Portugal/Fotoarena

O desperdício de água pela população é um dos problemas relacionados à disponibilidade e à utilização dos recursos hídricos na atualidade. Na foto, mulher lava calçada em dia de chuva, no município de Campo Mourão (PR), em 2018.

Além disso, o desmatamento e a poluição dos rios tornam essa situação ainda mais séria. Em consequência disso tudo, quase metade dos brasileiros (45%) não têm acesso a serviços de água tratada e 96 milhões de pessoas vivem sem esgoto sanitário.

Como se não bastassem esses problemas, os brasileiros ainda desperdiçam 40% da água tratada fornecida aos usuários. Cada pessoa necessita de 40 litros de água por dia, mas os brasileiros consomem 200 litros (e os norte-americanos, mais de 500). [...]

Fonte: BRANCO, P. de M. Coisas que você deve saber sobre a água. *Serviço Geológico do Brasil.* Disponível em: <http://www.cprm.gov.br/publique/Redes-Institucionais/Rede-de-Bibliotecas---Rede-Ametista/Canal-Escola/Coisas-que-Voce-Deve-Saber-sobre-a-Agua-1084.html>. Acesso em: 7 maio 2018.

Agora, responda às questões.

1. Há desigualdade na distribuição e no consumo de água no mundo e no Brasil? Explique sua resposta.
2. Por que se afirma no texto que o acesso à água potável e ao saneamento básico no mundo "se deve mais a falhas de governança do que à escassez de recursos hídricos"?
3. Há desperdício de água na localidade onde fica a escola? Se necessário, pesquise para responder e, depois, compartilhe com os colegas a sua resposta.

Bacia Amazônica

A bacia Amazônica abrange, no Brasil e na América do Sul, uma área de aproximadamente 7 milhões de quilômetros quadrados: com mais da metade dessa área no Brasil, essa bacia pode ser considerada a maior do globo terrestre.

Atualmente, de acordo com medições feitas por meio de imagens de satélite, o rio Amazonas é considerado o maior do mundo, tanto em extensão quanto em vazão (descarga fluvial ou volume de água). Esse rio é um "coletor" das águas das abundantes chuvas que ocorrem na região de clima equatorial, na porção norte da América do Sul. Seus afluentes provêm tanto do hemisfério norte (oriundos do planalto das Guianas e que deságuam na sua margem esquerda) quanto do hemisfério sul (procedentes do planalto brasileiro e que deságuam na sua margem direita). Essa característica peculiar provoca duplo período de cheias no curso médio do rio Amazonas.

O Amazonas é um típico rio de planície e, em seu percurso em solo brasileiro, sofre um desnível suave e progressivo, sem a ocorrência de quedas-d'água, o que significa que é excelente para a navegação, podendo receber navios transatlânticos desde sua foz (onde se localiza a cidade de Belém) até Manaus (próximo ao local onde o rio Negro deságua no Solimões e passa a ser chamado de Amazonas).

No passado, chegou-se a pensar que a bacia Amazônica não tinha grande utilidade para a obtenção de hidreletricidade. Esse ponto de vista já é considerado superado, pois observou-se que os afluentes do Amazonas, especialmente os da margem direita, provêm de áreas mais altas do que as planícies da Amazônia. Quando esses rios deixam o planalto brasileiro e adentram terras baixas, há a ocorrência de inúmeras cachoeiras e quedas-d'água, especialmente nos rios Xingu (onde está construída a usina de São Félix), Tapajós, Curuá-Una e outros. O potencial hidráulico dessa bacia é hoje considerado o mais elevado do país, superior ao da bacia do Paraná, ainda que esta tenha melhor aproveitamento com a construção de muito mais usinas hidrelétricas.

Contudo, a construção de usinas hidrelétricas na região amazônica sofre forte oposição de defensores do meio ambiente, pois o represamento dos rios para a formação de lagos artificiais, necessários às usinas hidrelétricas, inunda grandes áreas, soterrando trechos de mata. Essa inundação de enormes trechos da floresta provoca a perda não apenas de vegetação, mas também da fauna e até de riquezas arqueológicas que existem no subsolo de certas áreas.

Riqueza arqueológica: conjunto de vestígios de povos que viveram no passado, como restos fossilizados de ancestrais, objetos como instrumentos de caça, artesanato, etc.

Daniel De Granville/Fotoarena

Área externa da hidrelétrica de Balbina no rio Uatumã (AM), em 2015, exemplo de obra mal planejada que causou forte impacto ambiental negativo na Amazônia. O represamento do rio inundou uma área enorme (2 360 km²), mas a geração de eletricidade é muito baixa, insuficiente até para atender às necessidades da cidade de Manaus. A represa exala constantemente gases tóxicos malcheirosos, resultantes do apodrecimento da vegetação inundada pela usina e do enorme número de peixes mortos.

Bacia do Tocantins-Araguaia

Durante décadas, a bacia do Tocantins-Araguaia foi incluída na bacia Amazônica em razão da proximidade da foz dos rios Amazonas e Tocantins e pelo fato de ela atravessar a Floresta Amazônica. Há algum tempo, passou a ser considerada uma bacia hidrográfica independente e a maior localizada inteiramente no território nacional. O Tocantins tem um afluente principal, o Araguaia, tão importante quanto o próprio Tocantins do ponto de vista de volume de água e extensão. No rio Tocantins, destaca-se a usina hidrelétrica de Tucuruí, a maior da região amazônica.

Bacia do São Francisco

Dentro do grupo das cinco grandes bacias hidrográficas, a bacia do São Francisco é uma das que, com a do Tocantins e a do Parnaíba, podem ser consideradas totalmente brasileiras. O rio São Francisco nasce em Minas Gerais e percorre áreas de clima semiárido no interior nordestino. Ele é um rio perene, pois corre durante o ano todo, embora na época das secas permaneça com um nível de água baixíssimo.

É navegável em um trecho de 1 370 km, que vai de Pirapora (MG) até Juazeiro (BA). Porém, a importância de sua hidrovia vem se tornando cada vez menor, em virtude da construção de rodovias paralelas, ligando cidades que no passado escoavam quase toda a sua produção pela navegação fluvial, como Januária (MG), Bom Jesus da Lapa (BA), Remanso (BA), Juazeiro (BA) e Petrolina (PE). Como se trata de um rio de planalto, é intensamente utilizado como fonte de energia, abrigando as usinas hidrelétricas de Paulo Afonso, Três Marias, Sobradinho e Moxotó.

Bacia Platina

A bacia Platina é constituída por três rios principais e seus afluentes: Paraná, Paraguai e Uruguai. Esses três rios unem-se no estuário do Prata, entre o Uruguai e a Argentina. No território brasileiro, contudo, eles formam bacias fluviais separadas. Destacam-se, aí, o rio Paraná e seus afluentes (Tietê, Paranapanema, Peixe, Iguaçu e outros), além dos dois rios que o formam ao se juntarem (o Paranaíba e o rio Grande).

São quase todos rios de planalto e encachoeirados, com exceção do rio Paraguai, enriquecido por um elevado potencial hidráulico, que, no passado, foi considerado o maior do país. Hoje, no entanto, já se reavaliou a bacia Amazônica, percebendo-se o enorme potencial ignorado há alguns anos.

Reprodução/Agência Nacional dos Transportes Aquaviários

O rio Paraguai é um típico rio de planície, que atravessa o Pantanal Mato-Grossense e é utilizado como hidrovia para escoar o minério de manganês (foto) do maciço de Urucum. Seu maior porto fluvial é o de Corumbá (MS), no Brasil, mas sua navegação é internacional, já que o rio banha também o Paraguai, a Bolívia e a Argentina. Foto de 2015.

Sobre a utilização do potencial hidráulico, a bacia Platina é a mais aproveitada para a construção de usinas hidrelétricas. Nela estão construídas as usinas de Furnas (MG), Marimbondo e Água Vermelha (no rio Grande), São Simão e Itumbiara (rio Paranaíba), Promissão, Barra Bonita e Ibitinga (rio Tietê), Xavantes e Capivari (rio Paranapanema), Euclides da Cunha (rio Pardo), Foz de Areia, Salto Santiago e Salto Osório (rio Iguaçu) e o complexo de Urubupungá, com as usinas de Jupiá e Ilha Solteira (no rio Paraná), além da usina binacional de Itaipu, entre o Brasil e o Paraguai.

Thomaz Vita Neto/Tyba

Hidrelétrica de Barra Bonita (SP), no rio Tietê, em 2016.

Outras regiões ou bacias hidrográficas

Secom/Governo do Estado do Rio Grande do Norte

Rio Piranhas-Açú em trecho do município de Itajá (RN), em 2016.

- **Região hidrográfica do Parnaíba** – Formada pelos rios Parnaíba e seus afluentes: Gurgueia, Itaueira, Canindé e Poti.
- **Região ou bacias hidrográficas do Nordeste Oriental** – É uma região hidrográfica formada por várias pequenas bacias dos rios que se localizam entre a foz do rio São Francisco (entre Alagoas e Sergipe) e o delta do rio Parnaíba (entre o Piauí e o Maranhão). São várias bacias fluviais que formam essa região hidrográfica: as dos rios Jaguaribe, Capibaribe-Beberibe, Apodi, Acaraú, Mundaú, Paraíba, Piranhas-Açu, Una e outros.
- **Região ou bacias do Nordeste Ocidental** – Engloba o Maranhão e uma parte leste do Pará. Nessa região correm os rios Gurupi, Turiaçu, Pericumã, Mearim, Itapecuru e outros.
- **Região hidrográfica do Atlântico Leste** – Formada pelas bacias dos rios de Contas, Itapicuru, Jequitinhonha, Mucuri, Pardo, Paraguaçu e Vaza-Barris.
- **Região hidrográfica do Atlântico Sudeste** – Constituída principalmente pelas bacias dos rios Doce, Paraíba do Sul, Ribeira do Iguape e São Mateus.
- **Região hidrográfica do Atlântico Sul** – É constituída pelas bacias dos rios Camaquã, Capivari, Itajaí e Jacuí, que se denomina Guaíba em Porto Alegre.

Texto e ação

1. Junte-se a um colega e reflitam sobre os impactos (tanto aspectos positivos como negativos) ocasionados pelas usinas hidrelétricas tanto para o meio ambiente quanto para o consumidor. Justifiquem a resposta.
2. Compare o potencial e o aproveitamento hidráulico dos rios das bacias Amazônica e do Paraná.
3. Em sua opinião, a hidrografia brasileira poderia ser mais bem aproveitada para navegação? Por quê?

Águas subterrâneas

Água subterrânea é aquela que fica no subsolo, preenchendo os poros das rochas sedimentares ou as fraturas, falhas e fissuras das rochas compactas (metamórficas ou cristalinas). Representa uma fase do ciclo hidrológico, quando, após a precipitação, parte da água que atinge o solo se infiltra no interior do subsolo, onde permanece por períodos extremamente variáveis (de meses a décadas ou até milênios).

A quantidade de água subterrânea é cerca de cem vezes maior do que a de água superficial, aquela dos rios e dos lagos. Calcula-se que totalize cerca de 10,3 milhões de quilômetros cúbicos, ao passo que o total de água corrente é de aproximadamente 92,2 mil km^3. Trata-se de uma estimativa, pois boa parte dessa água subterrânea ainda não foi mapeada ou quantificada, em termos de área de abrangência dos aquíferos (medida em quilômetros quadrados) e de seu volume (medido em quilômetros cúbicos).

O que é um aquífero?

Um aquífero é uma importante reserva de água subterrânea, que pode ter alguns quilômetros ou até milhares de quilômetros quadrados em sua área de abrangência. Segundo estimativas de 2017, as reservas de água subterrânea já descobertas e mapeadas no Brasil concentram cerca de 200 mil km^3 de água, muito mais que toda a água corrente da superfície terrestre. Segundo esses dados, que ainda são provisórios, a região amazônica e o Centro-Sul do país reúnem a maior parte da água subterrânea conhecida do Brasil, e a região Nordeste é a mais carente, com menos reservas conhecidas.

Na porção centro-sul do país, desde o extremo sul do Mato Grosso e de Goiás até o oeste do Rio Grande do Sul, prolongando-se pela Argentina, Paraguai e Uruguai, há o aquífero Guarani, considerado, até por volta de 2010, o mais extenso aquífero conhecido do globo. Essa reserva de água subterrânea tem cerca de 1,2 milhão de km^2 de extensão, mas não se sabe com precisão a quantidade de água armazenada. Estima-se que seja de cerca de 40 mil km^3 e que, desse total, 67% se localizem no território nacional.

Mais recentemente foi descoberto um novo aquífero ainda maior que o Guarani: é o Sistema Aquífero Grande Amazônia (Saga), até há alguns anos chamado de Alter do Chão. Ele acompanha, *grosso modo*, o curso do rio Amazonas. Seu volume de água armazenada é maior que o do aquífero Guarani: calcula-se que deva ter pouco mais de 160 mil km^3 de água subterrânea, quantidade capaz de abastecer toda a população mundial – se mantido o atual consumo – durante cerca de 250 anos.

João Prudente/Pulsar Imagens

O aquífero Guarani abastece várias cidades brasileiras, entre elas Ribeirão Preto, localizada no interior do estado de São Paulo. Na foto, vista aérea da cidade em 2018.

Texto e ação

1› Diversas cidades brasileiras dependem integral ou parcialmente da água subterrânea para abastecimento. Cite algumas delas.

2› De onde vem o abastecimento de água da sua localidade? De algum rio, de lago ou de água subterrânea? Qual(is)? Essa água é tratada e encanada?

2 Os biomas brasileiros

Quando estudamos os seres vivos em seu *habitat*, ou meio ambiente, costumamos utilizar o conceito de **ecossistema**, ou seja, um sistema ou conjunto formado pelos seres vivos – animais, vegetais e microrganismos – e pelas condições ambientais com as quais eles se inter-relacionam (solo, água, luz solar, clima e relevo).

O ecossistema é uma paisagem natural que não tem definição espacial exata. Por exemplo, quando falamos em ecossistema amazônico, em virtude de a Amazônia compreender uma região imensa, na realidade nos referimos a milhares de ecossistemas vizinhos e integrados em uma paisagem maior: o bioma.

O conceito de **bioma**, portanto, diz respeito a um imenso conjunto de ecossistemas vizinhos com alguma semelhança em função da região em que se localizam. Seria assim uma paisagem natural definida pela vegetação predominante – taiga, savana, pradaria, cerrado, etc. –, que abrange uma área de milhares, ou milhões, de quilômetros quadrados. No imenso território brasileiro, há vários biomas ou paisagens vegetais.

Quando o ser humano modifica a vegetação natural de uma área – e, com ela, a fauna do lugar, os seres vivos não domesticados (plantas e animais) quase sempre são profundamente afetados por essa ação, sobretudo quando há crescimento econômico da região com a abertura de estradas e a construção de hidrelétricas, cidades, fábricas e a substituição da vegetação nativa por cultivos.

Assim, um estudo (ou um mapa) sobre as paisagens vegetais originais do Brasil será sempre relativo a algo que quase não existe mais ou que se encontra em franco processo de transformação.

Zig Koch/Pulsar Imagens

A vegetação natural de uma área costuma ser um dos primeiros elementos da paisagem que o ser humano modifica com sua ação. Na foto, rodovia BR-277 em trecho de Mata Atlântica nos arredores do município de Morretes (PR).

Sergio Ranalli/Pulsar Imagens

Vista de área preservada e de área desmatada para a agropecuária em Canarana (MT), em 2018.

Quando os colonizadores portugueses chegaram às terras que hoje correspondem ao Brasil, no século XVI, existiam duas imensas florestas que ocupavam a maior parte do nosso atual território: a Mata Atlântica, na porção leste ou oriental, que já foi quase toda desmatada, e a Floresta Amazônica, nas partes oeste e norte, que em grande parte ainda permanece preservada.

Bruno Martins Imagens/Shutterstock

Atualmente, há Unidades de Conservação em que a mata é protegida. Na foto, paisagem de Mata Atlântica na Serra da Bocaina (RJ), em 2016.

Atualmente, além da Floresta Amazônica e da Mata Atlântica, costumam-se reconhecer os seguintes biomas no território brasileiro: Caatinga, Cerrado, Pantanal e Pampa (veja o mapa abaixo). É importante compreender que, no interior de cada bioma, não existe uma única vegetação e muito menos um único ecossistema: por exemplo, no bioma da Amazônia, embora a Floresta Amazônica predomine, ocorrem no seu interior (ou nas bordas) interações com o Cerrado, com campos, manguezais e eventualmente até com vegetações xerófitas, que são heranças de um clima mais seco no passado.

Brasil: biomas brasileiros

Portal de Mapas/Arquivo da editora

Fonte: elaborado com base em IBGE. *Mapa de biomas e de vegetação*. Disponível em: <http://www.ibge.gov.br/home/presidencia/noticias/21052004biomashtml.shtm>. Acesso em: 7 maio 2018.

Bioma da Amazônia

A Floresta Amazônica, ou Floresta Latifoliada Equatorial, abrange entre 45% e 50% da área total do país, embora venha sendo intensamente destruída nas últimas décadas. Calcula-se que de 10% a 20% de sua biomassa (massa vegetal) total já tenha sido desmatada pela ação humana. Mesmo assim, ainda é a mais importante formação vegetal do mundo, abrangendo não só o Brasil (onde se localiza a sua maior parte), mas também áreas de países vizinhos, como Bolívia, Colômbia, Venezuela, Equador, Peru, Guiana, Suriname e Guiana Francesa.

Latifoliado: que apresenta folhas largas.

A floresta é heterogênea, com milhares de espécies vegetais (muitas ainda sem classificação científica), e perene, ou seja, sempre verde – não perde as folhas no outono-inverno, como as árvores de climas temperados e frios. Com uma mata densa e intrincada, as plantas crescem bastante próximas umas das outras e são comuns plantas parasitas.

Costuma ser dividida em três tipos de mata, de acordo com sua proximidade dos rios. A **mata de igapó** se localiza ao longo dos rios e é permanentemente inundada pelas cheias fluviais. Suas plantas, de menor porte, são higrófilas (adaptadas à umidade), apresentando como espécies comuns a vitória-régia, as orquídeas, as bromélias, entre outras. A **mata de várzea** está sujeita a inundações periódicas ao longo dos rios. Entre as espécies que formam a mata de várzea, destacam-se a seringueira e a sumaúma. A **mata de terra firme**, ou **caaetê**, recobre os baixos planaltos sedimentares, áreas não afetadas pelas inundações fluviais. Esse tipo de mata abrange a maior parte da Floresta Amazônica e possui plantas de maior porte em relação aos dois anteriores, como a castanheira (*Bertholletia excelsa*), o caucho, a quaruba (que chega a atingir 60 metros de altura), o guaraná, entre outras espécies.

Na verdade, a Floresta Amazônica é um gigante tropical com quase 6 milhões de km^2, incluindo as partes localizadas em outros países sul-americanos. Nela vive e se reproduz mais de um terço das espécies existentes no planeta. Apesar dessa riqueza, o bioma como um todo é frágil. A floresta vive do seu próprio material orgânico, em meio a um ambiente úmido, com chuvas abundantes. A menor imprudência pode causar danos irreversíveis ao seu delicado equilíbrio. Os solos da região, por exemplo, em geral não são férteis: eles dependem basicamente das folhas e de outros restos de vegetais depositados pela floresta. É por isso que alguns autores dizem que a Floresta Amazônica vive por si mesma. Seu desmatamento ocasiona empobrecimento dos solos, além de diminuição na umidade do ar e na pluviosidade. A floresta abriga cerca de 2 500 espécies de árvores (um terço da madeira tropical do planeta) e 30 mil das 100 mil espécies de plantas que existem em toda a América Latina.

Mata de igapó na Floresta Amazônica, em Santarém (PA), em 2017.

Luciana Whitaker/Pulsar Imagens

A **fauna** é extremamente rica e variada. Os insetos estão presentes em todos os estratos da floresta. Os animais rastejadores, os anfíbios e aqueles com capacidade para subir em locais íngremes, como os esquilos, convivem nos níveis baixo e médio. Nos locais mais altos, estão beija-flores, araras, papagaios, periquitos e vários tipos de macacos, que se alimentam de frutas, brotos e castanhas. Os tucanos, voadores de curta distância, exploram as árvores altas. O nível intermediário é habitado por jacus, gaviões, corujas e centenas de pequenas aves. No estrato terrestre, encontram-se jabutis, cutias, pacas, antas, entre outras espécies. Os mamíferos aproveitam a produtividade sazonal dos alimentos, como os frutos caídos das árvores. Esses animais, por sua vez, servem de alimento para grandes felinos e cobras de grande porte.

Ronaldo Francisco/Acervo do fotógrafo

A choquinha-estriada-da-amazônia é uma ave nativa da Floresta Amazônica e pode ser encontrada nas matas de igapó e de várzea.

Entre as principais espécies ameaçadas da Amazônia destacam-se o mogno (madeira) e a onça-pintada.

Produtividade sazonal: refere-se ao que é produzido em determinados períodos do ano.

Bioma Mata Atlântica

Apesar da imensa devastação sofrida, a riqueza das espécies animais e vegetais que ainda se abrigam na Mata Atlântica é espantosa. Em alguns trechos remanescentes de floresta, os níveis de biodiversidade por hectare ainda são considerados os maiores do planeta. Mas mencionamos a biodiversidade por hectare e não total (em todo o bioma), pois neste último aspecto a Floresta Amazônica é a de maior biodiversidade do Brasil e do mundo.

A Mata Atlântica, ou Floresta Latifoliada Tropical, corresponde, praticamente, ao domínio do clima tropical úmido. Esse nome foi dado pelos colonizadores portugueses por causa da localização da mata entre o litoral e o interior do país. Esse tipo de vegetação, onde se encontravam o pau-brasil e plantas de madeira nobre, como o cedro, a peroba e o jacarandá, quase não existe atualmente: 96% de sua área original foi dizimada, restando apenas alguns trechos esparsos em encostas montanhosas, como na serra do Mar.

Paralelamente à riqueza vegetal, a fauna impressiona nessa formação florestal. A maioria das espécies de animais brasileiros ameaçados de extinção é originária da Mata Atlântica, como mico-leão, lontra, onça-pintada, tatu-canastra e arara-azul-pequena. Fora dessa lista, na região também vivem gambás, tamanduás, preguiças, antas, veados, cutias, quatis, entre muitos outros animais.

Vegetação da Mata Atlântica no município de São Miguel Arcanjo (SP), em 2017.

Edson Grandisoli/Pulsar Imagens

Bioma Caatinga

Quando chove, em geral no início do ano, a paisagem da Caatinga muda muito rapidamente. As árvores cobrem-se de folhas e o solo fica forrado de pequenas plantas.

A caatinga é uma vegetação característica do clima semiárido do Sertão nordestino. Ela possui plantas xerófilas (adaptadas à aridez), principalmente cactáceas (xique-xique, mandacaru, faveiro). Nesse bioma, encontramos também arbustos e pequenas árvores, como o juazeiro, a aroeira e a braúna. É uma mata seca, que perde suas folhas durante a estação em que há escassez de chuvas (a estação seca). Apenas o juazeiro, com suas raízes muito profundas que conseguem captar água no subsolo, e algumas palmeiras mantêm as folhas durante a estação seca.

Há abundância de répteis, entre os quais se destacam os lagartos e as cobras. Existem alguns roedores e muitos insetos e aracnídeos. A dificuldade de obter água é um obstáculo para a existência de grandes mamíferos na região, onde, mesmo assim, são encontrados cachorros-do-mato e outros animais que se alimentam principalmente de roedores. Da região são também o sapo-cururu, a asa-branca, a cutia, o gambá, o preá, o veado-catingueiro, o tatupeba e o sagui-do-nordeste, entre outros animais.

Fabio Colombini/Acervo do fotógrafo

Cactos xiquexique em área de Caatinga no município de Lagoa Grande (PE), em 2015.

Fabio Colombini/Acervo do fotógrafo

Sapo-cururu no município de Caracol (PI), em 2015.

Bioma Cerrado

Costuma-se considerar o Cerrado um tipo de savana, vegetação típica de clima tropical semiúmido em solos relativamente pobres. As savanas são bastante comuns na África, que apresenta algumas condições de clima e solo semelhantes às do continente sul-americano.

O Cerrado é um tipo de vegetação mista, com plantas de médio porte misturadas com gramíneas, próprias do clima tropical típico, ou semiúmido, do Brasil central. Geralmente, o Cerrado típico apresenta dois estratos de plantas: um arbóreo, com árvores de pequeno porte (lixeira, pau-santo, pequi), e outro herbáceo, de gramíneas ou vegetação rasteira.

Cerca de 45% da vegetação do Cerrado foi destruída, processo que acelerou nas últimas décadas em consequência da expansão da agropecuária no Brasil central, com plantações de soja e outros cultivos, e a pecuária.

O Cerrado tem a seu favor o fato de ser cortado por três das maiores bacias hidrográficas da América do Sul (Tocantins-Araguaia, São Francisco e Platina), o que favorece a manutenção de uma biodiversidade enorme. Estima-se que a flora da região possua 10 mil espécies de plantas diferentes, muitas das quais são usadas na produção de cortiça, fibras, óleos, artesanato, além dos usos medicinal e alimentício.

Cerca de 750 espécies de aves se reproduzem na região, onde se encontram também 180 espécies de répteis e 195 de mamíferos, incluindo trinta tipos de morcegos catalogados. O número de insetos é surpreendente: apenas na região do Distrito Federal há noventa espécies de cupins, mil espécies de borboletas e quinhentos tipos diferentes de abelhas e vespas.

Marcos Amend/Pulsar Imagens

A jaguatirica é um mamífero que pode ser encontrado no bioma Cerrado. Na foto, jaguatirica em área de Cerrado em Mato Grosso, em 2016.

Bioma Pantanal

Uma das principais características do Pantanal é a dependência de quase todas as espécies de plantas (cerca de 1700) e animais com relação ao fluxo das águas. Durante os meses de outubro a abril, as chuvas aumentam o volume dos rios, que, em virtude da pouca declividade do terreno, extravasam seus leitos e inundam a planície. Nessa época, muitos animais buscam refúgio nas terras "firmes", espalhando-se pelas áreas não inundadas. Nas águas, peixes se reproduzem e plantas aquáticas entram em floração.

Ao final do período das chuvas, entre junho e setembro, as águas baixam lentamente e voltam ao seu curso natural, deixando nutrientes que fertilizam o solo. As aves se aglomeram em imensos ninhais, iniciando a reprodução antes da maioria das espécies dos outros ecossistemas brasileiros. Mamíferos e répteis migram internamente, acompanhando as águas. No auge da seca, a fauna se concentra em torno das lagoas e pequenos cursos de água – os corixos –, o que facilita a observação dos turistas.

Declividade: grau de inclinação de uma superfície.

Nutriente: que nutre, alimenta. Neste caso, trata-se dos sais minerais, essenciais à vida das plantas.

O complexo do Pantanal é uma vegetação extremamente heterogênea, que abrange a planície ou depressão do Pantanal Mato-Grossense, localizada a oeste do Brasil, nas vizinhanças do Paraguai e da Bolívia, em terras dos estados de Mato Grosso e Mato Grosso do Sul.

Nesse complexo de vegetações, podemos encontrar desde plantas higrófilas (nas áreas alagadas pelos rios) até as xerófilas (nas áreas altas e secas), além de diversos tipos de palmeiras (buriti, carandá), gramíneas (como o capim-mimoso) e trechos de bosques dominados pelo quebracho, árvore da qual se extrai o tanino, utilizado na indústria do couro.

Carandás em área de Pantanal no município de Miranda (MS), em 2016.

Marcos Amend/Pulsar Imagens

A localização estratégica do Pantanal, que sofre influência de diversos ecossistemas – Cerrado, Chaco, Amazônia e Mata Atlântica –, associada a ciclos anuais e plurianuais de cheia e seca e temperaturas elevadas, faz com que ele seja o local com a maior concentração de fauna da América, comparável às áreas de maior densidade da África. Jacarés, ararаúnas, papagaios, tucanos e tuiuiús são parte da paisagem pantaneira. Sua biodiversidade inclui mais de 650 espécies diferentes de aves, 262 espécies de peixes, 1 100 espécies de borboletas, 80 espécies de mamíferos e 50 de répteis.

Marcos Amend/Pulsar Imagens

Tuiuiú em área de Pantanal em Mato Grosso do Sul. Foto de 2017.

Bioma Pampa

Os Pampas, ou Campos, constituem um tipo de vegetação rasteira (herbácea) localizada no sul do Brasil, prolongando-se pelo Uruguai e parte da Argentina. Predominam nesse bioma diversos tipos de capim: barba-de-bode, gordura, mimoso, jaraguá, entre outros.

Descendo pelo litoral do Rio Grande do Sul, a paisagem é marcada pelos banhados, isto é, ecossistemas alagados com densa vegetação de juncos, gravatás e aguapés, que criam um *habitat* ideal para uma grande variedade de animais, como garças, marrecos, veados, onças-pintadas, lontras e capivaras. O banhado do Taim é o mais importante, em virtude da riqueza do solo.

Gerson Gerloff/Pulsar Imagens

Criação extensiva de gado em área de Pampa no município de Santa Maria (RS), em 2016.

Texto e ação

1. Em duplas, tentem explicar por que a Floresta Amazônica "vive de si mesma".
2. Com base nas informações do mapa da página 173, da primeira foto da página 176 e do que aprendeu neste capítulo, cite algumas características do bioma Caatinga.
3. Quase todas as espécies de plantas e animais do Pantanal dependem do fluxo das águas na região. Explique como e quando ocorrem esses fenômenos.

3 As Unidades de Conservação

As Unidades de Conservação são áreas de reservas biológicas – florestas, parques, estações ecológicas, etc. – que foram regulamentadas pelo Sistema Nacional de Unidades de Conservação da Natureza, conhecido como Lei do SNUC (nº 9.985, de 2000). Os principais objetivos são garantir a preservação da diversidade biológica, promover o desenvolvimento sustentável dos recursos naturais e proteger as comunidades tradicionais, seus conhecimentos e sua cultura. Existem UC federais, estaduais e municipais.

As UC podem ser de dois tipos: Unidades de Proteção Integral e Unidades de Uso Sustentável. As primeiras, como o nome diz, são áreas onde não se permite que se construa qualquer tipo de moradia e são destinadas apenas a pesquisas científicas ou ao turismo ecológico. Já as Unidades de Uso Sustentável permitem a presença de moradores e atividades econômicas sustentáveis, isto é, que conservem ou reponham os recursos naturais que utilizam. Em 2017, já existiam no Brasil mais de 1700 UC de diversos tamanhos. Veja abaixo um mapa com a distribuição das principais UC pelo território nacional.

Mundo virtual

Conhecendo a biodiversidade marinha no Brasil. Direção: Fernando Moraes e Mauricio Salles. Museu Nacional UFRJ, 2015. Disponível em: <http://www.museunacional.ufrj.br/dir/omuseu/videos/paradidaticos.html>. Acesso em: 21 set. 2018.

Apresenta desde algas até baleias cujos *habitat* são águas brasileiras. Produzido em diversas Unidades de Conservação do Brasil, conta com imagens variadas da biodiversidade marinha do país.

Brasil: divisão das categorias de UC em Unidades de Proteção Integral e de Uso Sustentável (2014)

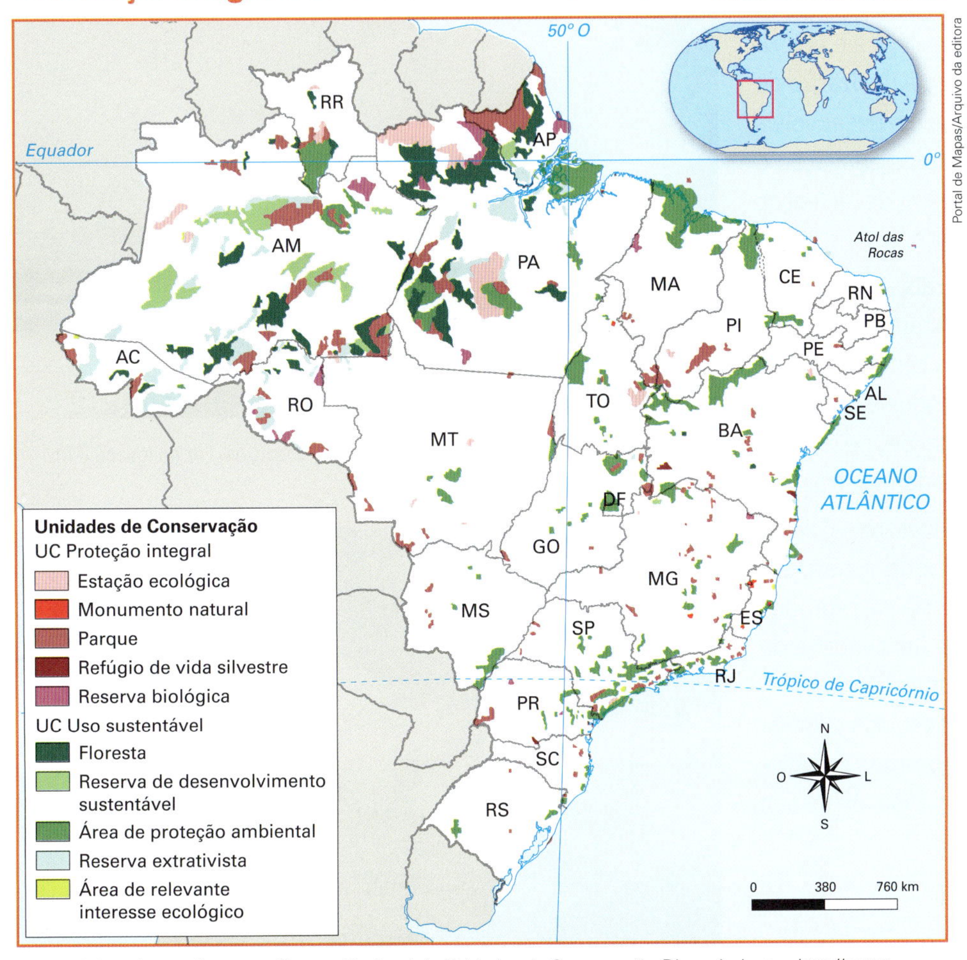

Fonte: elaborado com base em *Sistema Nacional de Unidades de Conservação*. Disponível em: <http://www.florestal.gov.br/snif/recursos-<florestais/sistema-nacional-de-unidades-de-conservacao?print=1&tmpl=component>. Acesso em: 8 maio 2018.

Tipos de Unidades de Conservação

Há dois tipos de Unidades de Conservação: as de Proteção Integral e as de Uso Sustentável.

Unidades de Conservação de Proteção Integral

- **Estações Ecológicas** – Visam à preservação da natureza e à realização de pesquisas científicas. É proibida a visitação pública, exceto com objetivo educacional.
- **Reservas Biológicas** – Objetivam a preservação integral dos recursos naturais existentes em seus limites. É proibida a visitação pública, exceto com objetivo educacional. A pesquisa científica depende de autorização prévia do órgão responsável pela administração da unidade.
- **Parques Nacionais** – Visam à preservação de ecossistemas naturais de grande relevância ecológica e beleza cênica, possibilitando a realização de pesquisas científicas e o desenvolvimento de atividades de educação e interpretação ambiental, de recreação e de turismo ecológico.
- **Monumentos Naturais** – Visam preservar sítios naturais raros, singulares ou de grande beleza cênica. A visitação pública e a pesquisa científica estão sujeitas a restrições pelo órgão responsável por sua administração.
- **Refúgios de Vida Silvestre** – Objetivam proteger ambientes naturais com vistas à existência e à reprodução de espécies da flora local e da fauna residente ou migratória. A visitação pública e a pesquisa científica estão sujeitas a normas e restrições pelo órgão responsável por sua administração.

Luciano Candisani/Minden/Superstock/Glow Images

Estação Ecológica Atol das Rocas (RN). Foto de 2014.

mikluha_maklai/Shutterstock

Turistas em Parque Nacional das Cataratas do Iguaçu, em Foz do Iguaçu (PR), em 2018.

Luciano Queiroz/Pulsar Imagens

Monumento Natural O Frade e a Freira, no município de Itapemirim (ES), 2017.

Unidades de Conservação de Uso Sustentável

- **Áreas de Proteção Ambiental (APA)** – Áreas geralmente extensas, com certo grau de ocupação humana, que têm como objetivos proteger a diversidade biológica, disciplinar o processo de ocupação e assegurar a sustentabilidade do uso dos recursos naturais.
- **Áreas de Relevante Interesse Ecológico** – São áreas geralmente de pequena extensão, com pouca ou nenhuma ocupação humana, com características naturais extraordinárias ou que abrigam exemplares raros da biota regional. Visam manter os ecossistemas naturais de importância regional ou local.
- **Florestas Nacionais** – São áreas com cobertura florestal de espécies predominantemente nativas que têm como objetivo básico o uso múltiplo sustentável dos recursos florestais e a pesquisa científica.
- **Reservas Extrativistas** – Áreas utilizadas por populações extrativistas tradicionais, cuja subsistência baseia-se no extrativismo e, complementarmente, na agricultura de subsistência e na criação de animais de pequeno porte. Visam proteger os meios de vida e a cultura dessas populações e assegurar o uso sustentável dos recursos naturais.
- **Reservas de Fauna** – Áreas naturais com fauna de espécies nativas, terrestres ou aquáticas, residentes ou migratórias, que devem ser preservadas.
- **Reservas de Desenvolvimento Sustentável** – Têm como objetivo preservar a natureza e, ao mesmo tempo, assegurar as condições e os meios necessários para a reprodução e a melhoria dos modos e da qualidade de vida das populações tradicionais que habitam a área. São populações tradicionais cuja existência baseia-se em sistemas sustentáveis de exploração dos recursos naturais, desenvolvidos ao longo de gerações.
- **Reservas Particulares do Patrimônio Natural (RPPN)** – São áreas privadas com o objetivo de conservar a diversidade biológica. Um compromisso entre o proprietário e o governo é assinado perante o órgão ambiental, que verificará a existência de interesse público. Nas RPPN só serão permitidas a pesquisa científica e a visitação com objetivos turísticos, recreativos e educacionais.

Anderson Alcantara/Moment/Getty Images

Área de Relevante Interesse Ecológico: Mangue da Barra de Mamanguape (PB), em 2018.

Tales Azzi/Pulsar Imagens

Reserva Particular do Patrimônio Natural. Na foto, turista em meio a cardume de piraputangas em Bonito (MS), em 2017. O turismo é a principal atividade da região, que busca interferência mínima na natureza.

Geolink 2

As UC fazem parte do Sistema Nacional de Unidades de Conservação da Natureza (SNUC), criado em 2000 pela Lei nº 9.985. Essa legislação, com a criação de UC de diversos tipos, foi considerada um enorme avanço na preservação do meio ambiente no Brasil. Contudo, há problemas. Leia o texto abaixo.

Cinco grandes problemas que as Unidades de Conservação enfrentam no Brasil

[...] Das queimadas à caça e ao desmatamento, vários problemas assolam unidades de norte a sul do país, independente da sua categoria. Combatê-los não é tarefa fácil, mas a crescente conscientização das pessoas sobre a importância da conservação é um dos passos fundamentais. Afinal de contas, é a mão humana que empunha a motosserra, acende o fósforo e dispara a espingarda; e é a mão humana quem tem o poder de pará-las. [...]

1. Desmatamento

O desmatamento é um dos maiores inimigos de uma Unidade de Conservação. A fiscalização é uma tarefa difícil, ainda mais diante das equipes reduzidas da maioria das unidades.

Recentemente, o Imazon [Instituto do Homem e Meio Ambiente da Amazônia] produziu um relatório no qual levanta os dados do desmatamento em UC da Amazônia Legal entre 2012 e 2015. O número assusta: foram 237,3 mil hectares de áreas desmatadas dentro das próprias unidades. Segundo o relatório, esse desmatamento equivale a aproximadamente 136 milhões de árvores destruídas, assim como o *habitat* de 4,2 milhões de aves e 137 mil macacos.

2. Caça

Caçadores que desrespeitam as normas de proteção de Unidades de Conservação são um problema comum no Brasil inteiro. Seja por esporte, para o tráfico ou para consumo, a caça ilegal de animais silvestres representa um sério desafio. Combatê-la exige ampla e constante fiscalização [...] [e] campanhas fortes para conscientização das populações sobre os impactos provocados pela caça na fauna, dentre eles a extinção local de espécies. A caça de animais silvestres é proibida por lei desde 1967.

3. Regularização fundiária

A regularização fundiária de uma Unidade de Conservação é o processo de identificação e definição da propriedade ou direito de uso de terras e imóveis no seu interior, e a seguinte incorporação de todas estas terras ao poder público e ao órgão responsável pela gestão da unidade. Muitas terras, porém, não possuem título de propriedade de terra ou um documento oficial que confirme a posse. Os problemas fundiários no Brasil são antigos e muitas unidades não conseguem efetivar sua implementação devido às irregularidades que emperram a consolidação do território como área de gestão pública.

[...]

5. Falta de recursos humanos e financeiros

Mãe de todos os problemas. Em um contexto geral, seja federal, estadual ou municipal, boa parte das Unidades de Conservação do Brasil sofrem ou com falta de recurso financeiro ou com falta de recurso humano, ou com os dois. Proteger áreas de relevância natural com tamanhos por vezes maiores que municípios inteiros exige dinheiro e, mais importante até, exige mão de obra. Fazer a gestão e fiscalização sem verba e equipe proporcionais exige verdadeiros "malabarismos" de nossos hercúleos gestores, gestoras e servidores.

Fonte: MENEGASSI, Duda. 5 grandes problemas que as Unidades de Conservação enfrentam no Brasil. *Wikiparques*, 4 abr. 2017. Disponível em: <http://www.wikiparques.org/5-grandes-problemas-que-as-unidades-de-conservacao-enfrentam-no-brasil>. Acesso em: 12 jun. 2018.

1. Na sua opinião, qual é o problema principal que afeta as UC no Brasil? Justifique.
2. Explique qual é o problema da regularização fundiária nas UC.
3. Você saberia mencionar algum outro problema que afeta as UC no Brasil? Qual(is)? Compartilhe com os colegas.

CONEXÕES COM CIÊNCIAS E HISTÓRIA

1› A água em nosso planeta é essencial a todas as formas de vida. Sobre esse assunto, leia o texto a seguir.

A água é considerada potável quando pode ser consumida pelo ser humano. Infelizmente, a maior parte da água dos continentes [a água doce] está contaminada e não pode ser ingerida diretamente. Limpar e tratar a água é um processo bastante caro e complexo, destinado a eliminar da água os agentes de contaminação que possam causar algum risco para a saúde, tornando-a potável.

Um dos principais problemas que surgiram neste século é a crescente contaminação da água, ou seja, este recurso vem sendo poluído de tal maneira que já não se pode consumi-lo em seu estado natural. As pessoas utilizam a água não apenas para beber, mas também para se desfazer de todo tipo de material e sujeira. As águas contaminadas com numerosas substâncias recebem o nome de águas residuais. Se as águas residuais forem para os rios e mares, as substâncias que elas transportam irão se acumulando e aumentam a contaminação geral das águas. Isto traz graves riscos para a sobrevivência dos organismos.

Existem vários elementos contaminadores da água. Alguns dos mais importantes e graves são:

- Os contaminadores orgânicos: são biodegradáveis e provêm da agricultura (adubos, restos de seres vivos) e das atividades domésticas (plástico, papel, excrementos, sabões). Se acumulados em excesso produzem a eutrofização das águas.
- Os contaminadores biológicos: são todos aqueles microrganismos capazes de provocar doenças, tais como a hepatite, o cólera e a gastroenterite. A água é contaminada pelos excrementos dos doentes e o contágio ocorre quando essa água é bebida.
- Os contaminadores químicos: os mais perigosos são os resíduos tóxicos, como os pesticidas do tipo DDT (chamados organoclorados), porque eles tendem a se acumular no corpo dos seres vivos. São também perigosos os metais pesados (chumbo, mercúrio) utilizados em certos processos industriais, por se acumularem nos organismos.

Eutrofização: fenômeno causado pelo excesso de nutrientes na água, provocando o aumento excessivo de algas, diminuição do oxigênio, morte de peixes e outras formas de vida aquática.

Fonte: Webciência.com. *Água*. Disponível em: <http://www.webciencia.com/21_agua.htm>. Acesso em: 8 maio 2018.

Agora, faça o que se pede:

a) Procure explicar por que a contaminação das águas da superfície terrestre vem aumentando nas últimas décadas.

b) Quais são os cuidados que devem ser tomados antes de beber água de rios ou mesmo da torneira?

c) Faça uma pesquisa sobre as principais doenças transmitidas pela água contaminada e a incidência de cada uma delas na população brasileira.

2› Em 1992, a ONU redigiu um documento intitulado *Declaração Universal dos Direitos da Água*. Veja um de seus tópicos:

Art. 1º – A água faz parte do patrimônio do planeta. Cada continente, cada povo, cada nação, cada região, cada cidade, cada cidadão é plenamente responsável aos olhos de todos.

Fonte: USP. Biblioteca Virtual de Direitos Humanos. Disponível em: <http://www.direitoshumanos.usp.br/index.php/Meio-Ambiente/declaracao-universal-dos-direitos-da-agua.html>. Acesso em: 4 jun. 2018.

Agora, responda:

a) Explique a frase "A água faz parte do patrimônio do planeta".

b) Você concorda com a ideia de que preservar a água é obrigação moral do ser humano para com as gerações presentes e futuras? Por quê?

c) Como você poderia contribuir para minimizar o desperdício e a escassez de água potável?

ATIVIDADES

+ Ação

1› A energia elétrica no Brasil provém principalmente das usinas hidrelétricas. Observe algumas dicas de como economizar energia elétrica em casa:

Chuveiro elétrico

– Tomar banhos mais curtos, de até cinco minutos;
– Selecionar a temperatura morna no verão; [...]

Ar condicionado

– Não deixar portas e janelas abertas em ambientes com ar condicionado;
– Manter os filtros limpos; [...]
– Colocar cortinas nas janelas que recebem sol direto;

Geladeira

– Só deixar a porta da geladeira aberta o tempo que for necessário;
– Regular a temperatura interna de acordo com o manual de instruções;
– Deixar espaço para ventilação na parte de trás da geladeira e não utilizá-la para secar panos; [...]
– Descongelar a geladeira e verificar as borrachas de vedação regularmente;

Iluminação

– Utilizar iluminação natural ou lâmpadas econômicas e apagar a luz ao sair de um cômodo. [...]

Fonte: G1 Sergipe. Confira dicas de como economizar energia elétrica. Disponível em: <https://g1.globo.com/se/sergipe/noticia/confira-dicas-de-como-economizar-energia-eletrica.ghtml>. Acesso em: 19 out. 2018.

- Em duplas, troquem ideias e escrevam pelo menos mais três formas de economizar energia elétrica em casa e na escola.

2› Caatinga é um termo tupi que significa "mata branca". Leia a seguir um texto que mostra a necessidade de conservação de sua biodiversidade.

Biodiversidade da Caatinga

A Caatinga ocupa uma área de 734.478 km² e é o único bioma exclusivamente brasileiro. Isso significa que grande parte do patrimônio biológico dessa região não é encontrada em outro lugar do mundo além de no Nordeste do Brasil. Essa posição única entre os biomas brasileiros não foi suficiente para garantir à Caatinga o destaque que merece. Ao contrário, esta tem sido sempre colocada em segundo plano quando se discutem políticas para o estudo e a conservação da biodiversidade do país.

Alguns mitos foram criados em torno da biodiversidade da Caatinga e três deles são comumente mencionados: (a) é homogênea; (b) sua biota é pobre em espécies e em endemismos; e (c) contudo, está ainda pouco alterada. Esses três mitos podem agora ser considerados superados, pois a Caatinga não é homogênea; é sim extremamente heterogênea e inclui pelo menos uma centena de diferentes tipos de paisagens únicas. A biota da Caatinga não é pobre em espécies e em endemismos, pois, apesar de ser ainda muito mal conhecida, é mais diversa que qualquer outro bioma no mundo, o qual esteja exposto às mesmas condições de clima e de solo. Enfim, a Caatinga não é pouco alterada; está entre os biomas brasileiros mais degradados pelo homem. [...]

É nesta região, por exemplo, que estão localizadas as maiores áreas brasileiras que passam hoje por processo de desertificação. As causas das modificações são múltiplas e complexas, variando desde a exploração de madeira para combustível até a substituição da vegetação nativa por práticas agrícolas inapropriadas.

[...] a criação extensiva, não sustentável, de gado e o corte de lenha para combustível modificaram muito, e continuam a alterar, drasticamente, a biota original da Caatinga.

Fonte: MMA. *Biodiversidade brasileira*. Disponível em: <http://www.biodiversidade.rs.gov.br/arquivos/BiodiversidadeBrasileira_MMA.pdf>. Acesso em: 8 maio 2018.

Agora, responda:

a) Por que a Caatinga é vista como o "único bioma exclusivamente brasileiro"?

b) Quais os mitos criados a respeito da biodiversidade da Caatinga?

c) Quais as causas e consequências da degradação que vem sofrendo o bioma Caatinga?

Autoavaliação

1. Quais foram as atividades mais fáceis para você? Por quê?
2. Algum ponto deste capítulo não ficou claro? Qual?
3. Você participou das atividades em dupla e em grupo e expressou suas opiniões?
4. Como você avalia sua compreensão dos assuntos tratados neste capítulo?
   - » **Excelente**: não tive dificuldade.
   - » **Bom**: consegui resolver as dificuldades de forma rápida.
   - » **Regular**: tive dificuldade para entender os conceitos e realizar as atividades propostas.

Lendo a imagem

- O relevo, o clima e a hidrografia são os elementos naturais das paisagens que estão sempre se relacionando uns com os outros e com as atividades da sociedade. Observe as imagens, que retratam o rio Tietê em diferentes épocas.

Guilherme Gaensly/Arquivo da editora

Rio Tietê em um cartão-postal de 1910.

Marcelo D. Sants/FramePhoto/Folhapress

Rio Tietê, em 2017.

a) Que diferença você nota nas imagens?

b) Quais as causas de a paisagem ter sido alterada?

A Geografia em minutos

Ao longo desta unidade, você estudou a dinâmica própria dos elementos da natureza que atuam no Brasil, especialmente o relevo, o clima, a vegetação, a rede hidrográfica. Além disso, você percebeu a forma como esses elementos se estruturam no território brasileiro, por meio da análise dos biomas.

Você também aprendeu que a humanidade, assim como os demais seres vivos, habita esse espaço. No entanto, somente os seres humanos organizam e (re)organizam seu lugar de vivência, realizando inúmeras interações no espaço geográfico. Nesse processo, a sociedade intervém na dinâmica dos elementos da natureza, assim como estes também condicionam as ações dos humanos no espaço.

Há diversas maneiras de registrar a interação entre a sociedade e a natureza, uma delas é o registro fotográfico e audiovisual. O objetivo deste projeto é a produção de um vídeo que retrate as diferentes interações entre a sociedade e a natureza no seu lugar de vivência.

Leia o trecho a seguir, que mostra como é interessante o uso do vídeo como recurso visual para retratar lugares e cenas, como as do cotidiano.

> O vídeo parte do concreto, do visível, do imediato, próximo, que toca todos os sentidos. Mexe com o corpo, com a pele – nos toca e "tocamos" os outros, estão ao nosso alcance através dos recortes visuais, do *close*, do som estéreo envolvente. Pelo vídeo sentimos, experienciamos sensorialmente o outro, o mundo, nós mesmos. O vídeo explora também, e basicamente, o ver, o visualizar, o ter diante de nós as situações, as pessoas, os cenários, as cores, as relações espaciais (próximo-distante, alto-baixo, direita-esquerda, grande-pequeno, equilíbrio-desequilíbrio).
>
> MORÁN, José Manuel. O vídeo na sala de aula. São Paulo: Revista *Comunicação & Educação*. n. 2, p. 28, 1995. Disponível em: <www.revistas.usp.br/comueduc/article/view/36131/38851>. Acesso em: 26 jul. 2018.

João Prudente/Pulsar Imagens

Crianças fazem autorretrato em passarela de madeira no Parque Natural Ilha da Usina, no município de Salto (SP), em 2018.

Etapa 1 – O que fazer

Organizem-se em grupos de 3 ou 4 alunos. Conversem sobre algum lugar que as pessoas do seu município gostem de frequentar para estar mais próximas da natureza.

Elenquem os lugares citados pelos colegas de grupo. Então, escolham por meio de consenso, votação ou sorteio um desses lugares.

O seu grupo deverá filmar o lugar escolhido, tentando mostrar como as pessoas se relacionam com ele.

Vitor Marigo/Tyba

Turistas no Mirante do Cristo Redentor, no município do Rio de Janeiro (RJ), em 2018.

Etapa 2 – Como fazer

Tendo o local escolhido em mente, respondam à pergunta:

> Como as pessoas do município se relacionam com esse lugar?

Então, elaborem um roteiro de produção, no qual deverá constar:

a) O nome do lugar;

b) Os trechos que serão filmados;

c) Em que momento do dia a filmagem acontecerá;

d) Se haverá narração (O grupo vai apresentar o lugar na filmagem ou será apenas visual?);

e) Outros aspectos que o grupo achar relevante.

Façam uma primeira visita ao local e conversem sobre os pontos acima. Observem a paisagem, a interação das pessoas com o local, que elementos naturais são valorizados por elas, bem como a influência dos elementos culturais nesse lugar.

Nesse momento, vocês podem fazer testes com a filmagem, observar ângulos e a luz local. Se estiverem seguros, podem realizar as filmagens. Caso necessitem, pensem mais um pouco a respeito das imagens que querem fazer e voltem ao local em outro dia, com os passos já planejados em grupo.

Se necessário, utilize um editor de vídeo, entre os disponíveis gratuitamente na internet, para realizar cortes no vídeo e adequá-lo aos objetivos do grupo.

Etapa 3 – Apresentação

Na data indicada pelo professor, apresentem para a turma o vídeo que vocês produziram. Antes da apresentação do material audiovisual, entreguem ao professor um texto que responda às seguintes questões:

1. Como foi a experiência de gravar e editar o vídeo? Quais são os aspectos positivos e negativos dessa experiência?
2. Vocês conseguiram retratar no vídeo o que haviam pensado no roteiro? Quais foram as dificuldades?

Apresentem o vídeo e permitam que os colegas de turma façam perguntas para esclarecer eventuais dúvidas que surgirem. Aproveitem o momento para trocar ideias com os colegas!

Carnaval em Olinda (PE), em 2016.

UNIDADE 4

Brasil: diversidades regionais

O Brasil apresenta dimensões continentais. É um território de muita diversidade econômica, física, social e cultural. Nesta unidade, vamos estudar as formas de regionalização de nosso país e as características geográficas de cada região e de seus estados.

Com base na imagem, responda as questões a seguir:

1. Quais são os elementos culturais que você consegue observar na imagem?

2. Em sua opinião, essa imagem representa um exemplo da diversidade que há no país? Por quê?

CAPÍTULO

9 Regiões brasileiras

A imagem de satélite mostra os estados e o Distrito Federal, unidades federativas que formam o território do Brasil. Sobreposta à imagem, observa-se a proposta de regionalização feita a partir das regiões geoeconômicas.

Para começar

Observe a imagem de satélite e responda:

1. Você conhece essa divisão regional do Brasil?
2. Em que região fica o município onde você mora?
3. Você acha que há uma, duas ou variadas formas corretas de se regionalizar o Brasil?

Neste capítulo, você vai estudar o que significa regionalização, o que é uma região e conhecer as duas principais formas de regionalizar o território brasileiro: a divisão regional do IBGE e a divisão em três grandes regiões geoeconômicas, ou complexos regionais. Vamos entender ainda como a formação histórica do país explica a sua atual regionalização e como os meios de transporte e de comunicação integraram o imenso território nacional e propiciaram o fluxo entre as regiões do país.

1 O que é região?

Você provavelmente já sabe o que é uma região e o que significa fazer uma regionalização. Neste capítulo, vamos retomar esse assunto, destacando a regionalização do território brasileiro.

Para facilitar o entendimento do que é a regionalização de um espaço, pense em duas maneiras diferentes de dividir o espaço da sua cidade ou do seu bairro, caso viva em uma cidade muito grande e que você conheça pouco.

Você poderá, por exemplo, dividir a cidade em zonas central, norte, sul, leste e oeste, um tipo de divisão muito comum em cidades brasileiras médias e grandes. Essa regionalização usa o critério da localização de cada parte do espaço. Mas você poderia também dividir esse espaço (seja a cidade, seja o bairro) em áreas mais antigas e mais recentes, em áreas com maior adensamento populacional e outras com mais verde e pouca ocupação. Poderia, ainda, dividi-lo em áreas com moradias mais luxuosas, áreas com moradias populares, áreas mais comerciais, mais industriais, etc.

Dependendo do seu objetivo, você poderia usar ainda outros critérios. Por exemplo, se você quisesse visualizar as áreas com maior e menor adensamento populacional, poderia agrupar os bairros de acordo com sua população relativa, ou seja, habitantes por km².
Portanto, há várias formas de se regionalizar um espaço: tudo depende do seu objetivo e dos critérios que adotar.

Este mapa do município de Cuiabá mostra a regionalização com base em critérios administrativos: a divisão do espaço por administrações regionais. Como se observa, existem quatro regiões: Norte, Oeste, Leste e Sul.

Regiões administrativas da cidade de Cuiabá (2013)

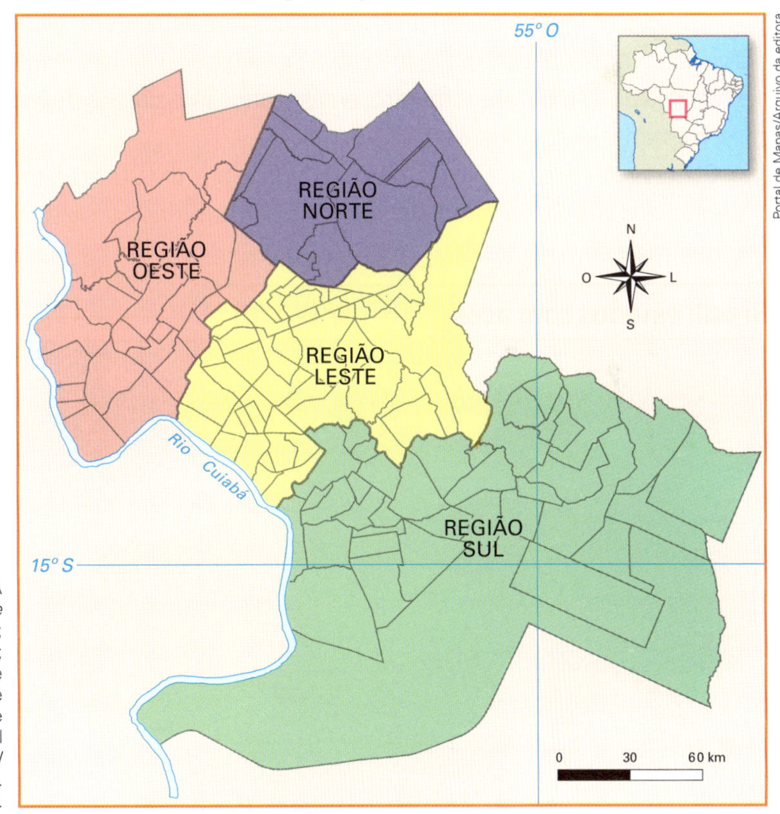

Fonte: elaborado com base em PREFEITURA DE CUIABÁ. *Composição dos bairros de Cuiabá*: loteamentos; desmembramentos; núcleos ou conjuntos habitacionais; condomínios; assentamentos informais e outros. Cuiabá: Instituto de Planejamento e Desenvolvimento Urbano-IPDU. Diretoria de Urbanismo e Pesquisa-DUP, 2013. Disponível em: <http://www.cuiaba.mt.gov.br/upload/arquivo/organizacao_geopolitica.pdf>. Acesso em: 18 jul. 2018.

Texto e ação

- Em duplas, elaborem uma regionalização do bairro onde fica a escola. Não se esqueçam de compor uma legenda para que as pessoas compreendam as regiões de seu mapa; escrever um título para a sua representação; indicar qual critério foi adotado para elaborar a regionalização.

Dividindo um espaço em regiões

Podemos utilizar várias formas de regionalizar um espaço. Cada uma é mais apropriada ou adequada para determinada finalidade. Em síntese, a regionalização consiste na divisão de um espaço em regiões ou áreas que apresentam algumas características comuns.

Assim, podemos definir região como uma parte de um determinado espaço com características comuns e relativamente diferente das demais áreas desse mesmo espaço. É possível, assim, regionalizar uma cidade, um estado, um país, um continente ou mesmo todo o espaço mundial. A região Nordeste, por exemplo, considerada em conjunto com as demais regiões brasileiras, forma um todo (o território nacional) e, quando vista isoladamente, apresenta características peculiares, que seriam a sua identidade regional. A essa identificação no espaço de regiões ou partes com características comuns chamamos de **regionalização**.

A regionalização de um espaço sempre dependerá da sua forma de ocupação pelos seres humanos, de suas dimensões e seus traços físicos e principalmente humanos (economia, cultura, etc.).

Só é possível dividir o espaço em partes semelhantes quando se o conhece bem. São inúmeras as formas de regionalizar ou dividir um espaço em regiões. Por exemplo: a divisão de uma cidade em áreas centrais e periféricas utiliza o critério de centro e periferias; a divisão em áreas mais recentes e antigas, o critério de tempo das edificações; e assim sucessivamente.

Observe no mapa abaixo uma regionalização que dividiu o território brasileiro entre os estados que possuem faixa litorânea em seu território e aqueles que não possuem mar dentro de seus limites.

Brasil: estados com acesso ao mar (2018)

Note que a maioria dos estados brasileiros possui área litorânea.

Fonte: elaborado com base em IBGE. *Atlas geográfico escolar.* 7. ed. Rio de Janeiro, 2016.

2 Regionalização do território brasileiro

Sabemos que o território brasileiro é muito extenso, com predominância de climas tropicais, em geral quentes e úmidos, e maior ocupação humana na faixa litorânea. Sabemos também que ele é dividido em 27 unidades da Federação, que formam o Estado nacional brasileiro: um Distrito Federal e 26 estados. Há unidades com imensos territórios (Amazonas, Pará) e outras com uma área bem menor (Distrito Federal, Sergipe, Alagoas); há unidades mais populosas (São Paulo, Minas Gerais e Rio de Janeiro) e outras menos populosas (Roraima, Acre e Amapá), assim como há estados mais industrializados e outros menos industrializados.

É possível regionalizar o território do Brasil de várias maneiras, principalmente por estes dois motivos:

- o território brasileiro é imenso e diversificado, um dos maiores do mundo (maior que todos os países da Europa, com exceção da Rússia);
- as mudanças espaciais foram e continuam sendo intensas, e nesse espaço ocorre um intenso fluxo migratório de pessoas que se deslocam de uma área para outra. Além disso, muitos lugares do país ainda passam por transformações profundas, como a chegada de indústrias, a modernização da agricultura, o desmatamento, o recebimento de muitos migrantes com a expansão do povoamento, etc.

Muitas pessoas consideram que a melhor forma de regionalizar o Brasil é dividi-lo em unidades da Federação (26 estados e o Distrito Federal). Entretanto, há estados que se assemelham mais a outro vizinho do que ao restante desse mesmo estado. O que fazer, então, para dividir o espaço brasileiro em unidades ou regiões de modo a compreender cada uma de suas partes?

Observe nas páginas 194 e 195 quais foram os critérios estabelecidos para elaboração de duas regionalizações utilizadas atualmente e como as diversas unidades da Federação foram "agrupadas" para formar cada uma das regiões em ambas as classificações.

Texto e ação

- Imagine que você quer dividir o espaço do seu município pelo critério socioeconômico. Qual ou quais dos critérios abaixo seria(m) válido(s) para essa regionalização?

a) A divisão em áreas mais adensadas e com menos ocupação humana;

b) A divisão em bairros pela sua renda *per capita*;

c) A divisão em zonas central, norte, sul, leste e oeste;

d) A divisão em áreas por taxa de mortalidade infantil.

Após escolher uma ou mais alternativas, explique por que essa regionalização atende ao critério de diferenças socioeconômicas.

Saiba mais

Regionalizando o espaço brasileiro

Milton Rodrigues/Arquivo da editora

Quantas vezes você já observou um mapa do Brasil que mostra as cinco regiões administrativas do país? Talvez já tenha pensado: por que o país foi dividido dessa maneira? Por que há regiões com muitos estados enquanto outras possuem poucos?

Para entender essas questões é necessário compreender o processo de regionalização do espaço, identificando as regiões que configuram o território brasileiro. Para isso, observe duas formas de regionalização utilizadas atualmente: a do IBGE e a dos três complexos regionais.

Toda proposta de regionalização necessita da definição de alguns critérios.

A Divisão regional do IBGE

Em 1969, o IBGE dividiu o Brasil em cinco macrorregiões levando em consideração os seguintes critérios:

- semelhanças históricas
- semelhanças sociais
- semelhanças econômicas
- semelhanças naturais
- respeito aos limites político-administrativos

Com base nesses critérios surgiu a regionalização em cinco macrorregiões, conforme mostra o mapa abaixo.

Brasil: divisão regional segundo o IBGE

Portal de Mapas/Arquivo da editora

Fonte: elaborado com base em: IBGE. *Atlas geográfico escolar*. 7. ed. Rio de Janeiro, 2016. p. 94.

Como essa regionalização foi oficializada em 1970, e pensada com base em informações dos anos 1960, em boa parte ela já não corresponde mais às diferenças territoriais do país, pois muitas mudanças ocorreram neste período de mais de meio século. Entre elas, podem-se mencionar não só a ocupação de grande parte do Brasil central, com a expansão da soja e da pecuária, como também a industrialização no sul de Goiás e de Mato Grosso, do Distrito Federal e de Mato Grosso do Sul.

Três complexos regionais

Outra divisão regional bastante conhecida, e cada vez mais utilizada, é a estabelecida pelo geógrafo Pedro Pinchas Geiger, no final da década de 1960, que divide o Brasil em três complexos regionais ou regiões geoeconômicas. Observe os critérios que essa regionalização levou em conta:

- o processo histórico de formação do território brasileiro e a integração nacional a partir da industrialização, buscando as inter-relações regionais resultantes da articulação do país com seu centro econômico;
- traços históricos, sociais, culturais e naturais que caracterizam essas regiões;
- uma delimitação mais precisa das regiões, procurando uma identidade regional que independe dos limites das Unidades da Federação.

Com base nesses critérios surgiu a regionalização em três regiões, conforme mostra o mapa a seguir.

Brasil: os três complexos regionais (1972)

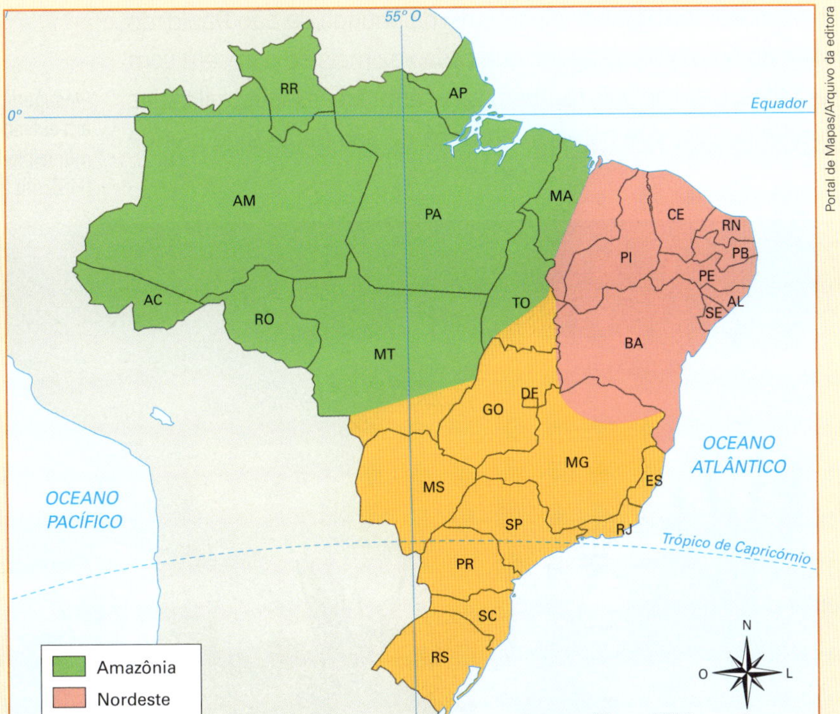

Amazônia
Nordeste
Centro-Sul

Portal de Mapas/Arquivo da editora

Fonte: elaborado com base em: BECKER, Berta. Brasil: os três complexos regionais. *Revista Brasileira de Geografia*, n. 4, ano 34.

Essa regionalização passou a ser cada vez mais empregada tanto nos meios acadêmicos (universidades) como em alguns textos ou documentos do IBGE e de outros órgãos do governo, como o Instituto de Pesquisas Econômicas Aplicadas (Ipea) e o Ministério do Meio Ambiente.

Comparando as duas regionalizações

Ao observar as duas regionalizações apresentadas nos mapas das páginas 194 e 195, percebe-se que a divisão do IBGE respeita os limites entre os estados brasileiros. Já a divisão em complexos regionais chega a incluir parte de um estado em uma região e a parte restante em outra. A realidade – seja dos elementos naturais do espaço (clima, relevo, etc.), seja socioeconômica – tem uma dinâmica que pouco depende dos limites ou fronteiras entre unidades administrativas. O Instituto Brasileiro de Geografia e Estatística (IBGE), por ser um órgão governamental que coleta estatísticas variadas, obedece rigorosamente aos limites das unidades da Federação.

Entretanto, a divisão em três complexos regionais é mais interessante para a compreensão das diversidades do Brasil, porque nem sempre o território inteiro de um estado tem as mesmas características. Por exemplo, o norte de Minas Gerais, sem dúvida, apresenta traços semelhantes aos do interior da Bahia, como as secas periódicas que ocorrem no Sertão nordestino, ao passo que as demais áreas desse estado se assemelham mais ao estado de São Paulo.

Quando viajamos pela porção norte de Minas Gerais, logo percebemos as paisagens típicas do Sertão nordestino, como a vegetação de Caatinga (veja a foto abaixo).

Outro exemplo: a porção oeste do Maranhão, que de fato é parte da Amazônia brasileira (a parte leste do imenso bioma amazônico), é muito diferente das paisagens naturais típicas do Nordeste do Brasil. Mato Grosso do Sul, Goiás e o sul de Mato Grosso são áreas com expansão da agropecuária moderna oriunda de São Paulo, do Paraná ou do Rio Grande do Sul, com paisagens que cada vez mais se parecem com as do interior desses estados. O sul do país também apresenta áreas industrializadas e com agropecuária moderna, bastante parecidas com as de São Paulo e de grande parte de Minas Gerais.

Minha biblioteca

Coleção Brasil Regiões
Vários autores.
São Paulo: DLC, 2007, cinco fascículos.

A coleção apresenta informações variadas sobre as regiões brasileiras propostas pelo IBGE. Cada fascículo é destinado a uma região: Sul, Sudeste, Nordeste, Centro-Oeste e Norte. Todos são ilustrados e repletos de informações geográficas sobre os lugares.

Paisagem com mandacarus em estrada próxima ao município de Coronel Murta (MG), em 2018.

Luciana Whitaker/Pulsar Imagens

Vários órgãos do governo utilizam a regionalização em três regiões geoeconômicas: quando há combate às secas no Sertão nordestino, os municípios do norte de Minas Gerais sempre estão incluídos na região a ser favorecida com verbas ou ações de combate. O Instituto Nacional de Pesquisas Espaciais (INPE), que realiza um monitoramento das queimadas na Floresta Amazônica utilizando imagens de satélites, também inclui o oeste do Maranhão e o norte de Mato Grosso e de Tocantins na região da Amazônia quando coleta dados sobre queimadas e desmatamentos. O Ministério do Meio Ambiente inclui essas áreas na região amazônica.

Enrico Marone/Pulsar Imagens

Guarás-vermelhos na baía do Imirim, na fronteira entre Maranhão e Pará. Foto de 2016.

Texto e ação

1› Sobre as regiões estabelecidas pelo IBGE, responda:

a) Em que região se localiza o estado onde você mora? Você conhece outras regiões brasileiras? Quais?

b) Qual é a região mais populosa? E a menos populosa? Procure explicar por que ocorre essa discrepância de povoamento.

c) Qual é a região com maior densidade demográfica?

d) Qual é a região mais industrializada? Você sabe explicar por que a industrialização se concentrou nessa região?

e) Você já viu algum mapa das regiões do IBGE em jornais, revistas, reportagens na televisão, na internet ou em algum outro meio de comunicação? Qual era o contexto ao qual o mapa estava relacionado? Explique.

2› Diferencie da região Norte do IBGE o complexo regional Amazônia.

3› Sobre as duas formas de regionalizar o Brasil, responda:

a) Que semelhanças e diferenças você notou entre as duas formas?

b) Na divisão do geógrafo Pedro Pinchas Geiger, o que justifica o norte de Minas Gerais fazer parte do complexo regional do Nordeste?

3 Regionalização e formação histórico-territorial do Brasil

A regionalização em três complexos regionais leva em conta a formação histórico-territorial do Brasil. As diversidades regionais de cada território nacional sempre resultam da sua formação histórica, em especial a forma de ocupação do território em suas diferentes fases, por diversas atividades econômicas que produzem intensas modificações nesse espaço. De fato, os grandes contrastes territoriais – principalmente aqueles de ordem econômica, cultural e política – são em geral condicionados pela história de cada país.

O Nordeste representa a porção territorial de ocupação econômica mais antiga do Brasil. Foi aí que se iniciou a intensa exploração do Brasil colônia pelos portugueses, com plantações de cana-de-açúcar na Zona da Mata, onde existem os férteis solos de massapê. No passado, o Nordeste do Brasil teve a maior população e a primeira capital do país, Salvador, que também já foi a maior cidade brasileira. Contudo, a partir do século XIX, ocorreu uma retração da economia e da população nordestina e, até recentemente, o Nordeste forneceu grande número de migrantes para as demais regiões.

Rubens Chaves/Pulsar Imagens

Plantação de cana-de-açúcar em solo de massapê na Zona da Mata, no município de Itambé (PE), em 2015.

O Centro-Sul foi a região que mais se desenvolveu, sobretudo no século XIX, após a abolição da escravatura, a expansão da lavoura cafeeira e a industrialização do país. Foi também a que mais recebeu migrantes (principalmente vindos do Nordeste) e imigrantes europeus e asiáticos. Atualmente, é a região mais industrializada e urbanizada do Brasil.

A Amazônia foi uma região pouco explorada durante séculos. Porém, ela vem sendo intensamente ocupada num contínuo processo de destruição de suas matas, que também degrada suas águas e diminui a extraordinária biodiversidade local. É a região que hoje recebe maior número de migrantes, tanto do Nordeste como do Centro-Sul.

Na realidade, nenhuma região é homogênea, mas é possível observar características comuns entre as diversas áreas de uma mesma região. Embora o Brasil apresente grandes diversidades sociais (entre pessoas) e espaciais (entre áreas e regiões), as três regiões geoeconômicas formam um todo e dependem umas das outras.

Texto e ação

1› Em qual das regiões geoeconômicas está localizado o município onde você vive?

2› De acordo com o que você estudou sobre as regiões geoeconômicas, você acha que o seu município está na região adequada? Justifique sua resposta.

4 As estreitas ligações entre as três regiões

Como vimos, as três regiões geoeconômicas do país refletem a condição econômica, cultural e política do Brasil. Elas são integradas e dependem umas das outras. Observe, por exemplo, que o declínio econômico do Nordeste e o desenvolvimento do Centro-Sul, que ocorreram especialmente a partir do fim do século XIX, não foram fatos isolados: um está intimamente ligado ao outro.

As migrações que ocorrem dentro do território brasileiro também refletem a maneira como essas regiões geoeconômicas se integram. Com a emergência do Centro-Sul aliada à concentração da propriedade das terras nas mãos de poucas famílias nordestinas, muitas pessoas migraram para o Centro-Sul. Nos séculos XVI e XVII, mais da metade da população nacional era constituída por habitantes de estados nordestinos; no fim do século XIX, o Nordeste possuía pouco mais de 40% da população brasileira; essa porcentagem caiu para 35% em 1940 e para 27,8% em 2010.

A Amazônia vem sendo intensamente ocupada desde os anos 1970. Trechos enormes da Floresta Amazônica foram derrubados, dando lugar a pastos para a pecuária. Outros trechos foram reservados para a agricultura, a mineração ou a edificação de cidades e povoados, para onde afluem grandes levas de migrantes provenientes do Centro-Sul e do Nordeste.

Em muitos casos, a atividade da pecuária está relacionada ao desmatamento da floresta. Na foto, criação de gado bovino em Itapuã do Oeste (RO), em 2017.

Mario Tama/Getty Images

Influência do mercado internacional

O mercado internacional contribui muito para essas transformações. Observe o caso do açúcar brasileiro: com a diminuição das compras desse produto – que era produzido sobretudo no Nordeste – pelo mercado internacional, a partir do fim do século XIX começaram a se desenvolver as exportações de café. Como nesse período o café era cultivado principalmente em São Paulo, grandes contingentes populacionais vindos de estados nordestinos foram para o Centro-Sul.

Atualmente, isso vem ocorrendo em relação à Amazônia devido à procura internacional por soja, carnes ou minérios.

Texto e ação

- Como você pôde observar, o crescimento de uma região esteve relacionado a algum gênero agrícola nas diferentes épocas da história do Brasil. Descreva qual foi o gênero agrícola e em qual época houve ascensão de cada uma das regiões geoeconômicas.

Geolink 1

Leia o texto a seguir.

Região e regionalização no Brasil

No ano de 1941, o IBGE elaborou proposta de regionalização baseada nas características fisiográficas do território nacional e respeitando as fronteiras administrativas estaduais. [...] Já em 1969, há revisão dessa proposta, resultando na atual regionalização do Brasil (atualizada posteriormente devido à criação de novos estados). [...]

Duras críticas surgiram sobre a proposta de regionalização oficial. [...] A crítica mais dura [...] diz respeito ao seu descolamento da realidade, pois, além de não considerar as relações de articulação inter-regionais, também não considerava suficientemente a formação social destas regiões [...].

Dadas estas críticas, duas outras propostas de regionalização visaram corrigir estas distorções [da realidade]. A primeira é a divisão do Brasil em "complexos regionais" ou "regiões geoeconômicas", de Pedro Geiger, proposta no final da década de 1960. [...]

A segunda proposta de regionalização que visa corrigir distorções e simplificações das anteriores é aquela elaborada por Milton Santos e Maria Laura Silveira, em 2001. Os autores propõem a divisão do país em "quatro brasis".

No estágio atual de desenvolvimento, predomina o meio técnico-científico-informacional, caracterizado pela grande presença de objetos técnico-científicos e da informação no território. É a partir deste conceito que Milton Santos aborda o território nacional. Assim, a região concentrada (Sul-Sudeste) seria aquela com maior densidade de população, capital e técnica, sendo altamente fluida e dinâmica e com grande presença do meio técnico-científico-informacional, centralizando o controle do capitalismo nacional. Por sua vez, a região Centro-Oeste (que inclui Tocantins) apresenta uma agroindústria moderna, mecanizada e competitiva, de ocupação periférica e subordinada aos interesses das firmas da região concentrada. A região Nordeste é definida como um espaço de "rugosidades", ou marcas de herança do passado no espaço geográfico, oferecendo resistências à difusão do meio técnico-científico-informacional, que se faz presente de maneira pontual através de infraestruturas e de redes informacionais. A região amazônica, por sua vez, é caracterizada pela rarefação, tanto de população quanto de técnicas, sendo uma região de tempo lento, com enclaves modernos (megaprojetos econômicos), em um meio pré-técnico, vinculada a um sistema informacional que se configura externo a esta.

BOSCARIOL, Renan Amabile. Região e regionalização no Brasil: uma análise segundo os resultados do Índice de Desenvolvimento Humano Municipal (IDHM). In: MARGUTI, Bárbara Oliveira; COSTA, Marco Aurélio Carlos; PINTO, Vinícius da Silva. *Territórios em números*. Brasília: Ipea, 2017. p. 189-194.

Proposta de divisão do Brasil de acordo com a concentração do meio técnico-científico-informacional

Fonte: elaborado com base em SANTOS e SILVEIRA, 2001. In: BOSCARIOL, Renan Amabile. Região e regionalização no Brasil: uma análise segundo os resultados do Índice de Desenvolvimento Humano Municipal (IDHM). In: MARGUTI, Bárbara Oliveira; COSTA, Marco Aurélio Carlos; PINTO, Vinícius da Silva. *Territórios em números*. Brasília: Ipea, 2017. p. 189-194.

Agora, responda:

1. Quais as principais diferenças entre as três formas de regionalização do Brasil?
2. Na sua opinião, qual das duas propostas de regionalização alternativas à do IBGE mais se aproxima da proposta desse instituto? Justifique sua resposta.

5 Transportes, comunicações e integração regional

Os meios de transporte e de comunicação são indispensáveis para a integração entre locais, regiões e países. Os meios de transporte – rodoviário, ferroviário, aéreo e hidroviário – levam pessoas e cargas para outras áreas, e os meios de comunicação – jornais, revistas, internet e telecomunicações (que são todos os processos de localização e transmissão a distância: rádio, fax, telefones, televisão, etc.) – permitem a comunicação entre pessoas e empresas, algo que favorece a troca de informações, ideias e costumes, além de promover o comércio e os serviços entre áreas próximas ou distantes.

Até o início do século XIX, os meios de transporte e de comunicação eram pouco desenvolvidos, pois existiam apenas estradas para carroças, carruagens e cavalos. A primeira estrada de ferro com locomotiva a vapor só foi construída em 1804, no Reino Unido. A Revolução Industrial promoveu no século XIX uma modernização nos transportes e nas comunicações, com a criação das ferrovias e a invenção do telégrafo, além dos navios movidos a vapor.

Benedito Calixto/Pinacoteca Benedito Calixto, Santos, SP

Rancho Grande (dos Tropeiros), óleo sobre tela de Benedito Calixto, sem data (40 cm × 60 cm). Essa imagem retrata um rancho e, ao fundo, o Hospital da Misericórdia de Santos (SP), de 1836, além da Capela de Santa Isabel e São Francisco de Paula (1775). Os tropeiros faziam paradas para descansar das longas viagens e alimentar seus cavalos e mulas.

A Segunda Revolução Industrial, do final do século XIX até os anos 1970, expandiu os meios de transporte com o advento dos veículos automotivos e das rodovias. Houve, ainda, a invenção e expansão do transporte aéreo, a modernização dos navios e dos portos, etc. Foi nesse período que ocorreu a revolução dos meios de comunicação, com o advento e a popularização do telefone, do rádio e da televisão.

A Terceira Revolução Industrial, iniciada nos anos 1970, é a da informática, dos computadores e suas redes, dos telefones celulares, da robotização. Ela vem promovendo uma nova etapa, em especial nas comunicações (com as pessoas e empresas conectadas em rede). Os meios de transporte também foram bastante transformados (com a informatização e maior racionalização dos portos, aeroportos e transportes terrestres, com o advento de novos materiais e novas fontes de energia – veja-se hoje o início da expansão dos veículos a eletricidade e a hidrogênio –, com novas tecnologias, como os supercondutores, que permitem que trens trafeguem a mais de 400 km/h).

No Brasil, foi com a lavoura cafeeira que surgiu o primeiro meio de transporte considerado moderno: o ferroviário. Até 1854, quando foi inaugurada a primeira ferrovia do Brasil, o transporte de carga era feito principalmente por tropas de mulas, e o de pessoas, por cavalos e carruagens.

Em meados do século XIX também havia a navegação de cabotagem, isto é, navios que transportavam carga e passageiros entre os portos do país. Mas esse modal de transporte unia apenas as cidades portuárias, inclusive com pouca frequência, pois a maior parte da navegação marítima do Brasil era e ainda é destinada aos mercados internacionais de exportação e importação.

O cultivo do café originou uma expansão da malha ferroviária brasileira, embora concentrada em São Paulo, Rio de Janeiro e no sudeste de Minas Gerais. Por volta de 1950, o país já tinha pouco mais de 37 mil quilômetros de vias férreas, com grande concentração no Centro-Sul. Havia ferrovias no Nordeste – especialmente na Bahia e em Pernambuco –, mas elas iam do interior (de áreas de cultivo de cana-de-açúcar ou cacau) até os portos de exportação, e nunca para as outras regiões.

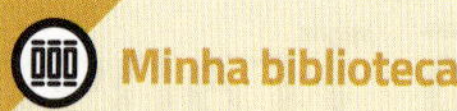

Minha biblioteca

As ferrovias do Brasil, de Carlos Cornejo e João Emílio Gerodetti. São Paulo: Solaris, 2005.

Com inúmeras imagens de ferrovias brasileiras, o livro resgata a história das estradas de ferro do Brasil e seu papel no desenvolvimento do país.

Estradas de ferro nos arredores do município de Bauru (SP), em 1921.

Foi o transporte rodoviário que integrou as regiões do Brasil, inicialmente o Centro-Sul com o Nordeste e mais tarde com a Amazônia. A partir dos anos 1950 ocorreu uma grande expansão das rodovias no país, ao lado da indústria automobilística, que integrou as áreas interioranas, inclusive no Centro-Oeste e mais recentemente na Amazônia, ajudando a expandir as atividades econômicas (em especial a agropecuária) nessas áreas.

Os primeiros investimentos na malha rodoviária ocorreram na década de 1920, no governo de Washington Luís, quando foi construída, entre outras, a rodovia Rio-São Paulo. Nesse período, o governo tinha como lema "governar é construir estradas". Os governos posteriores ao de Washington Luís deram continuidade a essa expansão das rodovias, com especial destaque para o presidente Juscelino Kubitschek, que governou de 1956 a 1961. Com a construção de Brasília, ele abriu várias rodovias ligando a nova capital federal até São Paulo, Belém, Fortaleza, Rio de Janeiro e Belo Horizonte.

Durante o governo Kubitschek ocorreu a instalação no Brasil de grandes fabricantes internacionais de automóveis, empresas multinacionais que se expandiam por vários continentes. Elas foram atraídas pelo potencial mercado consumidor (o maior da América Latina) e pelas facilidades concedidas pelo governo federal, inclusive a construção de várias rodovias pavimentadas. A partir dessa época, criou-se no país a ideia equivocada de que as rodovias e o transporte automotivo seriam sinônimos de modernidade.

O problema é que o modal rodoviário – que hoje movimenta quase 63% do transporte de carga no país – é menos econômico que o ferroviário e, principalmente, que o hidroviário (ou aquaviário). Em média, com um litro de óleo *diesel*, um caminhão transporta 30 toneladas por quilômetro, enquanto um trem transporta 125 toneladas e um navio, 575 toneladas. Ou seja, o modal ferroviário é quatro vezes mais econômico que o rodoviário, e o transporte hidroviário é 19 vezes mais econômico.

Como se observa pelo mapa, as chamadas rodovias de integração, que unem as regiões brasileiras, partem principalmente do Centro-Sul em direção ao Nordeste e à Amazônia. A densidade da rede de transportes rodoviário e ferroviário é bem maior no Centro-Sul, depois no Nordeste e pequena na Amazônia. Quanto ao transporte fluvial, é possível observar sua relevância na Amazônia, onde se destacam as hidrovias do rio Madeira, do Amazonas-Solimões e do Tocantins-Araguaia. Porém, o maior volume de transporte de carga por hidrovias ocorre no Centro-Sul, destacando-se as hidrovias dos rios Tietê-Paraná e Paraguai. No Nordeste, a hidrovia do rio São Francisco tem grande importância e é a maior do país em extensão, com 2 354 quilômetros.

A partir dos anos 1950 até por volta do início deste século, as ferrovias pouco se desenvolveram no país e algumas até foram desativadas. Também o transporte pelos rios recebeu poucos recursos, embora tenha sido e continue a ser importante na Amazônia, onde grande parte dos rios é naturalmente navegável. Somente após a criação do Mercado Comum do Sul, o Mercosul, em 1991, é que se começou a investir nas hidrovias. Na mesma época, as ferrovias passaram a ser novamente expandidas, embora a um ritmo fraco, devido principalmente às exportações de minérios. A malha ferroviária nacional em 2016 era de pouco mais de 30 mil quilômetros.

Brasil: rodovias de integração e principais ferrovias e hidrovias (2014)

Fonte: elaborado com base em IBGE. *Logística dos transportes, 2014*. Disponível em: <ftp://geoftp.ibge.gov.br/organizacao_do_territorio/redes_e_fluxos_geograficos/logistica_dos_transportes/mapa_LogTransportes_5mi.pdf>. Acesso em: 17 maio 2018.

Geolink 2

Leia o texto e observe a charge a seguir.

Por que o Brasil abriu mão do trem e ficou tão dependente do caminhão

O setor [rodoviário] é responsável por 60% do que é transportado no país, de alimentos a combustíveis e automóveis. A malha rodoviária é usada para o escoamento de 75% da produção no país, segundo o levantamento Custos Logísticos no Brasil, da Fundação Dom Cabral, de 2018.

Os motivos para esta dependência são históricos e práticos. Para especialistas, entretanto, esse tipo de cenário tem desvantagens econômicas e foge do padrão mundial. Em muitos outros países de extensões territoriais grandes, incluindo os "rodoviaristas" Estados Unidos, há uma participação bem maior das ferrovias no leva e traz de cargas.

Quando se olha para o *ranking* mundial de volume de carga transportada sobre trilhos, o Brasil está em posição de destaque, com 460 milhões de toneladas anuais. É o quinto maior do mundo.

Entretanto, cerca de 80% dessa carga é de minério de ferro, segundo dados da ANTF (Associação Nacional dos Transportes Ferroviários). As mineradoras são também as principais concessionárias das linhas de trem do país [...]. É um sistema em que proprietários também são clientes. [...]

Vantagens e desvantagens

"O transporte ferroviário é a melhor solução para transportar mercadorias a granel em longas distâncias", explicou [o professor de Economia da Universidade de São Paulo – Guilherme Grandi]. *Grosso modo*, um vagão-contêiner pode levar a mesma quantidade de grãos ou mercadorias que um caminhão. Segundo relatório da CNT (Confederação Nacional dos Transportes) de 2016 para cargas acima de 40 toneladas, o modal ferroviário "é o mais vantajoso", independentemente da distância percorrida. Se a carga fica entre 27 e 40 toneladas, os trens levam vantagem quanto maior for o caminho a ser percorrido.

Iotti/Acervo do cartunista

Na charge, é possível observar como as ferrovias eram mais utilizadas no estado sul-rio-grandense.

Entretanto, na chamada entrega de porta a porta [entregas em determinados pontos do país], o [transporte] rodoviário traz muito mais flexibilidade. No transporte de combustíveis, ferrovias só conseguem cumprir uma etapa do caminho. A distribuição em postos individuais tem de ser feita por caminhões.

O relatório da CNT destaca ainda que as ferrovias têm menores custos ambientais, pois as locomotivas emitem menos poluentes. Trens movidos a *diesel* apresentam índice de emissões 15 vezes menor que veículos automotores em média para o mesmo percurso.

ROCHA, Camilo. Por que o Brasil abriu mão do trem e ficou tão dependente do caminhão. São Paulo, *Nexo*, 25 maio 2018. Disponível em: <www.nexojornal.com.br/expresso/2018/05/25/Por-que-o-Brasil-abriu-mão-do-trem-e-ficou-dependente-do-caminhão>. Acesso em: 20 jul. 2018.

Agora, responda:

1. Por que, segundo o texto, as ferrovias são a melhor solução para o transporte de mercadorias a granel em longa distância?
2. Qual dos meios de transporte tem menores custos ambientais: o rodoviário ou o ferroviário? Por quê?
3. Qual a relação entre a charge e o texto?
4. Entre as formas de transporte expostas, na sua opinião qual é a mais vantajosa para transportar pessoas? Indique argumentos que justifiquem a sua resposta.

Os meios de comunicação

Outro elemento importante para a integração territorial do Brasil foram os meios de comunicação de massa: inicialmente o rádio e depois a televisão. Antes desses meios, existiam os correios e o telégrafo. Com o tempo, vieram o fax, o telefone fixo, os jornais e revistas, etc. Mas esses instrumentos de comunicação não unificam imensos territórios como o brasileiro. Os jornais, por exemplo, eram lidos apenas por uma minoria da população, pois, até meados do século passado, grande parte da população brasileira era analfabeta funcional, ou seja, não conseguia entender um conteúdo escrito.

O primeiro meio de comunicação em massa que se propagou por todo o Brasil, atingindo a maioria da população em todas as regiões, foi o rádio, especialmente a partir dos anos 1930. Inicialmente ele divulgava gêneros musicais, novelas, jogos de futebol e programas de humor. O primeiro programa de radiojornalismo no Brasil surgiu em 1941.

Nos anos 1960, a televisão se popularizou e se tornou o maior meio de comunicação de massa, com suas novelas, programas de auditório e telejornais, representando um desafio para as rádios, que tiveram que mudar seu estilo. Os telejornais passaram a divulgar notícias de todo o país e a atingir praticamente todos os rincões do território nacional.

Rincão: lugar, canto, recanto.

Se os meios de transporte, especialmente as rodovias, criaram um mercado territorial interno integrado, as rádios e as redes de televisão ajudaram a criar uma imagem de nação integrada culturalmente pelas suas músicas, pelas novelas (que propagam um determinado estilo de vida), pelos telejornais e programas de auditório e de humor. Desde os anos 1980, há pelo menos um televisor em praticamente toda residência no Brasil, inclusive nas camadas da população com menores rendimentos.

Arquivo O Cruzeiro/EM/D.A Press

Arquivo/JCom/D.A Press

A TV Tupi foi o primeiro canal brasileiro e latino-americano a entrar no ar. Foi fundada em 1950, por Assis Chateaubriand. Na foto à esquerda, funcionário controla a câmera filmadora; à direita, estúdio de um programa da TV Tupi (fotos de 1966).

Desde o final do século passado, outros meios de comunicação se expandiram, como a internet, as intranets e os telefones celulares. Nos meios de comunicação da internet, diferentemente do que acontece com jornais ou revistas impressas, o leitor pode participar ativamente, não somente lendo as notícias, mas postando comentários, compartilhando informações e publicando suas opiniões. Na internet há maior integração, não apenas nacional, mas internacional ou global.

Apesar de propiciar integração entre pessoas, regiões e até países, há aspectos negativos nesses meios de comunicação. Com a internet e as redes sociais, multiplicaram-se as *fake news*, ou seja, as notícias falsas que beneficiam alguns e prejudicam muitas pessoas, ou que buscam manipular a opinião delas, a ponto de influenciar até a tomada de decisões, como a escolha de um candidato em época de eleições.

Como se observa pelos mapas, a telefonia móvel se disseminou amplamente pelo país (o que também ocorreu em todo o mundo). Atualmente há mais telefones celulares do que pessoas no Brasil: 235 milhões de celulares no início de 2018, ocasião em que o IBGE calculava a população brasileira em 208 milhões.

Também o acesso à internet se disseminou, embora mais concentrado no Centro-Sul do país, onde em média 60% das residências possuem acesso a ela.

Brasil: telefones celulares (2013)

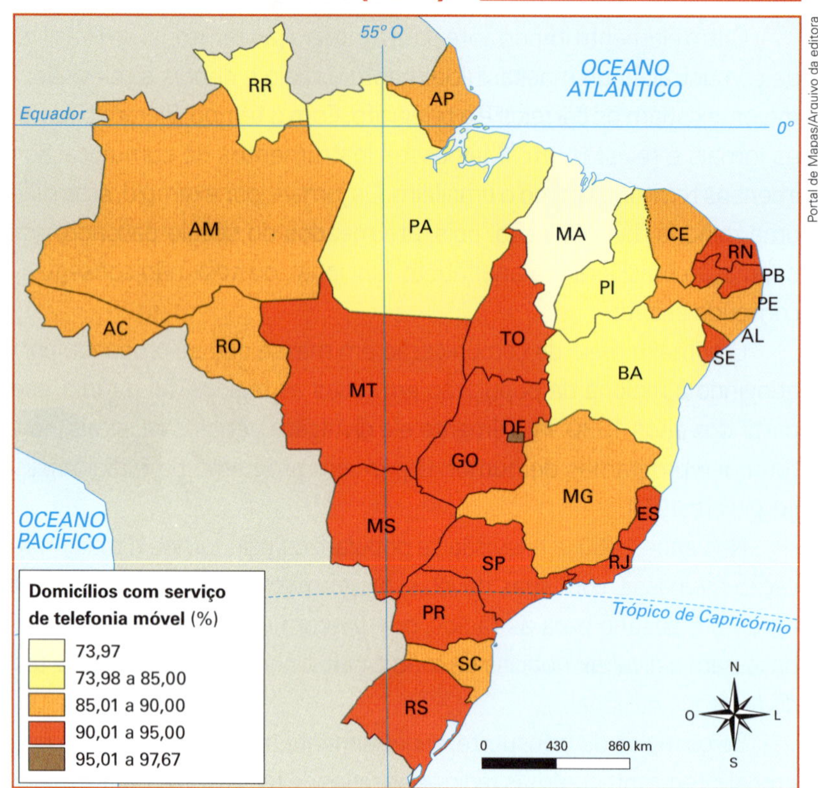

Fonte: elaborado com base em IBGE. *Atlas geográfico escolar*. 7. ed. Rio de Janeiro: 2016. p. 144.

Brasil: acesso à internet (2013)

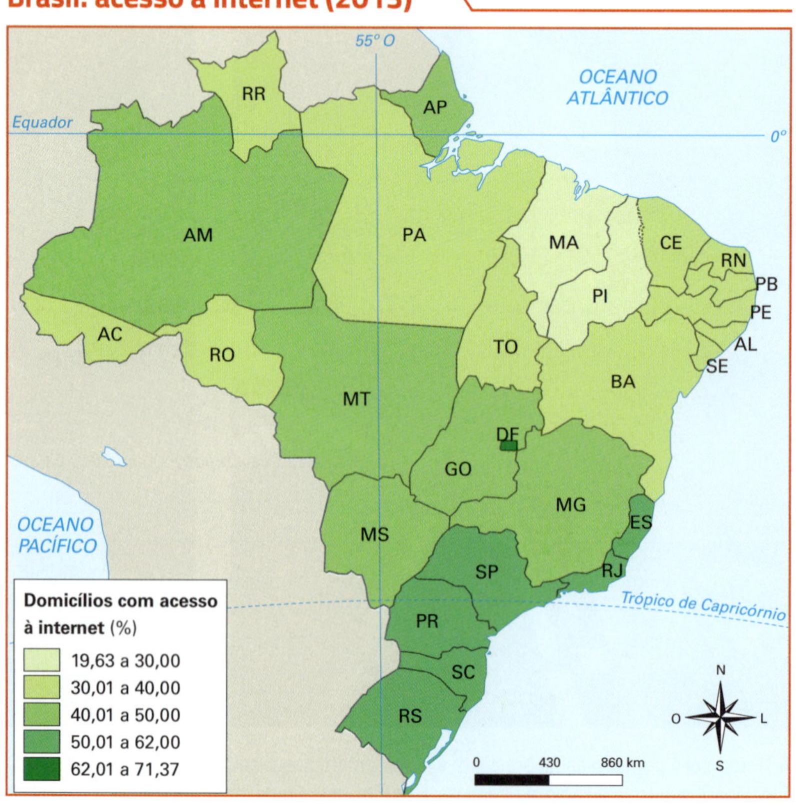

Fonte: elaborado com base em IBGE. *Atlas geográfico escolar*. 7. ed. Rio de Janeiro: 2016. p. 144.

CONEXÕES COM ARTE E LÍNGUA PORTUGUESA

- O cordel é uma literatura popular típica do Nordeste brasileiro. Geralmente é acompanhado por xilografia (ou xilogravura), uma forma de ilustração que se utiliza de uma matriz de madeira. A matriz é entalhada à mão com um buril ou outro instrumento cortante. As partes altas que receberão a tinta é que imprimem a imagem no papel. Veja a xilografia ao lado, do artista J. Borges, e, abaixo, alguns versos do cordel "Aboios e vaqueiros", de Dalinha Catunda.

Os boiadeiros, xilogravura do artista J. Borges, sem data.

Aboios e vaqueiros

No sertão eu me criei,
Vendo a boiada passar.
Os aboios dos vaqueiros
Sempre gostei de escutar.
A boiada seguia em frente
Seguindo o canto dolente
Do vaqueiro a aboiar.

Meu coração sertanejo
Transborda de emoção,
Quando vejo uma boiada
Tirando poeira do chão.
O som firme do berrante
Sai do boiadeiro amante
Que gosta da profissão.

Ai como ainda me lembro
Dos encantos de outrora,
Eu, debruçada na janela.
A boiada passando lá fora.
Dói demais meu coração
Boas lembranças do sertão,
Que na alma saudosa aflora.

Vaqueiro trajando couro,
Com perneiras e gibão,
Esporas e botas nos pés
Como manda a tradição.
Assim eu via os vaqueiros,
Passando em meu terreiro,
E me acenando com a mão.

Da lembrança não me sai,
O velho Chico Carmina.
Vaqueiro de seu Esmeraldo,
O esposo de dona Joelina.
Por minha rua ele passava,
E tangendo o gado aboiava
Cumprindo a sagrada rotina.

Eita tempo velho malvado,
Que abusa da judiação.
Maltrata essa nordestina,
Que deixou o seu sertão.
E feito um bezerro apartado
Bem longe do seu estado
Chora querendo seu chão.

CATUNDA, Dalinha. *Aboios e vaqueiros*. Disponível em: <http://cordeldesaia.blogspot.com/2010/03/aboios-e-vaqueiros.html>. Acesso em: 11 out. 2018.

Agora responda:

a) O que a xilografia representa?

b) Em que bioma e região brasileira essa cena ocorre? Por quê?

c) Você acha que a cena retratada na xilogravura ainda é algo comum na pecuária brasileira? Explique sua resposta.

d) Qual é a região citada no cordel? O que a autora expressa em relação a essa região?

e) Em duplas, troquem ideias: O que é um aboio?

ATIVIDADES

+ Ação

1 › Explique de que forma os meios de transporte e os meios de comunicação interligam lugares e regiões.

2 › Em dezembro de 2017, a Comissão de Direitos Humanos e Legislação Participativa (CDH) aprovou um parecer que tipifica o preconceito regional como crime de discriminação. Preconceito é uma opinião leviana e superficial, um juízo preconcebido sobre pessoas ou até lugares. O preconceito regional acarreta atitudes discriminatórias e consiste em opiniões depreciativas sobre as diferenças presentes nas falas, nos costumes e nas tradições das regiões. Com base nisso, responda:

a) Você acha que esse tipo de preconceito existe no Brasil? Por quê?

b) Você já vivenciou ou presenciou algum exemplo de preconceito regional?

c) É possível combater os preconceitos regionais? De que forma? Compartilhe com os colegas.

3 › Você sabia que o rádio criou os primeiros ídolos populares nacionais? Foi nos anos 1930, 1940 e 1950, na chamada "era do rádio", quando havia concursos para o "rei" e a "rainha" do rádio. Além disso, as radionovelas e os programas musicais popularizaram em todo o país pessoas como Carmem Miranda, Francisco Alves, Dalva de Oliveira e Orlando Silva. Leia um pequeno texto sobre esse tema e responda às questões.

O Brasil já teve uma era do rádio, sabia? [...] Os formatos eram parecidos: musicais de inúmeros gêneros, novelas, noticiários, programas de humor, seriados de aventuras, transmissões esportivas, hora certa, *jingles* deliciosos (*jingles* eram os comerciais cantados). Durante 20 anos, o brasileiro viveu ao pé do rádio, sua principal fonte de informação e deleite. As vozes dos ídolos penetravam em todas as casas de família [...] e despertavam paixões e iras, embora a poucas dessas vozes os ouvintes pudessem atribuir rostos. [...] Em fevereiro de 1948, surgiu uma revista para mostrar não apenas como eram, fisicamente, os donos das vozes, mas também o que sentiam, pensavam e faziam fora do microfone, [...], quanto ganhavam, qual era a marca do seu carro ou da pasta de dente e se ainda moravam ou não com a mãe. Era a *Revista do Rádio* [...]

Pelos 22 anos seguintes, até 1970, seus mais de mil números foram de leitura obrigatória para os fãs sedentos de fofocas. Hoje, folhear sua coleção pode oferecer subsídios para a História, porque a *Revista do Rádio* documentou a evolução do maior veículo de comunicação no Brasil e testemunhou o seu progressivo destronamento pela televisão (e, por isto, teve também de adaptar-se, passando a chamar-se *Revista do Rádio e TV* a partir de 1960).

Fonte: CASTRO, Ruy. *Era do Rádio*. Observatório da imprensa, 16 nov. 2002. Disponível em: <www.observatoriodaimprensa.com.br/artigos/asp201120029.htm>. Acesso em: 4 maio 2018.

a) Como você definiria a "era do rádio" no Brasil? Justifique.

b) A *Revista do Rádio*, surgida em 1948, foi a primeira revista de fofocas sobre as hoje chamadas "celebridades". Ela serviu de modelo para as centenas de revistas e até *sites* desse tipo, que surgiram nas últimas décadas e anos. O que você acha desse tipo de conteúdo? Compartilhe com os colegas a sua opinião.

c) Ao perceber a popularidade e a importância da rádio como unificação cultural do país, o governo federal na chamada Era Vargas (1930-1946) logo procurou controlar esse meio de comunicação. Ele estatizou a principal rádio da época, a Nacional, e criou o programa "A Voz do Brasil", que passou a ser obrigatório para todas as rádios. Políticos também passaram a se apropriar de estações de rádio (e depois das de televisão).

Sobre isso, responda:

- Em sua opinião, os meios de comunicação de massa (rádio e televisão) exercem grande influência sobre a opinião das pessoas?
- Por que você acha que o governo escolheu o período entre as 19 horas e as 21 horas para divulgar a sua versão dos acontecimentos?

Autoavaliação

1. Quais foram as atividades mais fáceis para você? Por quê?
2. Algum ponto deste capítulo não ficou claro? Qual?
3. Você participou das atividades em dupla e em grupo e expressou suas opiniões?
4. Como você avalia sua compreensão dos assuntos tratados neste capítulo?

» **Excelente**: não tive dificuldade.

» **Bom**: consegui resolver as dificuldades de forma rápida.

» **Regular**: tive dificuldade para entender os conceitos e realizar as atividades propostas.

Lendo a imagem

1› Neste capítulo, você estudou a atual divisão regional do IBGE. Mas nem sempre essa divisão foi assim. Observe o mapa a seguir:

Brasil: divisão regional (1970)

Portal de Mapas/Arquivo da editora

Fonte: elaborado com base em: CAMPOS, Flávio; DOLHNIKOFF, Miriam. *Atlas História do Brasil*. São Paulo: Scipione, 2011.

Compare o mapa acima com o mapa *Brasil: divisão regional segundo o IBGE*, da página 194, e responda:

a) O que permanece igual nos dois mapas? O que mudou?

b) Por que você acha que essas mudanças ocorreram?

2› Observe a tira abaixo e responda as questões:

Quino/Fotoarena

a) Qual é a ironia que a tira apresenta?

b) Quais recursos uma pessoa que pretende compreender melhor o mundo deve consultar? Justifique sua resposta.

CAPÍTULO

10 Nordeste

Rubens Chaves/Pulsar Imagens

Vista do polo industrial no município de Camaçari (BA), em 2017.

Você provavelmente sabe que o Nordeste brasileiro tem belas praias e lugares aprazíveis. Você já deve ter ouvido falar das secas nessa região, fenômeno muito explorado pela literatura, em romances, e pela mídia, em filmes, canções ou noticiários. Muitas vezes, as imagens transmitidas pelos meios de comunicação são exageradas e originam ideias equivocadas.

Neste capítulo, você vai conhecer não apenas o Nordeste onde ocorrem as secas, mas também a região moderna, que possui entre suas paisagens metrópoles e cidades com áreas industriais, comércio intenso, estações de metrô e agricultura de ponta.

Para começar

1. Como ocorre em todo o Brasil, a região Nordeste também é uma área com grandes contrastes. Você já ouviu falar sobre algum contraste dessa região?
2. Você conhece áreas modernas no atual Nordeste brasileiro, como mostra a foto desta página? Cite pelo menos três.

1 Breve histórico

O Nordeste do Brasil é a região brasileira onde mais se percebem os traços da colonização. Foi a primeira área de povoamento europeu e, durante três séculos, aproximadamente, a principal região econômica do Brasil colonial. Em algumas capitais nordestinas, como Salvador (BA), Recife (PE) e São Luís (MA), ainda existem igrejas e sobrados construídos naquela época. Ao longo de todo o período colonial (meados do século XVI até o início do século XIX), essas cidades foram mais relevantes do que outras, como São Paulo (SP), Belo Horizonte (MG), Curitiba (PR) e Porto Alegre (RS).

Nereu Jr./Pulsar Imagens

Fachada da Igreja Madre de Deus, em Recife (PE), construída no período do Brasil colonial. Foto de 2017.

A colonização do Nordeste teve como base, principalmente, a cana-de-açúcar, que era cultivada em grandes propriedades monocultoras e com a utilização do trabalho dos africanos que foram escravizados. Além da cana, foram explorados outros produtos, como o algodão, especialmente no Maranhão, e a pecuária no Sertão nordestino. Até hoje, encontram-se canaviais nos melhores solos nordestinos, desde o Rio Grande do Norte até o norte da Bahia.

A ocupação colonial, voltada exclusivamente para o enriquecimento de Portugal, deixou no Nordeste características marcantes, como a pouca vegetação original – a mata Atlântica – que existia na faixa litorânea. Desde o século XVI, grande parte desse bioma foi destruído.

A ideia que temos do Nordeste como uma grande região homogênea do espaço brasileiro é recente: data do final do século XIX e início do século XX. Nos períodos anteriores havia vários "Nordestes", áreas muito diferentes e com economias regionais relativamente isoladas umas das outras: a região açucareira da Zona da Mata, centralizada em Recife e Olinda; o Sertão pecuário, servindo de complemento da Zona da Mata; a região do Maranhão e arredores, onde durante muito tempo houve uma administração colonial diferente; e a área hoje correspondente aos estados do Ceará e do Piauí, que, por séculos, manteve pouca ligação com o restante da região.

Com o processo de integração nacional, ocorrido em decorrência da industrialização do país concentrada em São Paulo, o Nordeste começou a ser visto como uma grande região com traços comuns entre seus estados. Os recursos gerados pelo café e principalmente pela indústria no século XX permitiram a construção de uma rede de transportes – sobretudo rodovias – que efetivamente integraram o território nacional, que antes era constituído por áreas ou regiões que, muitas vezes, tinham maior contato com o exterior do que com o restante do país.

Entretanto, a industrialização do Brasil, concentrada no Centro-Sul, coincidiu com a decadência econômica das áreas canavieira e algodoeira nordestinas, fato que originou um fluxo emigratório da região. O Nordeste, então, se tornou fornecedor de mão de obra para as demais regiões.

As migrações nordestinas

Como vimos no capítulo 3, no Brasil, as migrações internas mais importantes foram as do Nordeste para o Centro-Sul do país. Nos anos 1950 e 1960, a industrialização e a melhoria nos meios de transporte intensificaram esse processo migratório, principalmente para São Paulo, que era vista como "uma terra de oportunidades".

A partir da década de 1980, as migrações para São Paulo, Rio de Janeiro e para o Sul do país, diminuíram. Dessa década em diante, houve migração de nordestinos para a área central do país, especialmente para Goiás, onde foi construída a cidade de Brasília.

Arquivo/Agência Estado

Migrantes nordestinos rumo a São Paulo (SP), em 1960. A carroceria do caminhão, conhecido como pau-de-arara, foi adaptada para transportar passageiros. Atualmente, esse tipo de transporte é considerado irregular, por não oferecer condições mínimas de segurança para os passageiros.

A migração nordestina para as regiões Sul e Sudeste do país diminuiu bastante em função do crescimento econômico (e oferta de empregos) em outras regiões do Brasil, especialmente no Centro-Oeste, no Norte e também no Nordeste. Os problemas ocasionados pelo aumento do desemprego nas grandes cidades do Centro-Sul, principalmente no Rio de Janeiro e em São Paulo, e a elevada concentração populacional nessas cidades também contribuíram para a diminuição da migração de trabalhadores do Nordeste para o Centro-Sul. O processo atual de migração é "polinucleado", ou seja, para diferentes polos. Ocorre também uma "migração de retorno", ou seja, de nordestinos retornando à sua região em virtude do crescimento econômico e maior geração de empregos no Nordeste.

Motivo das migrações

Muitas pessoas atribuem a saída de nordestinos para outras regiões do Brasil ao problema da seca. Mas, na realidade, essa nunca foi a principal causa da saída da população dessa região. Pesquisas realizadas com pessoas que migraram dos estados do Nordeste para morar no Centro-Sul do país revelaram que a maioria delas vieram da Zona da Mata, área litorânea onde não ocorrem secas.

O principal motivo dessas migrações quase sempre foi a busca de melhores condições de vida. O desemprego na região se devia à estrutura fundiária na qual há grande concentração das terras rurais e falta de apoio à pequena produção agrícola. É por isso que, a partir dos anos 1990, com uma relativa melhora nas condições econômicas do Nordeste, esse êxodo diminuiu sensivelmente.

Texto e ação

- Converse com os colegas: Se a estrutura fundiária no Nordeste não fosse tão concentrada e se houvesse um apoio governamental à pequena produção agrícola na região, o êxodo de nordestinos para o Centro-Sul teria ocorrido com a mesma intensidade? Justifique.

2 Meio físico

O relevo do Nordeste é marcado pela existência de dois antigos e extensos planaltos – o planalto Nordestino e o planalto da Borborema –, além de algumas áreas altas e planas que formam as chapadas Diamantina e do Araripe. Entre essas regiões, encontram-se depressões onde está localizado o Sertão, de clima semiárido.

O clima regional em geral é quente e apresenta temperaturas elevadas, cuja média anual varia de 20 °C a 28 °C. Nas áreas situadas acima de 200 metros e no litoral oriental, as temperaturas variam de 24 °C a 26 °C. As médias anuais inferiores a 20 °C concentram-se nas áreas mais elevadas da chapada Diamantina e no planalto da Borborema.

No Nordeste, podem ser encontrados os climas tropical úmido – do litoral da Bahia ao litoral do Rio Grande do Norte – e semiárido – presente no Sertão, incluindo o norte de Minas Gerais. O índice de precipitação anual varia de 300 milímetros (no Sertão) até cerca de 2 mil milímetros (no litoral).

Enquanto no Sertão interiorano ocorrem períodos de secas, em outras áreas, especialmente no litoral, chuvas abundantes podem ocasionar inundações.

Minha biblioteca

Guia da mochila – Nordeste, de Maria do Carmo Vaz de Melo. Belo Horizonte: Dimensão, 2006.

Motociclistas combinam de se encontrar na cidade de Natal para viajar pelo Nordeste. Durante a viagem, retratam-se paisagens do Sertão, do Agreste e do litoral nordestino.

Hidrografia

A hidrografia do Nordeste é a menos rica do Brasil, tanto em águas superficiais (rios e lagos) quanto em águas subterrâneas. Entretanto, em comparação com as demais regiões do Brasil, existem aí lençóis subterrâneos de água e algumas bacias ou regiões hidrográficas importantes, como a do São Francisco e a do Parnaíba. Observe o mapa.

Principais aquíferos

Aquífero, como vimos no capítulo 8, é uma importante reserva de água subterrânea. No Nordeste, os principais aquíferos conhecidos são:

- o da bacia Tucana (Tucano-Jatobá), na fronteira da Bahia com Pernambuco;
- o da chapada do Araripe, entre Ceará, Pernambuco e Piauí;
- o da chapada do Urucuia, na fronteira da Bahia com Minas Gerais;
- o da chapada do Irecê, na Bahia.

O uso da água subterrânea por meio de poços artesianos é importantíssimo no Nordeste. Cidades inteiras, como Maceió e Natal, são abastecidas dessa forma. No Piauí e no Maranhão, o percentual de aproveitamento de água subterrânea ultrapassa os 80%. O seu uso na agricultura, na irrigação dos cultivos, há tempos é significativo e vem se expandindo cada vez mais em diversas áreas da região, com destaque para Rio Grande do Norte, Piauí, Pernambuco e Bahia.

Nordeste: relevo e hidrografia

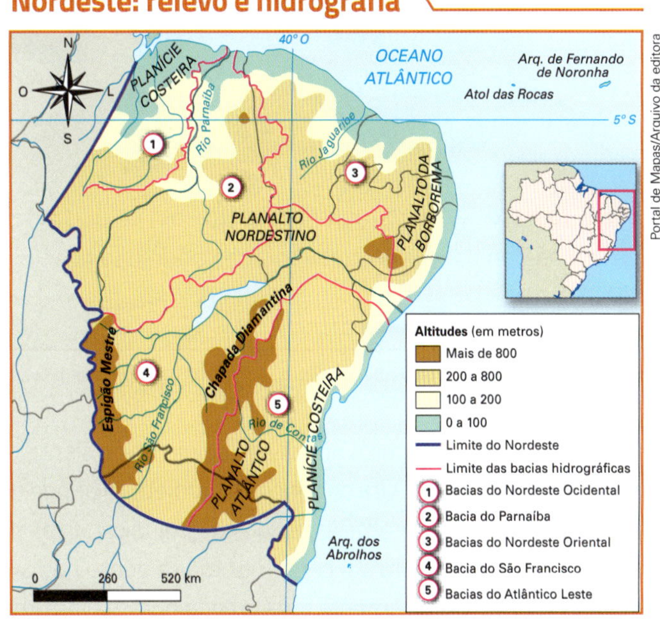

Fontes: elaborado com base em IBGE. *Atlas nacional do Brasil*. Rio de Janeiro, 2000; BRASIL. Ministério do Meio Ambiente. Secretaria de Recursos Hídricos, 2007. Disponível em: <http://arquivos.ana.gov.br/institucional/spr/conjuntura/ANA_Conjuntura_Recursos_Hidricos_Brasil/ANA_Conjuntura_Recursos_Hidricos_Brasil_2013_Final.pdf>. Acesso em: 20 jun. 2018.

Bacia hidrográfica do São Francisco

É constituída pelo rio São Francisco (rio principal) e um grande número de afluentes e subafluentes, muitos deles temporários. Essa bacia compreende 8% do território brasileiro e mais de 40% da área total do Nordeste. Além da produção de energia elétrica realizada pelas hidrelétricas de Três Marias, Sobradinho, Paulo Afonso e Xingó, nessa bacia são praticadas atividades de pesca e navegação.

A bacia é fundamental para a agricultura irrigada nas suas margens, e parte das águas do rio São Francisco está sendo desviada para abastecer áreas carentes no Sertão situadas ao norte desse rio. É a chamada **transposição das águas do São Francisco**, um projeto de 700 quilômetros de canais de concreto conduzido pelo governo federal desde o final dos anos 1990 e que em 2017 iniciou suas operações. O projeto da transposição é composto de dois eixos principais, o norte e o leste, conforme mostra o mapa a seguir.

Transposição do rio São Francisco

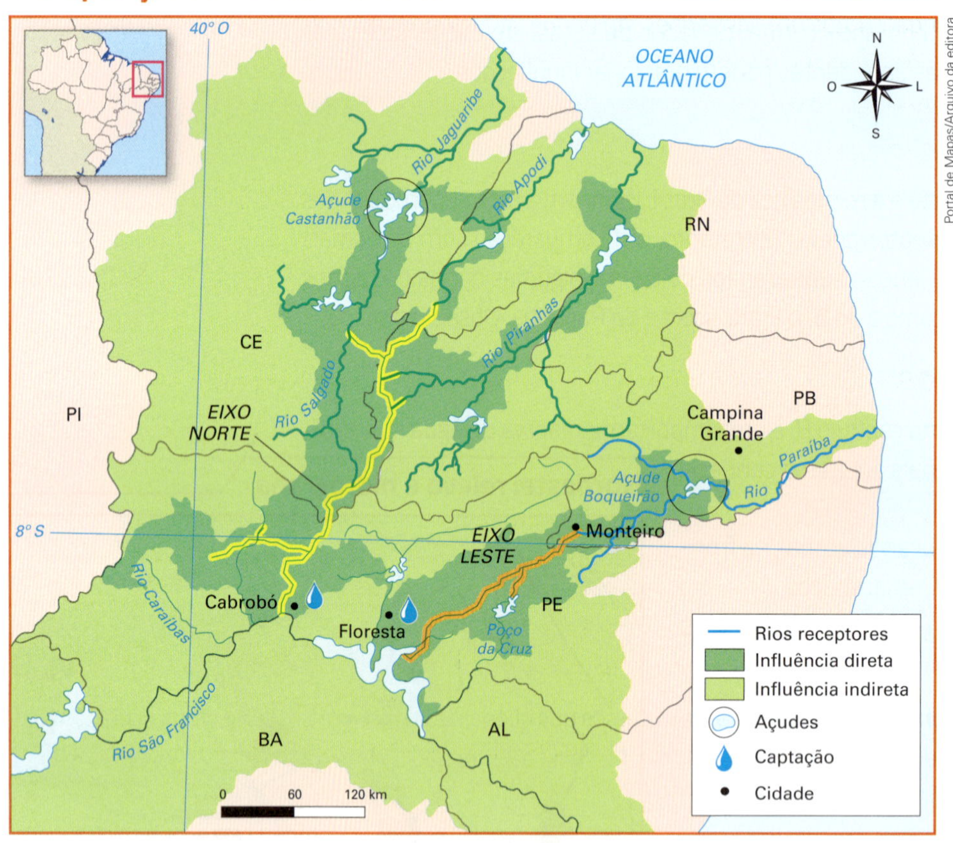

Portal de Mapas/Arquivo da editora

Fonte: elaborado com base em *Folha de S.Paulo*, 11 mar. 2018. Disponível em: <www1.folha.uol.com.br/cotidiano/2018/03/apos-1-ano-transposicao-do-sao-francisco-ja-retira-1-milhao-do-colapso.shtml>. Acesso em: 20 jun. 2018.

É um projeto polêmico que divide a opinião de cientistas, engenheiros, políticos e da própria população. Para os críticos do projeto, ele pode representar uma catástrofe, pois vai diminuir a já carente vazão do rio, prejudicando as populações ribeirinhas. Para os defensores, o projeto vai beneficiar muita gente nas áreas que vão receber essas águas. Como em praticamente toda grande obra, haverá impactos ambientais e sociais positivos e negativos. A questão é: quem vai ganhar e quem vai perder com essa transposição? Os que vão ganhar são maioria ou minoria em relação aos que serão prejudicados?

Mundo virtual

Ministério da Integração Nacional.
Disponível em: <www.integracao.gov.br>.
Acesso em: 3 jun. 2018.

O *site* apresenta informações sobre programas de desenvolvimento regional e nacional, obras contra a seca e de infraestrutura hídrica.

Bacia do Parnaíba

Formada pelo rio Parnaíba e afluentes, essa bacia abrange quase 4% do território brasileiro e 21,5% da área territorial do Nordeste, ocupando boa parte dos estados do Maranhão e do Piauí e uma pequena parte do Ceará. O maior adensamento humano nessa bacia fica na cidade de Teresina, capital do Piauí, onde o Parnaíba recebe as águas do rio Poti.

Delfim Martins/Pulsar Imagens

Rio Poti em trecho no município de Teresina (PI), em 2015.

Outras bacias

As regiões hidrográficas do **Nordeste Ocidental**, do **Nordeste Oriental** e do **Atlântico Leste** abrangem conjuntos de bacias formadas por vários rios: Pindaré, Itapicuru, Jaguaribe, Capibaribe, Jequitinhonha, Doce, Paraíba do Sul e outros. Todos têm importância para o abastecimento urbano de algumas cidades e principalmente para a agricultura e pecuária. Contudo, muitos desses rios são temporários ou intermitentes.

Texto e ação

1 A respeito das relações entre o clima e o relevo do Nordeste, leia o texto abaixo:

> Alguns estudos atribuem as origens do planalto ou serra da Borborema aos efeitos do clima. Ao longo de milhões de anos, as intempéries teriam moldado o relevo acidentado dessa região, formada pelas terras altas que dão um ar montanhoso a porções do interior de Pernambuco, Paraíba, Alagoas e Rio Grande do Norte. Outros trabalhos debitam as origens do platô na conta de processos geológicos que ocorreram no período Cretáceo, entre 136 e 65 milhões de anos atrás. A separação da América do Sul e da África, que até então formavam um único bloco no antigo supercontinente Gondwana, fez nascer o oceano Atlântico e, segundo a teoria mais aceita, provocou um estiramento da crosta terrestre em trechos do Nordeste brasileiro. A camada mais externa da Terra se tornou mais fina na região e uma das consequências desse estirão seria o aparecimento de elevações em certos pontos, como o planalto da Borborema. [...]
>
> Com altitude média de 500 metros e picos extremos que chegam a 1 200 metros, o planalto da Borborema é uma das formações naturais mais interessantes e desafiadoras para os geofísicos brasileiros. Seus domínios englobam cidades conhecidas, como a paraibana Campina Grande e a pernambucana Caruaru. [...]

Fonte: PIVETTA, Marcos. A origem da montanha. Disponível em: <http://revistapesquisa.fapesp.br/2012/07/16/a-origem-da-montanha>. Acesso em: 26 jun. 2018.

Agora, responda às questões.

a) Quais fenômenos do meio físico teriam formado o planalto da Borborema? Comente.

b) Do ponto de vista da ocupação do espaço, o que se pode afirmar sobre o planalto da Borborema?

c) Que tipo de trabalho realiza um geofísico? Se necessário, pesquise e converse com os colegas.

2 Quais são os argumentos favoráveis e contrários à transposição das águas do rio São Francisco? Em duplas, pesquisem qual é a situação atual dessa transposição, que aspectos positivos e negativos ela acarreta. Por fim, responda: qual é a sua opinião sobre o projeto?

3 Sub-regiões do Nordeste

Costumam-se reconhecer quatro unidades ou sub-regiões principais no Nordeste brasileiro: Meio-Norte, Sertão, Zona da Mata e Agreste (veja o mapa ao lado). Vamos conhecer cada uma delas.

Sub-regiões do Nordeste

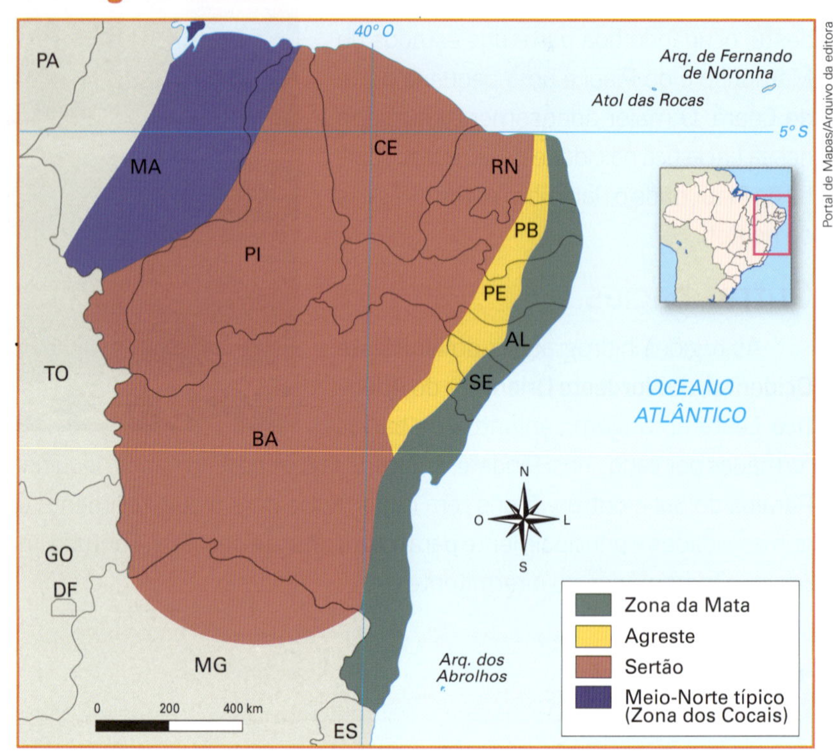

Fonte: elaborado com base em IBGE. *Atlas nacional do Brasil*. Rio de Janeiro, 1993; IBGE. *Região Nordeste*. Rio de Janeiro, [s.d.].

Meio-Norte ou Nordeste Ocidental

É uma área de transição entre o Norte (Amazônia) e o Nordeste, especialmente o Sertão. Apesar de tradicionalmente se considerar Meio-Norte todo o Maranhão e todo o Piauí, na verdade somente uma área que vai da bacia do rio Grajaú, a oeste, até a bacia do rio Parnaíba, a leste, pode de fato ser considerada Meio-Norte, ou área de transição entre o Sertão semiárido e a Amazônia úmida.

Nessa faixa de terra encontra-se a **Mata dos Cocais**, paisagem típica do Meio-Norte, que é uma vegetação de transição entre a Caatinga e a Floresta Amazônica. É constituída por palmeiras, como a carnaúba e, principalmente, o babaçu. Os índices de pluviosidade são elevados na porção oeste e diminuem para o leste e para o sul. Também conhecida como Zona dos Cocais, é uma área de vegetação peculiar caracterizada por extensos babaçuais.

Babaçual: vegetação onde predominam babaçus, palmeiras cujos frutos, sementes, casca e folhas são aproveitados para a produção de óleo, leite de coco, sabão, na elaboração de artefatos de palha, entre outros.

Nessa unidade econômica, predominam o extrativismo vegetal (babaçu) e a agricultura tradicional de algodão, cana-de-açúcar e arroz. A palmeira babaçu é explorada pelas mulheres, conhecidas como "quebradeiras de coco-babaçu". Depois de muita luta, elas conquistaram o direito de acesso livre e de uso comum dessas palmeiras (Lei do Babaçu Livre, 1997). Ao impedir a derrubada indiscriminada dos babaçuais, até então praticada pelos pecuaristas, a lei também contribui para a sustentabilidade ambiental da Mata dos Cocais.

Cândido Neto/Opção Brasil Imagens

A vegetação na transição entre a Caatinga e a Floresta Amazônica – a Mata dos Cocais – é caracterizada pelos babaçus, palmeiras que podem chegar a 20 metros de altura. Na foto, babaçual no município de Timon (MA), em 2015.

Geolink 1

Leia o texto a seguir.

Quebradeiras de coco-babaçu

Do babaçu, nada se perde. Da palha, cestos. Das folhas, o teto das casas. Da casca, carvão. Do caule, adubo. Das amêndoas, óleo, sabão e leite de coco. Do mesocarpo, uma farinha altamente nutritiva. "A gente diz que a palmeira é nossa mãe", resume Francisca Nascimento, coordenadora-geral do Movimento Interestadual das Quebradeiras de Coco Babaçu. O tempo que o cacho com os cocos leva para cair é de exatos 9 meses. E é quando caem que entram em ação as quebradeiras de coco-babaçu, grupo de cerca de 300 mil mulheres espalhadas em comunidades camponesas do Maranhão, Piauí, Tocantins e Pará, em uma área de convergência entre o Cerrado, a Caatinga e a Floresta Amazônica, especialmente rica em babaçuais. Há gerações essa tem sido a rotina dessas trabalhadoras: passar o dia coletando os cocos e quebrando-os ao meio para extrair sobretudo suas amêndoas, das quais se produz um dos óleos mais versáteis da natureza.

Carolina Motoki/Repórter Brasil

Quebradeiras de coco-babaçu no município de Dom Pedro (MA), em 2018.

No entanto, a maior parte dos babaçuais está em grandes fazendas. As quebradeiras estão dispostas a mudar esse quadro. De violências sofridas durante décadas por essas mulheres, e resultado da sua ampla organização, foi criada a Lei Babaçu Livre, implantada pela primeira vez em 1997 no município maranhense de Lago do Junco. Outros municípios seguiram o exemplo e o Tocantins aprovou a lei em nível estadual. Basicamente, ela proíbe a derrubada de palmeiras e garante o acesso e o uso comunitário dos babaçuais por parte das quebradeiras, mesmo se estiverem em terras privadas. São raros, porém, os municípios nos quais a lei é cumprida. [...]

A luta é antiga. As dificuldades impostas levaram as quebradeiras a se organizar: o MIQCB [Movimento Interestadual das Quebradeiras de Coco Babaçu], rede de cooperativas, associações e comissões dedicada à luta pelo direito das comunidades que extraem o babaçu, tem mais de 20 anos. Desde então, a Lei Babaçu Livre tem sido a principal bandeira das quebradeiras.

De poucos anos pra cá, no entanto, a reivindicação começou a ser outra. Mulheres do Maranhão passaram a participar de uma articulação estadual que reúne indígenas, quilombolas e outros tipos de comunidades camponesas, na Teia de Povos e Comunidades Tradicionais. No aprendizado com os outros grupos, perceberam que seu modo de vida, sem um território garantido, permanecerá ameaçado e violentado. Suas vidas submissas aos desmandos de fazendeiros. [...]

"A implantação de grandes projetos está matando as nossas águas e a nossa terra, e assim a gente morre junto, mata a nossa cultura e a nossa história. Nós somos comunidades tradicionais, sim. Não é só um trabalho ser quebradeira, temos um jeito de nos relacionar com os babaçuais", disse Rosa, no último encontro da Teia, em dezembro de 2017.

Fonte: BARTABURU, Xavier. Quebradeiras de coco-babaçu. *Repórter Brasil*, 27 jan. 2018. Disponível em: <https://reporterbrasil.org.br/comunidadestradicionais/quebradeiras-de-coco-babacu>. Acesso em: 26 jun. 2018.

Agora, responda:

1. Por que o autor afirma que "do babaçu, nada se perde"? Você conhece ou utiliza algum derivado do babaçu? Qual?
2. Quais os problemas que as mulheres quebradeiras de coco enfrentam para poder exercer esse trabalho?
3. Por que as quebradeiras de coco, mais recentemente, se aproximaram de outros grupos sociais? Essa aproximação é importante? Explique.
4. Localize o espaço geográfico brasileiro onde os babaçuais se desenvolvem e o descreva brevemente.

Sertão

O Sertão nordestino, imensa área interior, apresenta clima semiárido e vegetação de Caatinga. Caracterizado por índices de pluviosidade baixos e irregulares e pela ocorrência periódica de secas, é também conhecido como Polígono das Secas.

Abrange a maior parte da área do Nordeste, incluindo o norte de Minas Gerais, mas abriga apenas uma pequena parcela da população nordestina: os índices de densidade demográfica são os mais baixos de toda a região, embora ela seja considerada como uma das áreas semiáridas mais habitadas do mundo.

A principal atividade econômica do Sertão é a pecuária extensiva e de corte. Os brejos, locais mais úmidos por se situarem em encostas e vales fluviais, são as principais áreas agrícolas. Neles, cultivam-se milho, feijão e cana-de-açúcar. Em algumas áreas, como no vale do Cariri cearense, cultiva-se o algodão de fibra longa, de altíssima qualidade, denominado seridó. Nas áreas litorâneas do Ceará e do Rio Grande do Norte, pratica-se a extração do sal, exportado principalmente pelos portos de Areia Branca e de Macau, no Rio Grande do Norte.

Desde o século XVI até o ano de 2018, registraram-se aproximadamente 50 secas no Sertão nordestino; treze ocorreram no século XX. De 1877 a 1879, ocorreu a seca que mais vitimou pessoas e gado: calcula-se que morreram cerca de 500 mil pessoas em razão da escassez de água. Entretanto, esse número talvez seja exagerado, pois não foi calculado com rigor, mas divulgado por algumas autoridades regionais, que pleiteavam mais ajuda do governo imperial (o Brasil era uma monarquia). De 1979 a 1984, ocorreu outra grave seca, que havia sido prevista em meados da década de 1970 por um estudo realizado pelo Centro Tecnológico da Aeronáutica, localizado em São José dos Campos (SP).

Desde a época do Império no Brasil (1822-1889), o governo federal adota uma política de combate aos efeitos da seca, construindo açudes para represar os rios locais e conseguir reservatórios de água para tornar perenes os rios temporários. Em 1909, foi criada a Inspetoria de Obras contra as Secas (Iocs), mais tarde transformada em Departamento Nacional de Obras contra as Secas (Dnocs), o qual foi incorporado à Superintendência do Desenvolvimento do Nordeste (Sudene) em 1959.

Açude: reservatório destinado a armazenar água para ser utilizada, em geral, na irrigação de lavouras e no abastecimento da população.

Nordeste: áreas semiáridas e sujeitas à desertificação

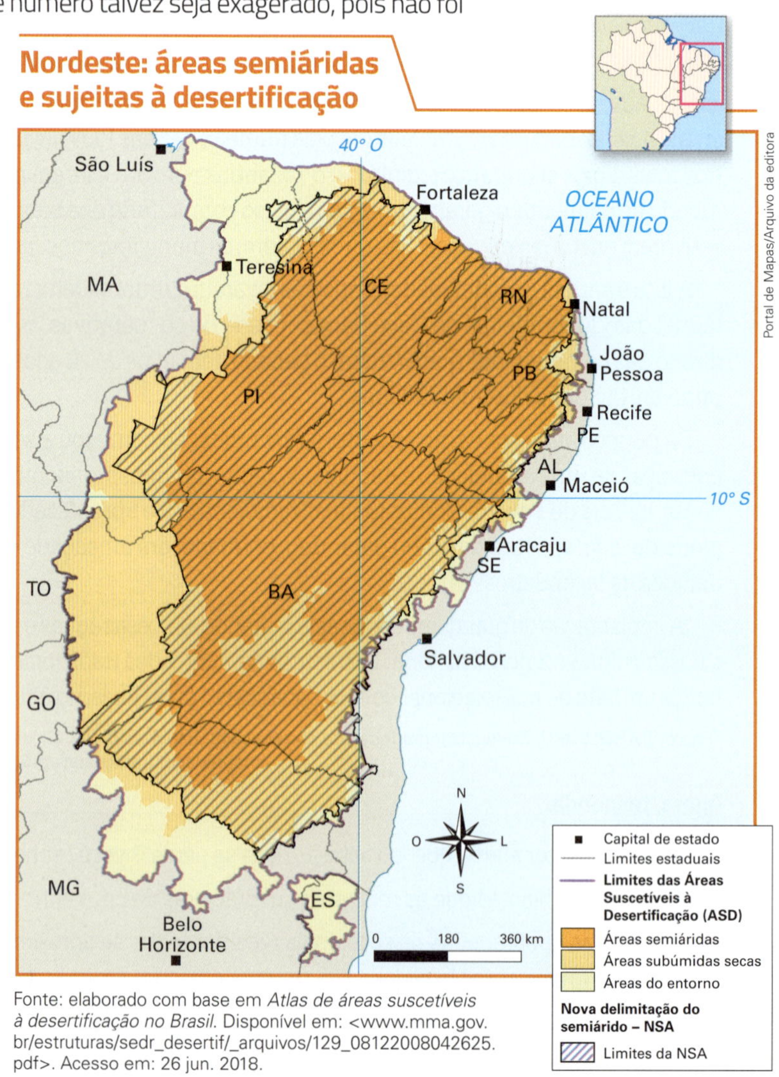

Fonte: elaborado com base em *Atlas de áreas suscetíveis à desertificação no Brasil*. Disponível em: <www.mma.gov.br/estruturas/sedr_desertif/_arquivos/129_08122008042625.pdf>. Acesso em: 26 jun. 2018.

Essas medidas não resolveram o problema, apenas o mitigaram. Ainda beneficiaram grandes proprietários de terras, os chamados "coronéis", e políticos ligados a partidos no poder. Geralmente construídos com recursos públicos em grandes propriedades particulares, os açudes acabam sendo controlados pelo fazendeiro, que os utiliza em proveito próprio. As verbas federais destinadas ao combate dos efeitos das secas são distribuídas a políticos ligados a partidos no poder, que as empregam, muitas vezes, apenas para garantir votos.

Candido Neto/Olhar Imagem

Açude no município de São João do Piauí (PI), em 2016.

É por isso que se utiliza a expressão "indústria da seca" para denominar os interesses econômicos e políticos de grupos que lucram com esse fenômeno. Esses grupos procuram divulgar exageradamente a imagem da seca, que exigiria constantes recursos financeiros do restante do país para ajudar as vítimas desse fenômeno. Porém, as vítimas da seca são quem menos se beneficia desses recursos.

Zona da Mata

A Zona da Mata nordestina, ou Litoral oriental, é uma área de clima tropical úmido, que se estende do Rio Grande do Norte até a Bahia e concentra a maioria dos habitantes da grande região Nordeste. Nela são registradas elevadas densidades demográficas e se encontram cidades populosas. Compreende as seguintes subunidades:

Zona da Mata açucareira: Estende-se do Rio Grande do Norte até a parte setentrional da Bahia, onde predominam as grandes propriedades agrícolas que praticam a monocultura canavieira voltada para a exportação do açúcar. Os maiores problemas nordestinos estão concentrados nessa área: aí existe uma estrutura fundiária com grande concentração da terra rural, há bolsões de pobreza e boa parte dos trabalhadores rurais recebe menos de um salário mínimo por mês. Foi dessa área, e não do Sertão, que saiu grande parte dos migrantes nordestinos.

Rogério Reis/Tyba

Plantação de cana-de-açúcar no município de Jaboatão dos Guararapes (PE), em 2015.

Recôncavo Baiano: Área ao redor de Salvador de onde se extrai boa parte do petróleo nacional. Já foi a principal área petrolífera do país, mas foi ultrapassada pela expansão dessa atividade na Baixada Fluminense (RJ). No Recôncavo há significativa industrialização, que vem crescendo desde os anos 1970, embora aí também se registrem problemas de submoradias, pobreza e mão de obra com remuneração muito baixa. Mas é uma área que vem se modernizando, inclusive com a implantação da indústria automobilística. O centro industrial de Aratu e o polo petroquímico de Camaçari, ambos na região metropolitana de Salvador, hoje são modernas áreas industriais, com indústrias petroquímicas, mecânicas, químicas e automobilísticas.

Sul da Bahia ou Zona do Cacau: Engloba as cidades de Ilhéus e Itabuna. Nessa área, durante muito tempo, predominou a monocultura cacaueira voltada para a exportação. O cultivo do cacau é feito de forma sombreada, pois o cacaueiro é uma planta que se desenvolve bem à sombra de árvores de maior porte. O "ciclo do cacau" (no final do século XIX e parte do XX, quando o Brasil era o maior produtor e exportador mundial desse produto), como é chamado por alguns historiadores, transformou a paisagem local: surgiram cidades e portos movimentados e uma vida cultural intensa.

Todavia, desde os anos 1990, a produção cacaueira no sul da Bahia está em decadência. Foi o fim do "ciclo do cacau" na região, que agora busca novas alternativas para se reconstruir: o turismo, principalmente, além de plantações de eucalipto para a produção de celulose, cultivos de café e frutas, etc. Porém, o cacau ainda persiste. A decadência dessa área cacaueira ocorreu devido aos seguintes fatores:

- baixa dos preços do cacau no mercado internacional desde o final dos anos 1980;
- concorrência com países africanos e asiáticos, que passaram a ser os principais produtores e exportadores do produto (Costa do Marfim, Gana, Indonésia, Nigéria e outros);
- fim da possibilidade de expansão das terras cultiváveis na região;
- falta de investimentos em técnicas modernas de plantio;
- infestação da praga vassoura-de-bruxa, que devastou grande parte das plantações baianas.

Tales Azzi/Pulsar Imagens

Plantação de cacau no município de Ilhéus (BA), em 2016. A produção cacaueira ainda subsiste no sul da Bahia nos dias atuais.

Agreste

É uma área de transição entre o Sertão e a Zona da Mata. Corresponde, de forma geral, ao planalto da Borborema. O que caracteriza essa unidade é o fato de possuir, ao lado de áreas mais úmidas na parte leste, outras áreas de clima semiárido e a Caatinga na parte ocidental. No Agreste, predominam as pequenas e médias propriedades e pratica-se uma policultura com o cultivo de algodão, café e agave ou sisal (planta da qual se extrai uma fibra utilizada para fabricar tapetes, bolsas e cordas, entre outros artefatos). Também se pratica a pecuária voltada para a produção de leite.

Policultura: cultivo de vários produtos em uma mesma área.

A estrutura fundiária do Agreste, em comparação com a monocultura em grandes propriedades da Zona da Mata, é mais constituída por propriedades familiares. A presença significativa de minifúndios, aliada a uma densidade demográfica de 95 hab./km^2, produz forte pressão sobre a terra, o que leva a constantes migrações para outras áreas ou regiões do país.

Localizam-se nessa região algumas cidades que desempenham o papel de capitais regionais, como Campina Grande, na Paraíba, Caruaru e Garanhuns, em Pernambuco, e Arapiraca, em Alagoas. Essas cidades, que já viveram basicamente do comércio, tirando proveito de sua localização estratégica entre a Zona da Mata e o Sertão, hoje possuem economias cada vez mais alicerçadas no turismo, com festas que atraem multidões, como, por exemplo, os carnavais fora de época e as festas juninas.

Emanuel Tadeu/Futura Press

Emanuel Tadeu/Futura Press

Todos os anos, a festa junina de Campina Grande (PB) recebe uma multidão de turistas do Nordeste e de outras regiões do Brasil. Nas fotos, à esquerda, público assiste a *show*; à direita, apresentação de quadrilha em Campina Grande (PB), em 2018.

Texto e ação

- Com base no mapa **Sub-regiões do Nordeste**, da página 216, responda:

  a) Que áreas podemos considerar como o Nordeste brasileiro?

  b) Qual é o menor estado do Nordeste? E o maior?

Geolink 2

Leia o texto a seguir.

Seca no Nordeste brasileiro

Vegetação seca no município de São Raimundo Nonato (PI), em 2016.

A seca é o resultado da interação de vários fatores, alguns externos à região (como o processo de circulação dos ventos e as correntes marinhas, que se relacionam com o movimento atmosférico, impedindo a formação de chuvas em determinados locais), e de outros internos (como a vegetação pouco robusta, a topografia e a alta refletividade do solo).

Muitas têm sido as causas apontadas, tais como o desflorestamento, temperatura da região, quantidade de chuvas, relevo topográfico [...] e o fenômeno "El Niño", que consiste no aumento da temperatura das águas do Oceano Pacífico, ao largo do litoral do Peru e do Equador.

A ação do homem também tem contribuído para agravar a questão, pois a constante destruição da vegetação natural por meio de queimadas acarreta a expansão do clima semiárido para áreas onde anteriormente ele não existia. [...]

As consequências mais evidentes das grandes secas são a fome, a desnutrição, a miséria e a migração para os centros urbanos (êxodo rural).

Os problemas que sucedem as secas resultam de falhas no processo de ocupação e de utilização dos solos e da manutenção de uma estrutura social profundamente concentradora e injusta. O primeiro fato se manifesta na introdução de culturas de difícil adaptação às condições climáticas existentes e do uso de técnicas de utilização dos solos não compatíveis com as condições ecológicas da região. O segundo ocasiona o controle da propriedade da terra e do processo político pelas oligarquias locais.

Esses aspectos agravam os resultados das secas e provocam a destruição da natureza [...].

Os problemas das secas somente serão superados por profundas transformações socioeconômicas de âmbito nacional. Várias têm sido as proposições formuladas:

- Transformar a atual estrutura agrária, concentradora de terra e renda, por meio de uma Reforma Agrária que faça justiça social ao trabalhador rural. [...]
- Implantar o Projeto de Transposição das Águas do Rio São Francisco para outras bacias hidrográficas do semiárido regional.

Não é possível eliminar um fenômeno natural. As secas vão continuar existindo. Mas é possível conviver com o problema. O Nordeste é viável. Seus maiores problemas são provenientes mais da ação ou omissão dos homens e da concepção da sociedade que foi implantada, do que propriamente das secas de que é vítima.

Fonte: GASPAR, Lúcia. *Seca no Nordeste brasileiro*. Fundação Joaquim Nabuco. Disponível em: <http://basilio.fundaj.gov.br/pesquisaescolar/index.php?option=com_content&view=article&id=418%3Aseca-no-nordeste-brasileiro&catid=53%3Aletra-s&Itemid=1>. Acesso em: 20 maio 2018.

Agora, responda:

1. Comente o seguinte trecho do texto: "Não é possível eliminar um fenômeno natural. [...] Mas é possível conviver com o problema".
2. Em sua opinião, as causas das secas no Sertão nordestino podem ser consideradas simples ou complexas (uma interação de vários fatores)? Justifique.
3. Como a ação antrópica acaba agravando as secas?
4. Quais foram as propostas apontadas para conviver com as secas? Troque ideias com os colegas: Em sua opinião, essas propostas são viáveis?

4 O "novo" Nordeste

A região Nordeste apresenta áreas industrializadas, bem como zonas de agropecuária moderna, que vêm se expandindo. Um dado que mostra a prosperidade do Nordeste pode ser a renda *per capita* da região, que de 2002 a 2015 cresceu 33,6%, enquanto a média do Brasil cresceu 25,4%.

Constituída por algumas metrópoles e áreas modernas, por uma crescente classe média (concentrada nas cidades), por uma música rica, danças variadas e belas paisagens, o Nordeste brasileiro cresce e continua apresentando um enorme potencial turístico.

Nos últimos anos, algumas áreas do Sertão nordestino passaram por um processo de modernização, sobretudo ao redor do rio São Francisco e na porção oeste da Bahia. Na primeira área, onde grandes projetos de irrigação criaram uma agroindústria (produção de frutas, vinicultura, entre outras), as cidades que mais se destacam são Juazeiro (na Bahia) e Petrolina (em Pernambuco), na realidade interligadas, dado que estão em margens opostas do São Francisco. A parte oeste da Bahia – onde existe o Cerrado no lugar da Caatinga – desenvolveu uma moderna agricultura de grãos (principalmente soja), que se prolonga até o sul do Piauí e do Maranhão.

A cidade de Fortaleza, de crescimento rápido e recente, com alguma industrialização e intensa atividade turística, destaca-se como receptora de grandes contingentes de migrantes oriundos do interior. Aí existe uma área de expansão industrial: o polo têxtil e de confecções de Fortaleza e do interior do Ceará, que cresceu significativamente nas últimas décadas. Há no Ceará dois importantes polos calçadistas: em Sobral e no Vale do Cariri, onde se formou a região metropolitana do Cariri (RMC), a partir da proximidade geográfica entre os municípios de Juazeiro do Norte, Crato e Barbalha.

Recife, capital de Pernambuco, se destaca pelo setor de informática, com o Porto Digital, o maior parque tecnológico do Brasil, e pelo setor industrial ao redor do porto de Suape. É uma região industrial e tecnológica que vem crescendo a um ritmo superior em relação à média do Nordeste e até mesmo do país.

O polo petroquímico de Camaçari, ao norte de Salvador, é hoje uma moderna área industrial. A Bahia é o estado com a economia mais forte do Nordeste, com um PIB de cerca de 201 bilhões de dólares em 2015 (7º lugar do país), o que equivale a 3,9% do PIB nacional e 26% do PIB da região. Em seguida, vêm Pernambuco, com um PIB de 139 bilhões de dólares (2,7% do PIB nacional e 17% do PIB do Nordeste), e Ceará, com 109 bilhões de reais (2,2% do PIB nacional e 13,5% do PIB do Nordeste).

Minha biblioteca

Cordel adolescente, ó xente!, de Sylvia Orthof. São Paulo: FTD, 2013.

O livro conta as aventuras da adolescente Doralice, que expõe histórias em cordéis nas feiras do Nordeste.

Parque tecnológico: área que concentra empresas de tecnologia, instituições de ensino e pesquisa tecnológicos, incubadoras de negócios (instituições que assessoram a criação de novas empresas, especialmente as inovadoras), que compartilham o mesmo ambiente.

Delfim Martins/Pulsar Imagens

O Porto Digital de Recife (PE) está na zona portuária da cidade. É considerado o mais importante parque tecnológico do país. Foto de 2018.

O grande número de cidades litorâneas com belas praias contribui para o desenvolvimento do turismo. Muitos estados investem na construção de parques aquáticos, complexos hoteleiros e polos de ecoturismo.

O Nordeste é a região brasileira que abriga o maior número de Patrimônios Culturais da Humanidade, como a cidade de Olinda (Pernambuco), São Luís (Maranhão) e o centro histórico do Pelourinho, em Salvador (Bahia). Há ainda o Parque Nacional da Serra da Capivara, no Piauí, um dos mais importantes sítios arqueológicos do país. Outro grande destaque mundial é Fernando de Noronha, pertencente a Pernambuco, com suas paisagens naturais e mar cristalino, que abriga golfinhos saltadores conhecidos em todo o mundo.

lazyllama/Shutterstock

O centro histórico do Pelourinho, bairro de Salvador (BA), é um Patrimônio Cultural da Humanidade, considerado um centro de conversão entre as culturas europeia, africana e indígena no Brasil. Foto de 2017.

Texto e ação

- Observe os gráficos e responda às questões:

Brasil: crescimento médio anual do PIB *per capita* pela região (2000-2010)

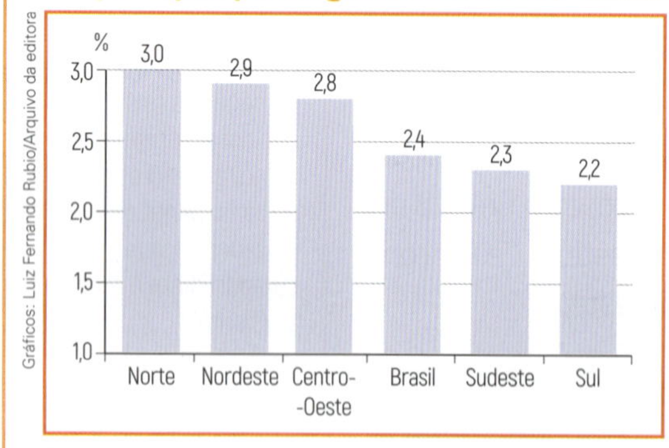

Gráficos: Luiz Fernando Rubio/Arquivo da editora

Fonte: elaborado com base em Brasil Debate. Disponível em: <http://brasildebate.com.br/qual-brasil-esta-crescendo-mais>. Acesso em: 2 jun. 2018.

Brasil: PIB por região (1999 e 2015)

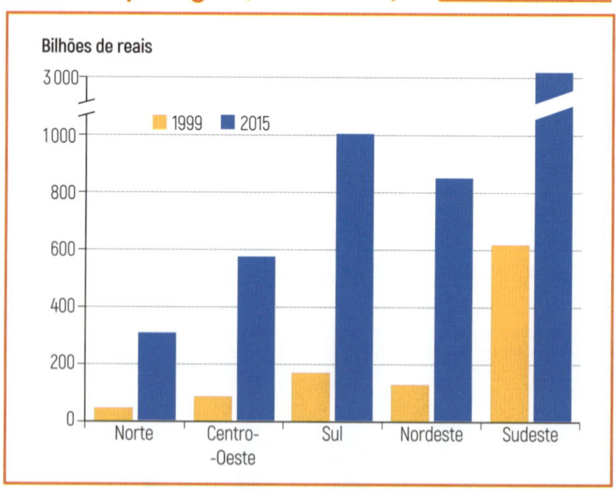

Fonte: elaborado com base em Deepask. Disponível em: <www.deepask.com/goes?page=Levantamento-mostra-como-o-PIB-esta-distribuido-entre-as-regioes-do-Brasil>. Acesso em: 20 maio 2018.

a) Esses dados comprovam ou desmentem a tese propagada por alguns segundo a qual as disparidades regionais estão aumentando no Brasil? Justifique.

b) Com base nas informações dos gráficos, você conclui que as migrações do Nordeste para o Sudeste e o Sul tendem a aumentar ou diminuir? Justifique.

CONEXÕES COM ARTE E HISTÓRIA

- Em Caruaru, no Agreste pernambucano, os moradores do bairro Alto do Moura eternizam as cenas e os personagens do Nordeste por meio do artesanato em barro. Essa é uma tradição iniciada há mais de setenta anos pelo Mestre Vitalino. Leia um texto que fala sobre isso.

Mestre Vitalino (Vitalino Pereira dos Santos)

(Ribeira dos Santos/PE, 1909 – Caruaru/PE, 1963)

Conhecido [...] por Mestre Vitalino, o artista foi inicialmente um agricultor desde os 9 anos de idade, quando ajudava seu pai na colheita da mamona e do algodão. Sua mãe lhe ensinou a tradição de fazer bichinhos e louças em miniaturas para serem vendidas na feira. Entre as representações de sua preferência havia a figura do trabalhador do campo, figuras de retirantes, cenas da vida, agrária ou urbana, cotidiana ou ritualística. Suas retratações atingem uma grande diversidade temática: casamento, nascimento, morte, músicos, cangaceiros, bois... [...].

Delfim Martins/Pulsar Imagens

No município de Caruaru (PE), artistas se inspiram na obra de Mestre Vitalino para criar o artesanato local. Na foto, bonecos de argila pintada em feira de artesanato. Foto de 2006.

Quando o artista atinge uma certa popularidade, muda-se para Caruaru (PE), onde inclui em sua temática retratos de cenas urbanas que abrangem desde consultórios médicos e de dentistas até estações de rádio e parques de diversões. Segundo a pesquisadora Lélia Coelho Frota "as primeiras figuras isoladas não levavam assinatura. Depois, no reverso de grandes grupos, ele escreve suas iniciais a lápis: V.P.S. É só em 1947 que utiliza carimbo com essas iniciais, para finalmente, em 1949, imprimir seu nome nas composições" [...].

Acervo/Folhapress

Mestre Vitalino criando um de seus bonecos em Caruaru (PE), 1958.

Mestre Vitalino é um dos artistas populares que mais difundiram sua obra pelos museus a fora. Podem-se observar peças dele no Museu do Homem do Nordeste, no Recife, Museu Castro Maya (Rio de Janeiro), Museu Nacional de Belas Artes (Rio de Janeiro), Museu Casa do Pontal. Há também uma galeria em sua homenagem organizada pela Coordenadoria Nacional de Folclore e Cultura Popular do Iphan [Instituto do Patrimônio Histórico e Artístico Nacional]. Seus filhos Amaro, Manuel e Maria e Antônio deram continuidade à arte do Mestre. Mas também Silvio, Vitalino e José, que são seus netos, exercem atualmente este mesmo legado do avô que morreu no início dos anos 1960 após ter contraído uma doença hoje mundialmente extinta, a varíola.

Fonte: MUSEU AFROBRASIL. *Mestre Vitalino.* Disponível em: <www.museuafrobrasil.org.br/pesquisa/indice-biografico/lista-de-biografias/biografia/2017/07/03/mestre-vitalino-(vitalino-pereira-dos-santos)>. Acesso em: 2 jun. 2018.

a) O que a obra de Mestre Vitalino retrata? Como é feita?

b) Você conhece outros exemplos de artesanato ou arte popular feitos com argila? Compartilhe com os colegas.

c) Converse com os colegas: Qual é a importância da obra de Mestre Vitalino?

ATIVIDADES

+ Ação

1› A região Nordeste, nas últimas décadas, vem crescendo mais que as regiões Sul e Sudeste do país. Entretanto, alguns argumentam que esse crescimento não beneficia toda a região. Leia o texto a seguir e responda às questões.

Nordeste ampliou concentração de riqueza em três Estados

O crescimento industrial do Nordeste não ocorre de forma igualitária, segundo avalia o professor do Departamento de Economia da Universidade Federal de Alagoas e doutor em economia regional, Cícero Péricles Carvalho. De acordo com ele, falar em desenvolvimento da região como um todo se torna um equívoco, já que a industrialização é um fenômeno real apenas em três Estados: Bahia, Ceará e Pernambuco.

Para Carvalho, os números pujantes da economia nordestina escondem uma ampliação da concentração das riquezas nos maiores centros da região, com pouca oportunidade para os demais Estados.

"Ampliou-se uma distorção já existente, que é a concentração geográfica interna. Na faixa oriental entre Fortaleza, Recife e Salvador, estão 90% do PIB industrial da região. Como as economias nordestinas são assimétricas, as unidades maiores e as mais ricas saíram na frente", declara.

Segundo ele, hoje, as regiões metropolitanas de Fortaleza, Recife e Salvador têm mais população e renda do que os estados de Alagoas, Paraíba, Rio Grande do Norte, Piauí e Sergipe juntos.

O "milagre econômico do Nordeste" está concentrado nos três grandes centros industriais, nos Estados de Ceará, Bahia e Pernambuco. O mais pujante deles é o Complexo Industrial Portuário de Suape, em Ipojuca (na região metropolitana do Recife [PE]). [...]

Fonte: MADEIRO, Carlos. *Nordeste ampliou concentração de riqueza em três Estados, diz economista*. Disponível em: <https://economia.uol.com.br/noticias/redacao/2013/02/19/investimentos-no-nordeste-se-concentram-em-ce-ba-e-pe.htm>. Acesso em: 2 jun. 2018.

a) Qual é a crítica que o economista citado no texto faz ao recente crescimento da região Nordeste?

b) Quais são os estados mais beneficiados com o crescimento industrial do Nordeste, segundo o texto?

c) Na sua opinião, as informações do texto comprovam uma desconcentração industrial no Brasil? Justifique.

2› Leia o texto a seguir e responda às questões.

Herança de um Brasil canavieiro

Foi das raspas endurecidas e restantes nos tachos de produção do açúcar que nasceu a rapadura. Sua rigidez garantia melhor transporte e conservação do adocicado a longas distâncias. Mas foi chegando ao Brasil que a rapadura se tornou uma verdadeira herança do chamado ciclo da cana-de-açúcar do século XVI até meados do século XVIII. Foi a primeira grande base da economia colonial, sendo o Nordeste brasileiro seu grande celeiro.

De acordo com o sociólogo André Azevedo, da Universidade Federal do Ceará (UFCE), a atividade simples e rudimentar, com pouca evolução do manejo, explica em parte a queda da demanda para esse trabalho. "É importante lembrar que as rotinas dos engenhos eram rotinas de escravidão. Muito trabalho e pouco descanso. O manejo da produção continua basicamente o mesmo, mas para os dias atuais, em que se entende a ilegalidade de jornadas de trabalho excessivas, mesmo o agricultor comum, sobretudo o jovem, não se sente atraído para essa atividade. [...] Para que não inviabilize o setor, seria importante incentivo governamental, mas sem nunca esquecer de que a escravidão, um dia base dessa atividade, já acabou há 150 anos".

Fonte: Melquíades Junior. Para tudo serve a rapadura. *Diário do Nordeste*, 2017. Disponível em: <http://diariodonordeste.verdesmares.com.br/editorias/regiao/para-tudo-serve-a-rapadura-1.1792369>. Acesso em: 2 fev. 2019.

a) Por que a rapadura é considerada "herança" do "Brasil canavieiro"?

b) Quais são as principais dificuldades na produção da rapadura nos engenhos do Nordeste?

c) Pesquise como é feita a rapadura. Em data combinada com o professor, compartilhe com os colegas o que descobriu.

Autoavaliação

1. Quais foram as atividades mais fáceis para você? Por quê?
2. Algum ponto deste capítulo não ficou claro? Qual?
3. Você participou das atividades em dupla e em grupo e expressou suas opiniões?
4. Como você avalia sua compreensão dos assuntos tratados neste capítulo?
   - **Excelente**: não tive dificuldade.
   - **Bom**: consegui resolver as dificuldades de forma rápida.
   - **Regular**: tive dificuldade para entender os conceitos e realizar as atividades propostas.

Lendo a imagem

1› Observe as imagens abaixo.

Delfim Martins/Pulsar Imagens

Praia em Beberibe (CE), em 2018.

Andre Dib/Pulsar Imagens

Praia em Maragogi (AL), em 2018.

a) O que as imagens revelam sobre a geografia do litoral nordestino?

b) Em sua opinião, que elementos dessas paisagens mais atraem os turistas? Por quê?

c) Você conhece algum local considerado turístico no Nordeste? Compartilhe com os colegas.

2› O Nordeste apresenta muitos contrastes sociais e econômicos. Observe as imagens abaixo.

Rubens Chaves/Pulsar Imagens

Em Fortaleza (CE) destaca-se o polo têxtil. Na foto, fábrica de camisetas, em 2013.

Du Zuppani/Pulsar Imagens

Homem em Santa Cruz da Baixa Verde (PE), em 2017.

Tales Azzi/Pulsar Imagens

Vista aérea de Maceió (AL), em 2017.

- Ao observar essas imagens da região Nordeste brasileira, que contrastes você observa? Elabore um pequeno texto, identificando-os.

CAPÍTULO

11 Centro-Sul

Zig Koch/Tyba

Vista de Curitiba (PR), metrópole regional do país. Foto de 2018.

Para começar

Observe a foto de uma paisagem do Centro-Sul do Brasil e responda às questões.

1. Você percebe contrastes nessa imagem? Quais?
2. Em sua opinião, grandes contrastes regionais geralmente são obra da natureza ou da sociedade?

Variedade de clima, solo, relevo e vegetação original. Grandes centros industriais e comerciais, agricultura moderna, áreas de economia agrária tradicional, tecnologia de ponta, universidades, centros de cultura e lazer. Poluição, comunidades, cortiços, violência, entre outros fatores caracterizam o Centro-Sul. A região mais povoada e industrializada do país também apresenta enormes contrastes internos.

1 A região mais rica e populosa do Brasil

O Centro-Sul é a região mais populosa e industrializada do Brasil, além de ter a agropecuária mais moderna e as principais redes de serviços, transporte e comunicação do país (aeroportos, jornais e revistas, televisão, provedores da internet, rodovias e portos, complexos hospitalares, universidades, centros de pesquisa científica e tecnológica, setor bancário, etc.). Concentra mais de 75% do PIB nacional, de acordo com dados do IBGE de 2015.

O estado mais forte economicamente é São Paulo, com um PIB de 1,8 trilhão de dólares em 2015, o que equivale a 32% do total nacional. Em seguida, vêm Rio de Janeiro, com um PIB de 671 bilhões de dólares (11,6% do total nacional), Minas Gerais, com um PIB de cerca de 516 bilhões de dólares em 2010 (8,6% do total), Rio Grande do Sul, com 357 bilhões (6,2%), e Paraná, com 348 bilhões (6%).

No Centro-Sul do Brasil, estão as duas metrópoles globais do país (São Paulo e Rio de Janeiro). Aí também se encontram as três metrópoles nacionais (São Paulo, Rio de Janeiro e Brasília), várias metrópoles regionais (Belo Horizonte, Porto Alegre e Curitiba) e outras aglomerações urbanas com mais de 1 milhão de habitantes (Goiânia, Campinas, Guarulhos, São Gonçalo, Duque de Caxias, Baixada Santista).

A região alcançou um grande desenvolvimento após a Independência do Brasil (1822), principalmente após a abolição da escravatura (1888). Os recursos oriundos das exportações do café e a mão de obra assalariada, especialmente dos imigrantes, incentivaram e disseminaram a industrialização da região.

Na época colonial, o estado do Rio de Janeiro e parte do estado de Minas Gerais foram os mais povoados e explorados economicamente pelos portugueses.

No Centro-Sul, fixaram-se os maiores contingentes de imigrantes: italianos, espanhóis, portugueses, japoneses, eslavos, alemães e outros. Com exceção do Rio de Janeiro e de parte de Minas Gerais, é marcante a presença de brancos (sobretudo imigrantes e seus descendentes), ao contrário das demais regiões brasileiras, onde esse grupo é minoritário.

A partir das primeiras décadas do século XX até o final desse século, o Centro-Sul recebeu um contingente enorme de migrantes de outras regiões do Brasil, especialmente do Nordeste. Por isso, mesmo abrangendo apenas cerca de 26% do território nacional, o Centro-Sul concentra mais de 60% da população brasileira.

Minha biblioteca

Um pau-de-arara para Brasília, de João Bosco Bezerra Bonfim. São Paulo: Biruta, 2010.

Por meio de versos de cordel, o livro apresenta as aventuras dos candangos, trabalhadores que migraram de diversas partes do Brasil para trabalhar nas obras de construção de Brasília.

Brasil: Centro-Sul (1972)

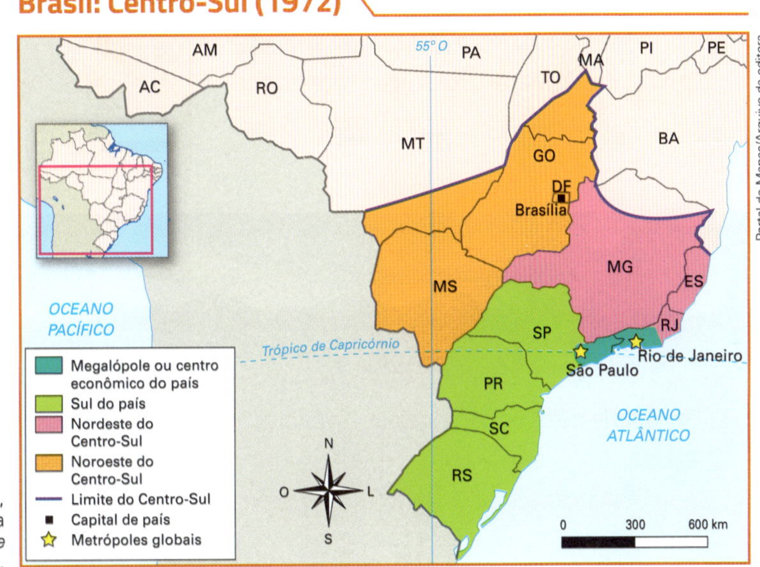

Fonte: elaborado com base em BECKER, Bertha. Crescimento econômico e estrutura espacial do Brasil. *Revista Brasileira de Geografia*. Rio de Janeiro, ano 34, n. 4, 1972.

Texto e ação

1 › Por ser o complexo regional brasileiro de mais intensa ocupação humana, o Centro-Sul apresenta as maiores diversidades na organização do espaço geográfico. Com base no mapa da página anterior, qual é o centro econômico da região Centro-Sul? Justifique a sua resposta.

2 › A região Centro-Sul recebeu inúmeras pessoas, vindas de outros estados brasileiros e de diversos países. Em duplas, conversem sobre as diversidades na ocupação humana do Centro-Sul.

2 Meio físico

O **relevo** da região Centro-Sul brasileira é bastante diversificado. Observe o mapa ao lado.

No extremo leste da região Centro-Sul, é possível observar terrenos elevados, que formam planaltos e serras. Na faixa litorânea predominam as escarpas, que são terrenos com mais de mil metros de altitude, como a serra do Mar, que se estende do litoral do estado do Rio de Janeiro até o norte do estado de Santa Catarina.

Na porção central, observam-se terras de baixas e médias altitudes, classificadas como planaltos e chapadas, principalmente na bacia do Paraná. Essas áreas sofreram intensos derrames vulcânicos em eras anteriores, que deram origem a um solo de rochas vulcânicas, extremamente fértil.

No noroeste do Centro-Sul, a paisagem é caracterizada por planaltos e serras, grandes divisores de águas entre as regiões hidrográficas Amazônica e do Tocantins-Araguaia.

Na extremidade oeste, destacam-se a planície e o Pantanal Mato-Grossense; na extremidade sul, os planaltos do Uruguai, banhados pelo rio Uruguai.

Centro-Sul: relevo e hidrografia

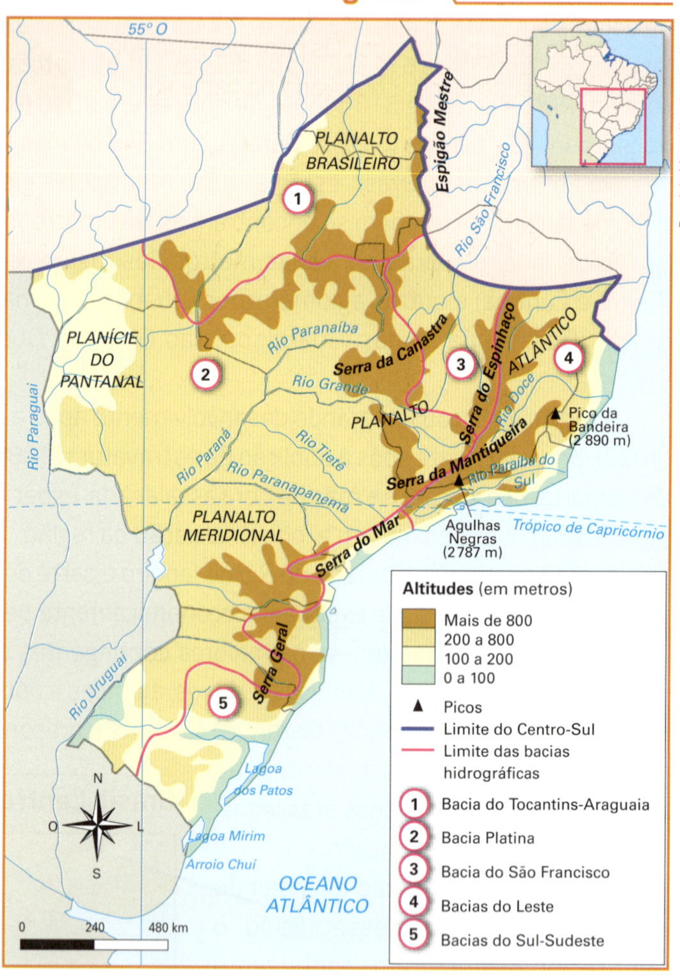

Fonte: elaborado com base em BECKER, Bertha. Crescimento econômico e estrutura espacial do Brasil. *Revista Brasileira de Geografia*. Rio de Janeiro, ano 34, n. 4, 1972.

Zig Koch/Opção Brasil Imagens

Serra do Mar, em trecho do município de Morretes (PR), em 2016.

A hidrografia da região é rica tanto em águas superficiais (rios e lagoas) quanto em águas subterrâneas. Na região se localizam algumas das bacias hidrográficas mais importantes do Brasil, destacando-se a bacia Platina (composta dos rios Paraná, Paraguai e Uruguai) e parte da bacia hidrográfica do Tocantins-Araguaia.

A bacia Platina é responsável pela maior parte da energia produzida na região; nela estão algumas das maiores usinas hidrelétricas do país, como Itaipu, Sérgio Motta e Ilha Solteira.

O **clima** do Centro-Sul também é bastante diversificado (observe o mapa). Os principais tipos de clima são o subtropical, observado na parte sul da região (Paraná, Santa Catarina e Rio Grande do Sul); o tropical úmido, predominante nas áreas litorâneas de São Paulo até o litoral do Espírito Santo; e o tropical típico, existente em boa parte dos estados de Minas Gerais, Mato Grosso do Sul e Goiás. Em áreas serranas ou de maior altitude, em São Paulo, Minas Gerais e Rio de Janeiro, observa-se o clima tropical de altitude.

Gerard Sioen/Only France/Agência France-Presse

Vista da hidrelétrica de Itaipu, em Foz do Iguaçu (PR), sobre o rio Paraná. Foto de 2017.

Centro-Sul: clima

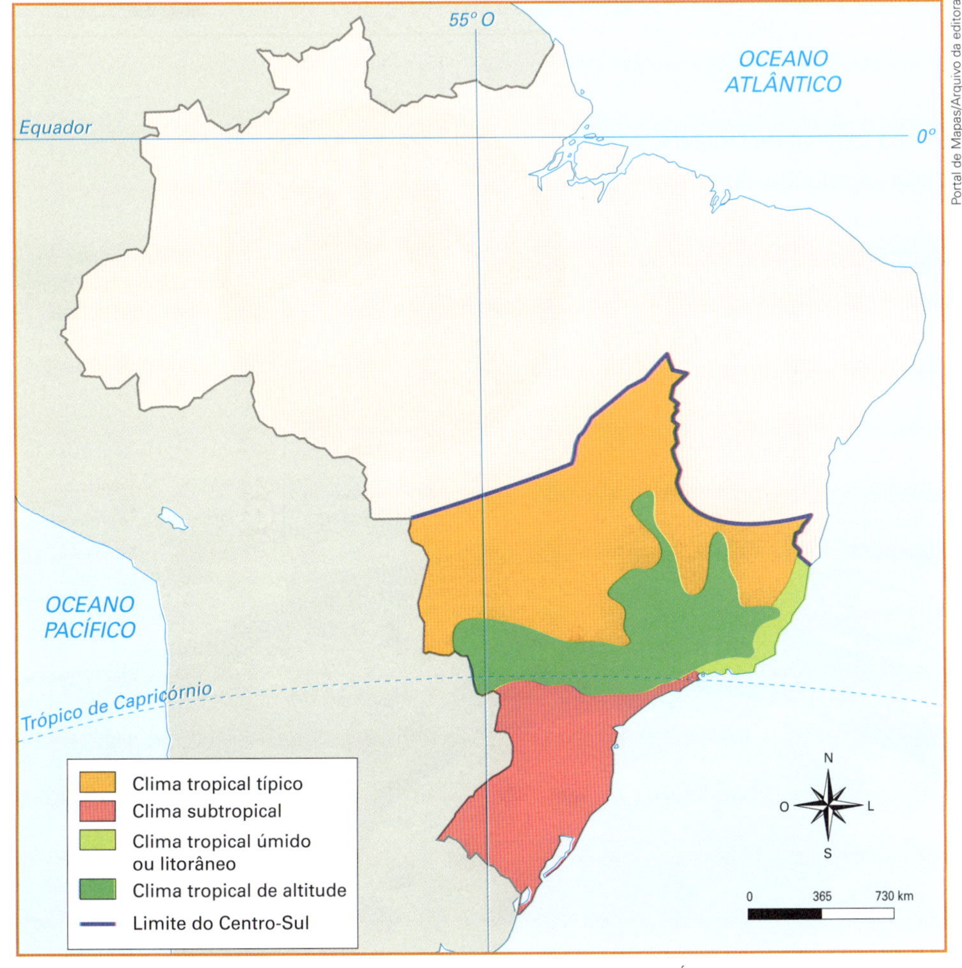

Fonte: elaborado com base em SIMIELLI, Maria Elena. *Geoatlas*. 34. ed. São Paulo: Ática, 2012.

Os biomas do Centro-Sul

Os biomas da região Centro-Sul se destacam pela riquíssima flora e fauna. A intervenção humana tem alterado cada vez mais a dinâmica natural dos biomas, o que causa dano ao meio ambiente. Inúmeras espécies de vegetação e animais estão ameaçadas de extinção nessas áreas. Conheça um pouco mais sobre esses biomas.

Centro-Sul: biomas

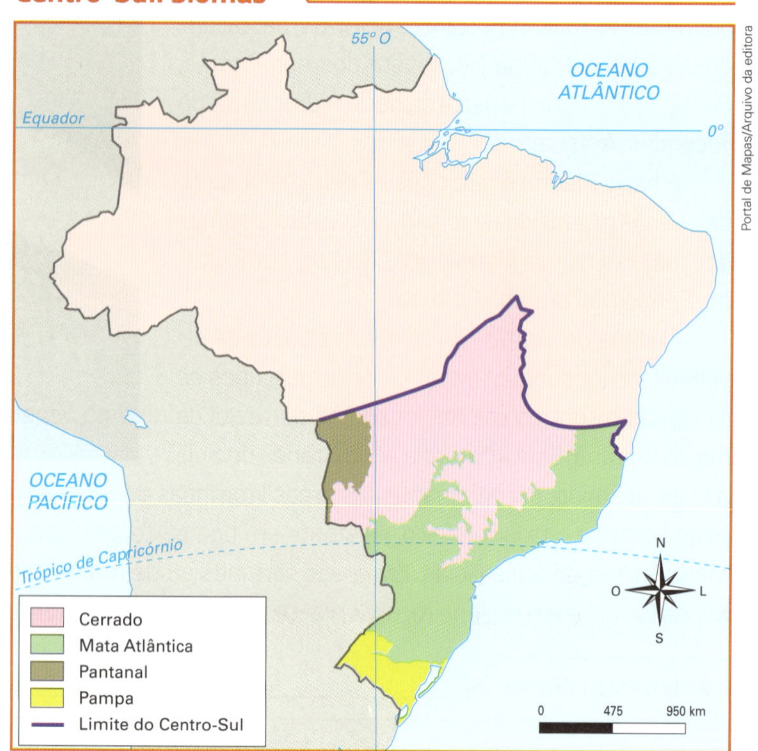

Fonte: IBGE. Mapa de biomas e de vegetação. Disponível em: <www.ibge.gov.br/home/presidencia/noticias/21052004biomashtml.shtm>. Acesso em: 7 maio 2018.

Pantanal

Considerado pela ONU uma reserva de biosfera, é uma das maiores áreas de inundação do mundo: durante um período do ano, a maior parte de sua área fica submersa. Situado entre os estados de Mato Grosso e Mato Grosso do Sul, estende-se pela Bolívia e pelo Paraguai. Segundo organizações internacionais, mais de 4700 espécies, entre plantas e animais, foram registradas neste bioma.

Vitórias-régias; no detalhe, tuiuiús em área de Pantanal em Poconé (MT). Fotos de 2018.

Acima, banhado nos Pampas; no detalhe, gavião típico desse bioma, o chimango.

Pampa

Localizado principalmente no Sul do Brasil, apresenta vegetação herbácea. No litoral do Rio Grande do Sul, destacam-se os banhados, isto é, ecossistemas alagados que se caracterizam pela forte presença de água e de matéria orgânica. O resultado dessa combinação é a riqueza de nutrientes dos banhados, o que alimenta a fauna rica (aves, veados, onças-pintadas, etc.) e a flora diversificada (juncos, sarandis, aguapés, etc.).

Cerrado

Encontrado em Goiás, Mato Grosso, parte de Mato Grosso do Sul, Minas Gerais e parte do norte de São Paulo, é marcado por árvores retorcidas com raízes profundas, caule muito rígido e folhas que secam no inverno. Nessa área, existem reservas ecológicas, como a chapada dos Veadeiros e o Parque Nacional das Emas, em Goiás, e a chapada dos Guimarães, em Mato Grosso. Antas, ariranhas e jaguatiricas vivem no Cerrado, bem como o lobo-guará e o cachorro-do-mato.

Árvore de pau-terrinha em Alto Paraíso de Goiás (GO), em 2016; flor-do-cerrado, em Brasília (DF), 2018.

Mata Atlântica

Remanescente, no litoral de São Paulo, Rio de Janeiro e Espírito Santo, onde estão preservados alguns pequenos trechos que abrigam espécies animais em risco de extinção, como o mico-leão-dourado, o bugio e o maçarico-rasteirinho.

A vegetação da Mata Atlântica é densa e com árvores altas. Dentro desse bioma, existem alguns tipos de vegetação; uma delas, a Mata de Araucária, se destaca no estado do Paraná, ainda que não somente nele. Essa vegetação tem como característica árvores extremamente altas que resistem ao frio da região e produzem uma semente conhecida como pinhão, utilizada nas festas tradicionais e muito apreciada no exterior.

Mico-leão-dourado no Rio de Janeiro (RJ); araucária no município de Passos Maia (SC). Fotos de 2018.

Geolink 1

Leia o texto a seguir.

Caiçaras, o tradicional povo do litoral brasileiro

Quando se pensa nos 7 363 quilômetros da costa brasileira, é comum fazer uma associação direta com o turismo [...]. Além das belezas naturais, as praias, enseadas e ilhas abrigam inúmeras populações tradicionais. Antes de os europeus chegarem, o litoral brasileiro era repartido por [...] Tupis, Tamoios, Tabajaras e Caetés, alguns dos grupos indígenas que viviam na costa e foram expulsos – alguns extintos.

Atualmente [...], o Brasil ainda abriga resquícios de comunidade tradicional no litoral. "Os caiçaras são uma mistura de povos indígenas já extintos, europeus de diversos países e negros, principalmente quilombolas que, após processos de ocupação do interior devido aos diversos ciclos econômicos do Brasil colonial, ficaram relativamente isolados nessa estreita faixa de terra entre o mar e a serra, que se estende do sul do Paraná até o centro do Rio de Janeiro", explica Antonio Carlos Diegues, fundador do Núcleo de Apoio à Pesquisa sobre Populações Humanas em Áreas Úmidas Brasileiras da Universidade Estadual de São Paulo (Nupaub/USP). [...]

A musicista e cientista social Kilza Setti foi uma das pioneiras a estudar a cultura caiçara, nos anos 1950. [...] Com seus "causos", histórias, costumes, culinária e música, os caiçaras contribuíram profundamente para a ampliação da diversidade cultural brasileira. A música popular caiçara é muito rica e fonte de estudos por todo o país. Dentro do repertório musical, os nativos constroem seus próprios instrumentos de forma muito rudimentar: rabecas, machetes, violas de machete e diversos tipos de tambores e instrumentos de percussão [...]. "O povo caiçara no litoral sudeste guarda preciosas tradições religiosas e profanas. A dança da fita, congada, festa do divino, chiba, dança de São Gonçalo, entre diversas outras, são expressões culturais ainda comumente praticadas [...], explica Setti. [...]

Apesar de toda a riqueza, a cultura caiçara está seriamente ameaçada de ter o mesmo fim das tribos indígenas que habitavam o litoral brasileiro. Se antes a questão era a colonização europeia, agora a especulação imobiliária, o turismo de massa, de alto impacto social e ambiental, as restrições ambientais para os nativos praticarem a pesca e o artesanato são os grandes problemas.

As dificuldades dos caiçaras começaram com a construção da BR-101 na década de 1970 pelo governo militar. Todo o acesso ao litoral foi facilitado, dando novas perspectivas turísticas a cidades como Ubatuba (SP) e Parati (RJ). [...] Boa parte da população tradicional local foi ludibriada por promessas financeiras e venderam seus terrenos por valores abaixo do mercado, mudando-se para a periferia das cidades litorâneas, migrando para outros centros urbanos [...]. "O que houve nos anos 1970 não foi especulação, mas sim pirataria imobiliária, e é claro que eles [caiçaras] sairiam perdendo", diz Kilza Setti. [...]

Du Zuppani/Pulsar Imagens

Pesca de siri com instrumento conhecido como passaguá, que consiste em uma pequena rede redonda, herança caiçara, no litoral de Bertioga (SP), em 2018.

ALMEIDA, Allison; GOBI, André; RODRIGUES, Guilherme. *Com Ciência*, nov. 2017. Dossiê povos tradicionais. Disponível em: <www.comciencia.br/caicaras-o-tradicional-povo-do-litoral-brasileiro>. Acesso em: 21 maio 2018.

Agora responda:

1. Segundo o texto, de que forma os caiçaras contribuem para a diversidade brasileira? Quais são suas principais manifestações culturais?
2. Quais são as dificuldades que esse povo tradicional enfrenta desde a década de 1970?

3 Unidades espaciais do Centro-Sul

Por ser a parte do território nacional de maior ocupação populacional, o Centro-Sul apresenta muitos contrastes internos, uma vez que as grandes disparidades regionais, em geral, são obra da sociedade humana, e não da natureza.

No Centro-Sul, localiza-se a megalópole brasileira, o chamado "centro econômico" do país, além de áreas industrializadas e com agricultura moderna, ao lado de áreas pouco industrializadas e com agricultura tradicional.

É nessa região que estão instalados importantes centros de pesquisa científica e tecnológica, como o Instituto Butantan (SP) e a Fundação Oswaldo Cruz/Fiocruz (RJ), bem como universidades nacionais de excelência, o que explica o desenvolvimento de tecnologia de ponta em alguns setores. Os centros financeiros, informacionais e culturais se destacam particularmente em São Paulo.

Instituto Butantan/Secom

Funcionário do Instituto Butantan, no município de São Paulo (SP).

É também no Centro-Sul que está Brasília, a capital federal do Brasil. Esse conjunto de atributos explica por que essa região é, muitas vezes, considerada centro econômico, político, tecnológico e cultural do país. Seu raio de atuação extrapola as fronteiras do território nacional, pois exerce influência em grande parte da América Latina e até mesmo em outras regiões do globo.

Podemos identificar as seguintes unidades no Centro-Sul do Brasil: megalópole, Zona da Mata mineira, Grande Belo Horizonte, Quadrilátero Ferrífero, Triângulo Mineiro, porção sul de Goiás, o sul do país e outras áreas.

Megalópole

É uma área que abrange desde a Grande São Paulo até a Grande Rio de Janeiro, englobando a região de Campinas e a Baixada Santista – onde se localizam o porto de Santos, o principal do país, e várias indústrias (siderúrgicas e petroquímicas).

A megalópole se estende ao longo da rodovia Presidente Dutra, principal eixo de ligação entre as duas maiores metrópoles brasileiras. Observe o mapa abaixo.

A megalópole brasileira

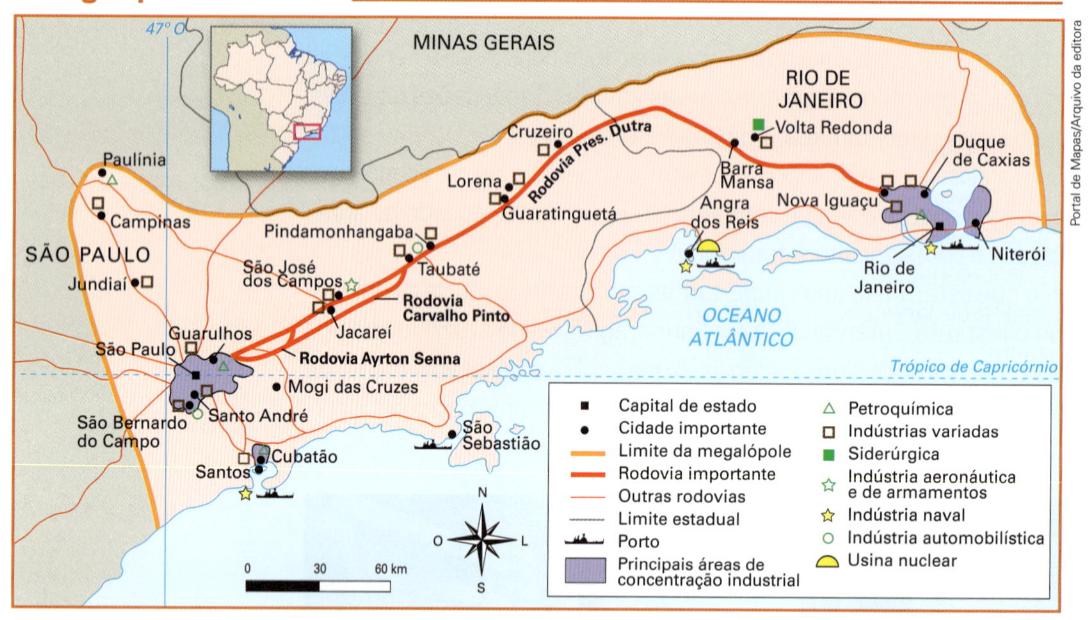

Portal de Mapas/Arquivo da editora

Fonte: elaborado com base em IBGE. *Atlas geográfico escolar*. Rio de Janeiro, 2012.

Na megalópole predomina a atividade industrial, com os estabelecimentos fabris mais modernos do país. Aí também se encontra um "cinturão verde", área hortigranjeira ao redor da cidade de Mogi das Cruzes, que abastece até o Rio de Janeiro. Uma zona de pecuária leiteira está instalada nos diversos municípios que compõem o Vale do Paraíba, área ao redor da rodovia Presidente Dutra (e do rio Paraíba do Sul) que abrange terras paulistas e fluminenses.

Hortigranjeiro: relativo à área onde se cultivam hortaliças e legumes e se criam aves e outros animais.

O Vale do Paraíba, onde se destacam as cidades de São José dos Campos, Jacareí, Taubaté, Guaratinguetá, Pindamonhangaba (estado de São Paulo), Angra dos Reis, Barra Mansa e Volta Redonda (estado do Rio de Janeiro), também sedia um importante parque industrial, com indústrias automobilística, química, aeronáutica, de armamentos, siderúrgica, entre outras.

Rubens Chaves/Pulsar Imagens

Do Cinturão Verde fazem parte as cidades de Arujá, Biritiba-Mirim, Guararema, Mogi das Cruzes, Salesópolis, Santa Isabel, Suzano, entre outras. Os destaques são a produção de flores e os cultivos de verduras, hortaliças e cogumelos. Na foto, cultivo de alface em Biritiba-Mirim, em 2016.

Cesar Diniz/Pulsar Imagens

Vista aérea de Parque Industrial de São José dos Campos (SP), em 2017.

Zona da Mata mineira

Localiza-se na porção sudeste de Minas Gerais. Nessa área destaca-se a cidade de Juiz de Fora, onde a industrialização avançou significativamente nas últimas décadas, com indústrias metalúrgica, automobilística, têxtil e moveleira. A Zona da Mata mineira ainda se destaca como uma área agrícola e de pecuária leiteira, abastecendo, principalmente, a Grande Rio de Janeiro e a Grande Belo Horizonte.

Ronaldo Almeida/Tyba

Ordenha de vaca na zona rural do município de Guarani (MG), em 2018.

Grande Belo Horizonte e Quadrilátero Ferrífero

A Grande Belo Horizonte é uma área de intenso dinamismo industrial, com empresa automobilística e indústrias variadas (metalúrgica, mecânica, entre outras). No Quadrilátero Ferrífero, área vizinha a Belo Horizonte, destacam-se as cidades de Sabará, Congonhas, Santa Bárbara, Mariana e Ouro Preto.

É a região que mais produz minério de ferro no Brasil, escoado por ferrovia até o porto de Tubarão, em Vitória, no Espírito Santo, e de lá exportado. Na Grande Belo Horizonte, também se pratica a atividade siderúrgica.

Rubens Chaves/Pulsar Imagens

Nessa unidade do Centro-Sul, também se destacam as cidades históricas de Minas Gerais, como Ouro Preto, Mariana e Tiradentes, que recebem muitos turistas todos os anos. Na foto, vista parcial de Ouro Preto (MG), em 2016.

Triângulo Mineiro

Área sudoeste de Minas Gerais, onde se destacam as cidades de Uberlândia e Uberaba. O Triângulo Mineiro é uma região agrícola e pecuarista, com gado de corte, embora a atividade comercial e a industrialização venham se expandindo consideravelmente desde os anos 1980.

Gado de corte: gado destinado ao fornecimento de carne.

Porção sul de Goiás

Formada por áreas vizinhas a Goiânia, Anápolis e Brasília, a porção sul de Goiás é uma região agrícola que se destaca pelo cultivo de arroz, soja, milho e trigo, além de muitas atividades industriais e comerciais.

Adriano Kirihara/Pulsar Imagens

Lavoura de milho sendo irrigada no município de Cristalina (GO), em 2016.

Sul da região

A porção sul dessa região, que coincide com a região Sul do Brasil, é uma área que abrange os três estados meridionais do país (Paraná, Santa Catarina e Rio Grande do Sul). Nela também podemos incluir a maior parte do estado de São Paulo, que possui muitas características comuns com esses três estados sulinos: forte presença de imigrantes e de seus descendentes; agropecuária moderna; grande número de cidades médias prósperas, com indústrias variadas (principalmente agroindústria). Costuma-se dividir essa parte meridional do país nas seguintes unidades espaciais:

- **Campanha Gaúcha ou região dos Pampas**: Região de pecuária moderna, com gado selecionado, e agricultura que utiliza técnicas mais adequadas, destacando-se os cultivos de trigo, soja e arroz. Sobressaem as cidades de Bagé, Uruguaiana, Sant'Ana do Livramento, Alegrete, São Borja e outras.
- **Vale do Itajaí, em Santa Catarina**: Região de colonização alemã, com predomínio de pequenas e médias propriedades agrícolas, que praticam a policultura associada à pecuária. Aí se localizam muitas indústrias têxteis e alimentícias, entre outras. Destacam-se as cidades de Blumenau e Itajaí. Podemos ainda apontar as regiões vizinhas de Joinville, mais ao norte, e Brusque, mais ao sul.

Zé Paiva/Pulsar Imagens

Vista da Praia Brava, em Itajaí (SC), em 2017. A região de Itajaí atrai turistas do Brasil inteiro.

- **Região Serrana do Rio Grande do Sul**: Área de colonização italiana e principal centro vinícola do país. As videiras marcam a paisagem em torno das cidades de Bento Gonçalves, principalmente, além de Garibaldi e Caxias do Sul, a maior cidade da região, com considerável atividade industrial.

Tales Azzi/Pulsar Imagens

Plantação de uva em Bento Gonçalves (RS), em 2017.

- **Vale do Ribeira**: Localizado na parte sudeste do estado de São Paulo, ao redor do rio Ribeira de Iguape. É a área menos desenvolvida do estado, praticamente sem indústrias, com destaque para os cultivos de banana e chá, este último introduzido por imigrantes japoneses.
- **Norte do Paraná**: Área onde se destacam as cidades de Londrina e Maringá. O café foi a grande riqueza da região até os anos 1970. Com a diminuição drástica desse plantio, existe atualmente na região forte presença de outras culturas (algodão, trigo, amendoim, soja) e também de atividades industriais, ligadas sobretudo à agroindústria.

Marco Antonio Sá/Pulsar Imagens

No Vale do Ribeira, destaca-se o cultivo de banana. Na foto, bananeiras no município de Eldorado (SP), em 2016.

- **Interior de São Paulo**: Área que, desde os anos 1980, vem crescendo mais que a Grande São Paulo. Encontram-se muitas cidades médias com razoável parque industrial e intensa atividade agropecuária (cana-de-açúcar, principalmente, e também laranja, algodão, uva, figo, milho, tomate, amendoim, café, entre outros produtos). Podemos citar como principais capitais regionais dessa área as cidades de Ribeirão Preto, São José do Rio Preto, Franca, Limeira, Marília, Presidente Prudente, Bauru, Piracicaba e Sorocaba.

Thomaz Vita Neto/Pulsar Imagens

Colheita mecanizada de cana-de-açúcar no município de Planalto (SP), em 2016.

- **Vale do Tubarão, em Santa Catarina**: Área famosa pela produção de carvão mineral, onde se destacam as cidades de Tubarão e Criciúma.

Luciana Whitaker/Pulsar Imagens

O vale do rio Tubarão, em Santa Catarina, conta com a maior produção de carvão mineral do país. Na foto, minas de carvão mineral em Siderópolis (SC), em 2016.

O Pantanal

O Pantanal Mato-Grossense é uma área de planície fluvial banhada pelo rio Paraguai e afluentes, em grande parte inundada periodicamente pelas águas das chuvas. É uma região com um bioma riquíssimo em biodiversidade.

Andre Dib/Pulsar Imagens

Vista aérea das lagoas no Pantanal, em Corumbá (MS). Foto de 2017.

O Pantanal pode ser considerado uma espécie de periferia do Centro-Sul, com pecuária extensiva de corte, cujo gado é engordado nas invernadas (áreas de pastagem para a engorda do gado antes do abate) que se localizam nas cidades de Araçatuba, Presidente Prudente e Andradina, no estado paulista, para depois abastecer a região metropolitana de São Paulo. Observe o mapa abaixo e repare, no detalhe, a localização do Pantanal no Brasil.

Pantanal Mato-Grossense

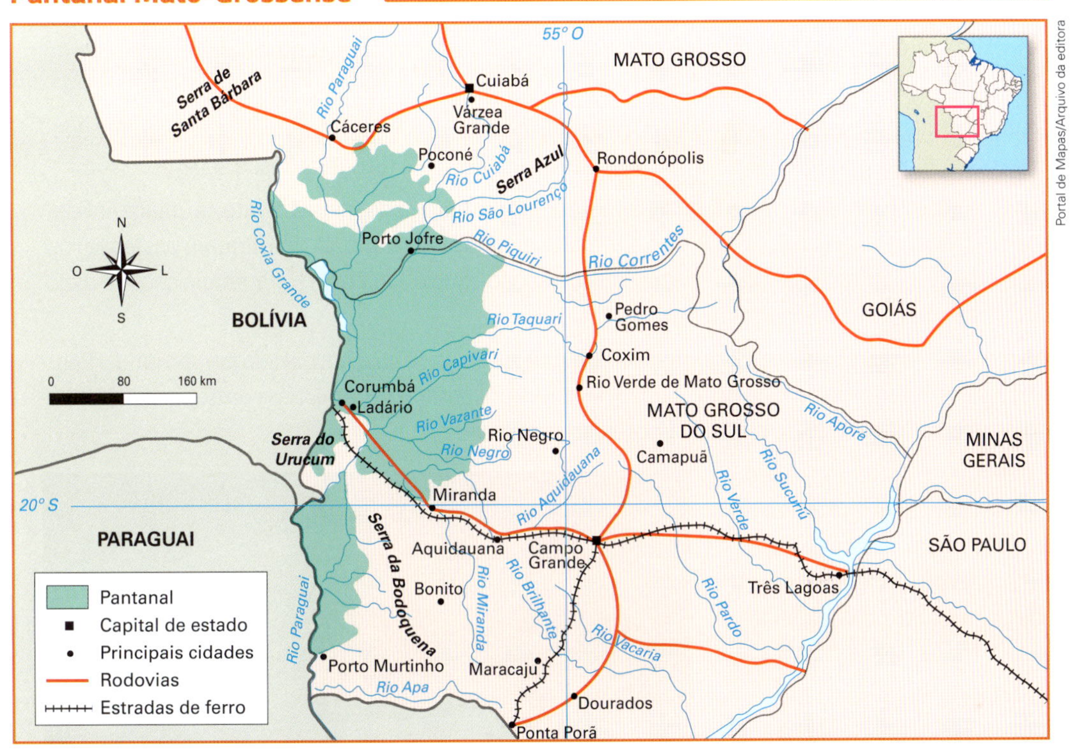

Fonte: elaborado com base em IBGE. *Atlas geográfico escolar*. 7. ed. Rio de Janeiro, 2016. p. 178.

Texto e ação

1› O que é uma megalópole?

2› Analise o mapa da página 236: observe o título, a legenda, a distribuição dos símbolos, a escala e a rosa dos ventos e faça o que se pede.

a) Identifique:

- portos importantes;
- cidade com indústria siderúrgica;
- cidades com indústrias navais;
- cidades com usinas nucleares;
- principais áreas industriais;
- três cidades localizadas ao longo da via Dutra.

b) Comente a liderança econômica que o Centro-Sul exerce sobre os demais complexos regionais do país.

3› Analise o mapa desta página e responda às questões:

a) Quais são os principais municípios que se localizam na área ocupada pelo Pantanal? Escreva o nome deles e, ao lado, o estado ao qual pertencem.

b) Que serras estão localizadas nessa área e nas suas proximidades?

c) Quais são os rios que atravessam essa área?

Geolink 2

Leia o texto a seguir.

ONG aponta desmatamento no Pantanal para pecuária e agricultura

A preocupação com o avanço do desmatamento e uso da área do Pantanal para criação de gado e agricultura foram discutidos durante um seminário nesta quarta-feira [10/05/2017] na Assembleia Legislativa de Mato Grosso, em Cuiabá.

Um mapeamento divulgado pelo Instituto Socioambiental da Bacia do Alto Paraguai SOS Pantanal mostra que 15% do território do Pantanal é ocupado atualmente por pastagem. Os dados mostram também que pouco mais de 84% da área do Pantanal está preservada. [...]

Durante o Seminário o instituto também divulgou o Atlas do Pantanal, um amplo monitoramento sobre o desmatamento na Bacia do Alto Paraguai (BAP) entre os anos de 2014 e 2016, além de dados desde 2002.

Segundo Eduardo Reis Rosa, analista de geoprocessamento que participou do mapeamento, as imagens e levantamentos foram feitos entre os anos de 2002 e 2016. O estudo mostra áreas naturais que viraram pastagem ou agricultura e outras áreas que foram alteradas. O termo 'antropização', que é a ação do ser humano sobre o meio ambiente, é constantemente usado no levantamento.

"Hoje 15,7% da área do Pantanal está com pastagem. O planalto, que é onde nascem os rios que vão para o Pantanal, está muito mais impactado em termos de remoção da cobertura natural vegetal. Essa antropização acaba gerando sedimentos que vão para os rios e causam assoreamento", disse.

A área transformada também inclui as cordilheiras, que são áreas de floresta que foram removidas e viraram pastagem. O estudo percebeu que há um crescimento e tendência de aumento na área de pastagem, a cada levantamento feito. [...]

Luciano Candisani/Minden Pictures/Getty Images

Grande área de floresta desmatada para pastagem de gado em trecho do Pantanal, no estado de Mato Grosso do Sul. Foto de 2015.

O Pantanal é localizado na Bacia do Alto Paraguai (BAP) e é constituído por uma planície sedimentar de aproximadamente 160 mil quilômetros quadrados. O maior território fica entre os estados de Mato Grosso e Mato Grosso do Sul, em uma região que também abrange áreas na Bolívia e Paraguai. É a maior área úmida do planeta, reconhecido pela Unesco como Patrimônio Natural da Humanidade e Reserva da Biosfera.

[...] Existem no Pantanal pelo menos 3 500 espécies de plantas, 550 de aves, 124 de mamíferos, 80 de répteis, 60 de anfíbios e 260 espécies de peixes de água doce, sendo que algumas delas [estão] em risco de extinção.

SOARES, Denise. ONG aponta desmatamento no Pantanal para pecuária e agricultura. *G1*, 10 maio 2017. Disponível em: <http://g1.globo.com/mato-grosso/noticia/ong-aponta-desmatamento-no-pantanal-para-pecuaria-e-agricultura.ghtml>. Acesso em: 11 jul. 2018.

Agora, responda:

1› O que significa o termo antropização? Dê exemplos.

2› Segundo o texto, o Pantanal é rico em biodiversidade? Por quê?

3› O que, segundo o texto, vem ocorrendo no Pantanal em termos ambientais?

Outras áreas do Centro-Sul

Existem ainda na região outras áreas mais difíceis de serem individualizadas ou que vêm sofrendo grandes transformações. Podemos citar, por exemplo:

- **Norte do Rio de Janeiro e Espírito Santo**: Uma das áreas de ocupação mais antigas do Centro-Sul, com algumas áreas do estado de Minas Gerais. Existem imensos canaviais na região. A exploração de petróleo no litoral do Rio de Janeiro e no do Espírito Santo modificou bastante a paisagem regional e aumentou o orçamento de muitos municípios, graças ao recebimento de *royalties* pelo produto.

Royalty (plural *royalties*): compensação ou parte do lucro paga ao detentor de um direito de propriedade (patente, concessão, processo de produção, etc.).

Luciana Whitaker/Pulsar Imagens

Canavial no município de Campos de Goytacazes (RJ), em 2016.

Luciana Whitaker/Pulsar Imagens

Navio se aproxima de plataforma de petróleo no norte do Rio de Janeiro, em 2018.

- **Mato Grosso do Sul:** Nesse estado, a pecuária de corte e os cultivos de trigo e principalmente de soja expandiram-se significativamente nos últimos anos. Destaca-se nessa área a cidade de Campo Grande.

Cesar Diniz/Pulsar Imagens

Mato Grosso do Sul se destaca na produção de cana, milho e soja. Na foto, vista aérea de Campo Grande (MS), em 2018.

CONEXÕES COM MATEMÁTICA, HISTÓRIA E LÍNGUA PORTUGUESA

A vinda de imigrantes para o Brasil a partir do século XIX foi essencial para o desenvolvimento econômico do país. Leia os textos a seguir.

A imigração árabe

Os povos árabes emigraram, basicamente, por motivos religiosos e [...] econômico-sociais ligados à estrutura agrária dos países de origem. Até a Segunda Guerra Mundial (1939-45), Síria ou Líbano, além de outros países árabes, ainda não eram independentes; eles faziam parte do Império Otomano, controlado pelos turcos. Nele predominava a religião muçulmana, sendo que as comunidades cristãs da Síria, Líbano e Egito foram não somente perseguidas pelos muçulmanos, como passaram por severos sofrimentos infringidos pelos turcos. O maior contingente de imigrantes, portanto, é de cristãos, vindos em grande parte do Líbano e da Síria. [...] Ao lado do problema religioso, a escassez de terras foi um fator importante de estímulo à emigração. A propriedade de pequenos lotes de terra arável, onde o trabalho era feito pelo núcleo familiar, começou a sofrer limites para a partilha entre os filhos, uma vez que o parcelamento chegara ao ponto de não mais suprir o sustento de novas famílias. Diante desta realidade, à população pobre restava apenas a busca, em outras terras, das condições de sobrevivência.

Desembarcados no Rio ou em Santos, a opção de trabalho das primeiras levas de imigrantes foi o comércio. Embora pobres e, em geral, afeitos ao trabalho agrícola, poucos foram os árabes que optaram pela agricultura. [...] Quando chegaram os árabes, já existiam mascates portugueses e italianos, tanto em São Paulo quanto no Rio de Janeiro. Entretanto, a mascateação se tornou uma marca registrada da imigração árabe. [...]

Mascate: vendedor ambulante, aquele que oferece mercadorias em domicílio.

A popularização, sobretudo do quibe e da esfiha, fez com que fossem incorporados a outros estabelecimentos de alimentação, como as tradicionais pastelarias chinesas, e mesmo bares e padarias de portugueses e brasileiros. A contribuição dos imigrantes árabes foi importante na literatura e no idioma, no cinema, nas universidades, na medicina e na vida política do país.

IBGE – 500 anos de povoamento. Disponível em: <https://brasil500anos.ibge.gov.br/territorio-brasileiro-e-povoamento/arabes/razoes-da-emigracao-arabe>. Acesso em: 11 jul. 2018.

Imigração sírio-libanesa para o Brasil segundo os censos de 1920 e 1940

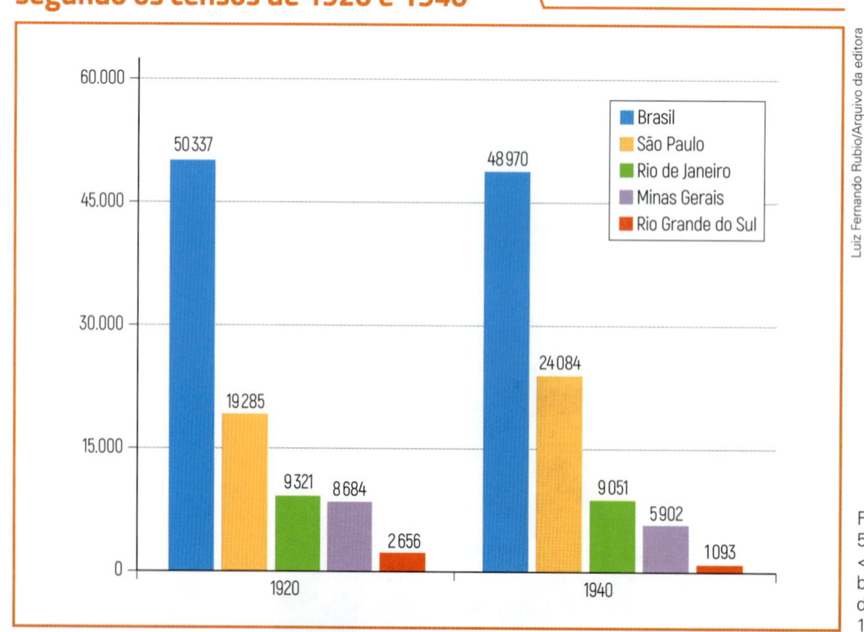

Fonte: elaborado com base em IBGE – 500 anos de povoamento. Disponível em: <http://brasil500anos.ibge.gov.br/territorio-brasileiro-e-povoamento/arabes/origem-e-destino-dos-imigrantes.html>. Acesso em: 11 jul. 2018.

A imigração japonesa

A emigração de japoneses para outros países teve início na década de 1870, bem antes de sua vinda para o Brasil. [...] Do lado do Japão, a emigração foi um resultado da modernização que marcou uma nova etapa da história japonesa: o país se abriu para o mundo ocidental [...]. Do lado brasileiro, então, a necessidade da mão de obra para substituir o trabalho escravo foi o fator primordial. [...] O que marcou a presença do imigrante japonês no Brasil foram as reações causadas pelas suas diferenças étnicas, sejam físicas ou culturais. Tais diferenças eram enfatizadas nos debates sobre a sua entrada no país, argumentando-se que os japoneses constituíam um povo impossível de se integrar à cultura local. [...] Costuma-se dizer que, embora recente, a imigração japonesa é bem-sucedida, quando se verifica a mobilidade social de seus descendentes e sua presença em setores variados, principalmente no meio urbano. Muitos dos imigrantes japoneses encontraram no comércio urbano sua fonte de renda, mas, sem dúvida, a maioria foi direcionada para a produção agrícola. Muitos foram trabalhar nas lavouras de café paulistas como colonos. [...] Porém, com o passar do tempo, sua produção se diversificava entre produtos para o autoabastecimento e o abastecimento das regiões onde viviam: cultivaram hortaliças, arroz, casulos de bicho-da-seda, chá, etc., principalmente no sul do país; enquanto que, na Amazônia, cultivaram a pimenta-do-reino. Mas o certo é que nenhum confronto resistiu às trocas culturais e sociais entre a comunidade de imigrantes e a sociedade mais ampla que os acolheu. As gerações sucessivas de descendentes dos primeiros imigrantes, sanseis (terceira geração) e *yonseis* (quarta geração) [...], menos imersos nas tradições mantidas pelas colônias, mostram-se mais integrados à cultura brasileira que a geração de seus pais e avós. [...]

IBGE – 500 anos de povoamento. Disponível em: <https://brasil500anos.ibge.gov.br/territorio-brasileiro-e-povoamento/japoneses/a-identidade-japonesa-e-o-abrasileiramento-dos-imigrantes.html>. Acesso em: 11 jul. 2018.

Imigração japonesa para o Brasil segundo os censos de 1940 e 1950

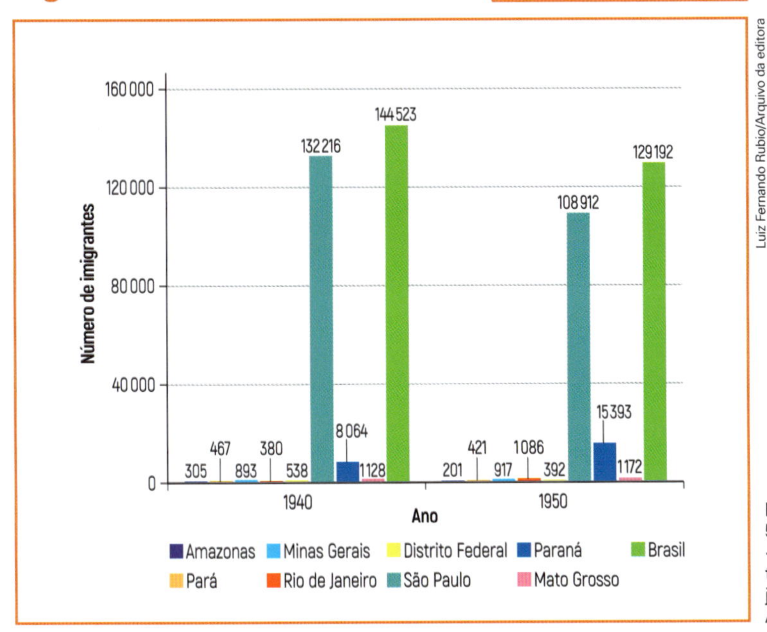

Fonte: elaborados com base em IBGE – 500 anos de povoamento. Disponível em: <http://brasil500anos.ibge.gov.br/territorio-brasileiro-e-povoamento/japoneses/destino-dos-imigrantes.html>. Acesso em: 11 jul. 2018.

Agora, responda:

1› No período retratado pelos gráficos, vieram mais imigrantes japoneses ou árabes para o Brasil?

2› Quais são os motivos principais desses movimentos migratórios?

3› Pesquise palavras de origem árabe e de origem japonesa que foram incorporadas ao nosso idioma.

4› Qual a porcentagem de imigrantes árabes e japoneses em São Paulo em relação ao total que veio para o Brasil?

5› Quais foram as unidades da Federação que mais receberam imigrantes japoneses? E imigrantes árabes?

ATIVIDADES

+ Ação

1› Observando o mapa sobre o clima no Centro-Sul (página 231) e o conteúdo das páginas 232 e 233, identifique os biomas que predominam no clima subtropical. Escolha um deles e comente a relação entre o clima, a vegetação e a ocupação humana desse bioma.

2› O Centro-Sul do país concentra riquezas, entretanto, nessa região há também concentração de pobreza e de moradias precárias. Leia um texto sobre esse assunto.

Região Sudeste concentra metade dos domicílios em favelas do Brasil

A região Sudeste reúne praticamente metade dos domicílios situados nas comunidades carentes existentes em todo o país, de acordo com o LIT (Levantamento de Informações Territoriais) realizado com base no Censo Demográfico de 2010 do IBGE. [...] Segundo o levantamento, Rio de Janeiro, São Paulo, Minas Gerais e Espírito Santo concentram 49,8% do total de casas nestas áreas no Brasil.

Dos cerca de 3,2 milhões de domicílios em aglomerados subnormais – como são chamadas as favelas pelo IBGE – contabilizados nas 27 unidades da federação, 1,6 milhão se encontram no Sudeste, que é a região mais populosa do país. O Nordeste é a segunda região com maior número de habitações em comunidades carentes, com 28,7% do total (926 mil domicílios). Em seguida, aparecem o Norte, que tem 14,4% do todo (463 mil), o Sul, com 5,3% (57 mil) e, por último, o Centro-Oeste, com apenas 1,8% (170 mil). Segundo o LIT, a população que vive em favelas no Brasil é de 11,4 milhões de pessoas. No Sudeste, a quantidade de moradores de comunidades carentes (5,5 milhões de pessoas) representa 48,84% do total. [...]

Realizado pela primeira vez pelo Censo 2010, o LIT pretende qualificar as favelas e proporcionar maior conhecimento dos aspectos espaciais dessas áreas do país. O levantamento foi feito a partir de dados coletados nos 323 municípios brasileiros que registravam a existência de favelas – quando há pelo menos 51 domicílios carentes de serviços públicos essenciais, ocupando terrenos alheios e dispostos de forma desordenada ou densa. [...]

Região Sudeste concentra metade dos domicílios em favelas do Brasil. Disponível em: <https://noticias.uol.com.br/cotidiano/ultimas-noticias/2013/11/06/regiao-sudeste-concentra-metade-dos-domicilios-em-favelas-do-brasil.htm>. Acesso em: 21 out. 2018.

Responda às questões:

a) Em sua opinião, por que São Paulo e Rio de Janeiro, as duas maiores e mais ricas metrópoles do país, também concentram pobreza?

b) Qual é a importância do levantamento do LIT? Como essas informações podem ajudar o poder público a combater a pobreza?

3› Escolha um dos temas a seguir e pesquise-o em livros, jornais, revistas ou na internet:

- Tema 1: A Grande São Paulo: problemas urbanos
- Tema 2: A Grande Rio de Janeiro e seus problemas ambientais
- Tema 3: As transformações que a industrialização trouxe à Grande Belo Horizonte
- Tema 4: A colonização estrangeira no Sul do país, incluindo São Paulo: japoneses, italianos, alemães e poloneses. Verifique áreas de fixação, épocas em que os imigrantes chegaram em maior número, atividades a que se dedicaram, influência nas paisagens atuais, etc.

Em data combinada com o professor, traga sua pesquisa para a sala de aula.

Autoavaliação

1. Quais foram as atividades mais fáceis para você? Por quê?
2. Algum ponto deste capítulo não ficou claro? Qual?
3. Você participou das atividades em dupla e em grupo e expressou suas opiniões?
4. Como você avalia sua compreensão dos assuntos tratados neste capítulo?
   - » **Excelente**: não tive dificuldade.
   - » **Bom**: consegui resolver as dificuldades de forma rápida.
   - » **Regular**: tive dificuldade para entender os conceitos e realizar as atividades propostas.

Lendo a imagem

- Muita gente no Brasil gosta de viajar de trem. Será que esse passeio pelos trilhos é possível?

Andre Dib/Pulsar Imagens

1

2

Luciana Whitaker/Pulsar Imagens

3

Marcos Amend/Pulsar Imagens

Viagem no trem da serra do Mar Paranaense. Imagem 1: trecho de ferrovia (foto de 2016); imagem 2: trem durante passeio (2015); imagem 3: antiga estação em Morretes (PR). Foto de 2017.

São 110 quilômetros viajando pela maior área preservada de mata Atlântica do Brasil e por uma ferrovia com 128 anos de história. O Trem da Serra do Mar Paranaense parte diariamente de Curitiba rumo à cidade de Morretes e aos domingos chega também em Paranaguá. São aproximadamente 3 horas de viagem. [...]

TREM da Serra do Mar Paranaense. Disponível em: <http://curitibacvb.com.br/page/trem-da-serra-do-mar-paranaense>. Acesso em: 20 maio 2018.

Com base nas imagens e no texto, responda às questões a seguir:

a) É possível dizer que as paisagens retratadas nas imagens apresentam mais elementos naturais ou elementos culturais? Justifique a sua resposta.

b) A partir da leitura do texto e da observação das imagens, descreva o bioma da região e o estado percorrido durante a viagem.

c) Escolha uma das imagens e escreva um pequeno texto que mostre, na sua opinião, como é viajar de trem em meio às paisagens paranaenses.

CAPÍTULO

12 Amazônia

A Amazônia é uma imensa região na qual ainda predominam elementos naturais. Apesar da recente e rápida expansão do povoamento e do surgimento de metrópoles, de maneira geral ainda é uma área marcada por elementos da natureza – principalmente a vegetação e a hidrografia –, que se estende por 6,6 milhões de quilômetros quadrados ao norte da América do Sul. Essa região está situada em parte do território de vários países: Brasil, Peru, Colômbia, Equador, Venezuela, Bolívia, Guiana, Suriname e Guiana Francesa. É uma área florestal, com predominância do clima equatorial (quente e úmido), da Floresta Amazônica e da mais rica hidrografia da superfície terrestre.

Neste capítulo, vamos estudar a porção da Amazônia localizada em território brasileiro: a Amazônia brasileira.

Para começar

Observe a charge e troque ideias com os colegas e o professor:

1. Que problema a charge aborda?
2. Você já ouviu falar de outros problemas na Amazônia?

1 A maior região brasileira

Com cerca de 4,8 milhões de quilômetros quadrados, a Amazônia brasileira abrange mais da metade do território nacional e corresponde a aproximadamente 73% da Amazônia internacional (veja o mapa abaixo). Costuma ser definida pela área de abrangência do bioma amazônico, dominado sobretudo pela Floresta Equatorial (ou Tropical, como é conhecida internacionalmente) – a Floresta Amazônica – e pela maior bacia hidrográfica do mundo, formada pelo rio Amazonas e seus afluentes. A floresta e os rios são os traços mais marcantes da paisagem. A natureza ainda é predominante nessa área, mas os processos de ocupação e povoamento das últimas décadas têm modificado os aspectos naturais da região.

Sua ocupação se caracteriza pela miscigenação entre os indígenas, os quilombolas, os seringueiros e os ribeirinhos. As comunidades tradicionais ribeirinhas, por exemplo, vivem marcadas por fortes relações com os rios: a frente de suas casas se volta para eles. Praticam a agricultura de subsistência e utilizam os recursos da floresta – extrativismo vegetal e extrativismo animal (pesca e caça) – de maneira sustentável.

Os ribeirinhos se reconhecem como comunidades tradicionais na medida em que mantêm os conhecimentos de seus ancestrais. Da mesma forma que os demais povos tradicionais da Amazônia, os ribeirinhos entendem a natureza como fundamental para suas práticas tradicionais; ao mesmo tempo, estão abertos à inovação dessas práticas, desde que respeitada a biodiversidade da natureza. Essa abertura explica a sobrevivência dos ribeirinhos na Amazônia brasileira, apesar de todas as dificuldades que enfrentam com o avanço da pecuária e do extrativismo mineral voltados à exportação.

Minha biblioteca

Às margens do Amazonas, de Laurence Quentin, Companhia das Letrinhas, 2010.

Um livro infantojuvenil ricamente ilustrado, que mostra a cultura muito rica dos povos que habitam a Floresta Amazônica. Neste livro, o leitor é convidado a conhecer três povos amazônicos de diferentes países da América do Sul.

Apesar do aumento da ocupação humana nas últimas décadas, a Amazônia brasileira ainda é uma região de baixa densidade demográfica, a menor do país. O PIB gerado pela Amazônia brasileira foi de 280 bilhões de dólares em 2015, o que significa cerca de 5,4% do total nacional. Os dois estados com as maiores economias na região são o Pará e o Amazonas (86 bilhões de dólares no mesmo ano). Esses dois estados juntos concentram cerca de 46% da população e 73% da economia da Amazônia brasileira.

Amazônia internacional e Amazônia brasileira

Fonte: elaborado com base em IBGE. *Atlas geográfico escolar*. 7. ed. Rio de Janeiro, 2016.

Mesmo contando com a zona industrial de Manaus e alguma industrialização em Belém, a economia regional ainda tem por base atividades primárias:

- a **agropecuária**, que desde a década de 1970 é o setor econômico mais importante;
- o **extrativismo vegetal**, que até a década de 1970 foi a atividade básica dessa região;
- a **mineração**, que se tornou mais importante nas últimas décadas do século XX, após a descoberta de grandes reservas minerais.

Rita Barreto/Fotoarena

Seringueiro extraindo látex em trecho da floresta no município de Manaus. Foto de 2016.

Durante vários séculos, a Amazônia permaneceu praticamente esquecida, uma vez que os colonizadores se limitaram à exploração extrativista, que não impactava profundamente o ambiente. Destacavam-se o extrativismo da castanha-do-pará (hoje chamada de castanha do Brasil para fins de exportação), o guaraná, o cacau, o pau-cravo e o urucum. Na época, esses recursos eram conhecidos como "drogas do sertão" – a floresta era chamada de "sertão" pelos colonizadores.

Ricardo Azoury/Pulsar Imagens

Bolsas de garimpo de ouro no rio Madeira, em Porto Velho (RO), em 2016.

Por ser uma região distante da Europa e por apresentar solos frágeis, ou seja, carentes dos nutrientes necessários para o cultivo dos produtos agrícolas, a Amazônia não apresentava condições ideais para o cultivo da cana-de-açúcar, principal produto exportado pelo Brasil colônia. Além disso, durante o período colonial não foram encontradas riquezas minerais, como ouro e diamante. Por isso, a Amazônia foi deixada relativamente de lado pelos portugueses.

Texto e ação

1. Diferencie a Amazônia brasileira da Amazônia internacional.
2. A Amazônia diferencia-se do restante do país pela presença marcante dos elementos da natureza. Que elementos se destacam na paisagem natural dessa região?
3. Na sua opinião, se houvesse um desmatamento quase total da floresta, essa região poderia continuar a ser chamada de Amazônia? Por quê?
4. Observe as fotos desta página. Comente os impactos ambientais dos dois tipos de extrativismo.

Geolink 1

Leia o texto a seguir.

Mulheres indígenas e direitos dos povos tradicionais no Pará

O movimento de mulheres indígenas começou a ser organizado no Brasil na década de 1970 e 1980. Não era algo institucionalizado, eram mulheres ganhando voz dentro do movimento indígena e levantando questões relacionadas a gênero. [...]

Atualmente, o feminismo indígena está bem mais organizado e articulado do que se comparado às décadas anteriores, e também não é raro vermos mulheres indígenas liderando movimentos que falam não só sobre as questões específicas de gênero, mas sobre questões cruciais do movimento indígena como um todo.

Puyr Tembé, 40 anos, é gerente de Promoção e Proteção dos Direitos dos Povos Indígenas na Secretaria de Estado de Justiça e Direitos Humanos (Sejudh). Para ela, a mulher aparece cada vez mais por exercer um protagonismo que a cada dia cresce na sociedade e dentro de suas próprias comunidades. [...] "Falar sobre empoderamento feminino ainda é muito difícil dentro das comunidades. Ainda há uma resistência forte", comenta. Mas esta não é uma realidade generalizada. Em algumas regiões já se avançou bastante no que diz respeito aos direitos femininos.

Puyr faz parte de um povo que já possuiu uma cacique, Verônica Tembé, falecida há dois anos. Ela conta que Verônica era respeitada tanto pelos caciques quanto por todas as gerações Tembé. "Muitas mulheres têm como exemplo Verônica Tembé. Uma mulher que [...] sabia fazer a gestão enquanto líder do nosso povo", relembrou.

Foi graças a Verônica Tembé, comenta Puyr, que hoje seu povo conta com mulheres Tembé professoras, técnicas de enfermagem, à frente de projetos dentro da comunidade.

Mulher Kayapó

Desde criança Oé Payakan Kayapó, 33 anos, acompanhou a luta de seu pai Paulinho Payakan, um dos caciques mais respeitados pelo povo Kayapó. "Quando cresci eu decidi somar à luta para melhorar a vida do meu povo e para não deixar perder a tradição Kayapó", explica.

Toda a força que move Oé provém do amor que ela sente pelos Kayapós. "Eu sou uma indígena e procuro estar sempre presente ao lado deles". [...]

Mesmo com todos os avanços, Oé ressalta que o papel tradicional da mulher voltado para os trabalhos domésticos familiares ainda prevalece. "Elas vivem para a família, pois isso já é tradicional da cultura Kayapó, em torno da família e em torno das crianças. Mesmo desempenhando o papel tradicional elas também querem ser ouvidas", ressalta.

Por ter sua vida toda voltada para o núcleo familiar, as mulheres cumprem um papel determinante neste processo de conquista. [....] A mulher Kayapó também é dotada de uma personalidade muito forte. "Elas que determinam o que deve ser feito. O homem é apenas o porta-voz", complementou.

Luciana Whitaker/Pulsar Imagens

Cacique Tupinambá da aldeia Cabeceira do Amorim, no município de Santarém (PA). Foto de 2017.

Mulheres indígenas fortalecem direitos dos povos tradicionais no Pará. *Amazônia, Notícia e Informação*, 21 abr. 2017. Disponível em: <http://amazonia.org.br/2017/04/mulheres-indigenas-fortalecem-direitos-dos-povos-tradicionais-no-para>. Acesso em: 25 abr. 2018.

Agora, responda:

1. Qual é o assunto abordado no texto?
2. Que mudanças no comportamento das mulheres indígenas o texto destaca? Justifique.
3. De que maneira as lideranças femininas indígenas desempenham um papel político-social-cultural na atualidade?
4. O que significa empoderamento das mulheres? Compartilhe com os colegas.

2 Meio físico

Vamos conhecer as principais características do meio físico da Amazônia.

Relevo

O relevo da Amazônia brasileira é constituído por três grandes unidades:

- **Planície e baixos platôs da Amazônia**: Formados em sua maior parte por terras baixas e platôs (planaltos sedimentares de baixa altitude). As áreas de planícies fluviais correspondem a cerca de 1% da área total dessa unidade.
- **Planalto das Guianas**: Constituído por terrenos cristalinos. Localiza-se ao norte da planície Amazônica, prolongando-se até a Venezuela e as Guianas. Na área de fronteira entre esses países e o Brasil, está a região serrana, formada pelas serras do Imeri ou Tapirapecó, Parima, Pacaraima, Acaraí e Tumucumaque. É na região serrana que se encontram os pontos mais altos do país: o pico da Neblina, com 2 995 m de altitude acima do nível do mar, e o pico 31 de Março, com 2 974 m de altitude, ambos localizados na serra do Imeri, no estado do Amazonas.
- **Planalto Central**: Localizado na parte sul da região amazônica, abrangendo o sul do Amazonas e do Pará e a maior parte dos estados de Rondônia e Tocantins. É composto de terrenos cristalinos e sedimentares antigos, mais elevados ao sul e em Tocantins.

> **De olho na tela**
>
> **Amazônia eterna.**
> Direção: Belisário Franca, Brasil, 2014. 87 min.
>
> Um documentário sobre a Floresta Amazônica que apresenta projetos com propostas bem-sucedidas do uso da floresta de maneira sustentável, beneficiando diretamente a população local e promovendo boas parcerias econômicas.

Clima

O clima predominante na Amazônia é o equatorial, quente e úmido. Em razão das baixas altitudes e latitudes, a região apresenta elevadas temperaturas médias. A presença de grandes massas líquidas favorece a evaporação, produzindo elevada umidade.

As temperaturas são elevadas o ano todo (médias de 24 °C a 26 °C) e há baixa amplitude térmica, com exceção de algumas áreas de Rondônia e do Acre, onde ocorre o fenômeno da **friagem** – frentes frias vindas do sul do oceano Atlântico penetram no sul do Brasil, prosseguem rumo ao norte, passam por Mato Grosso e, às vezes, atingem esses estados, o que provoca diminuição da temperatura. No inverno, o efeito da friagem dura uma semana ou pouco mais, quando a temperatura mínima chega a 12 °C em Porto Velho (RO) e até 6 °C em Rio Branco (AC).

Amazônia: relevo e hidrografia

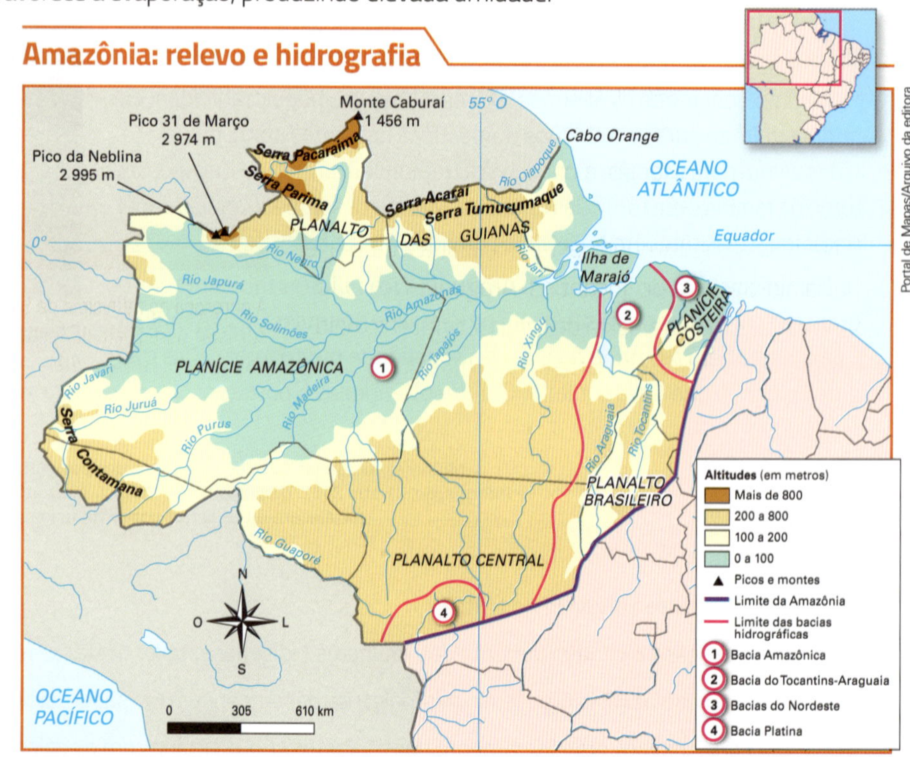

Fonte: elaborado com base em IBGE. *Atlas geográfico escolar*. 7. ed. Rio de Janeiro, 2016. p. 88.

O regime de chuvas na região é bem marcado: há um período seco, de junho a novembro, e outro com grande volume de precipitação, de dezembro a maio. As chuvas provocam mais de 2 mil milímetros de precipitação anual; alguns trechos registram mais de 3 mil milímetros, como o litoral do Amapá, a foz do rio Amazonas e porções da Amazônia ocidental.

As chuvas de convecção, características do clima equatorial, geralmente ocorrem no final da tarde e se formam da seguinte maneira: com o nascer do Sol, a temperatura começa a subir, o que provoca a evaporação. O vapor de água no ar se eleva, formando grandes nuvens. A temperatura diminui à medida que o entardecer se aproxima, levando esse vapor de água a se condensar e a precipitar.

Mácio Ferreira/Arquivo Ag. Pará

Em Belém (PA), as chuvas de convecção ocorrem diariamente, no fim da tarde. Foto de 2016.

Hidrografia

A maior bacia hidrográfica do mundo, a bacia Amazônica, é formada pelo rio Amazonas e seus milhares de afluentes (alguns não catalogados). No rio Uamutã, afluente do Amazonas, está instalada a usina hidrelétrica de Balbina, e em outro afluente, o rio Jamari, está instalada a usina hidrelétrica de Samuel, construída na cachoeira de Samuel.

A grande extensão do rio Amazonas e as boas condições de navegabilidade (é um rio de terras baixas e planas) possibilitaram a construção de três portos para navios de grande porte no curso do rio. Um deles fica no Brasil, na cidade de Manaus.

No rio Amazonas ocorre a **pororoca**, fenômeno natural marcado pelo forte choque resultante do encontro das águas desse rio com as do mar, cujo barulho pode ser ouvido a longas distâncias. Na foz do rio, encontra-se a ilha de Marajó, a maior ilha fluviomarítima do mundo.

Na Amazônia também está localizada boa parte da bacia hidrográfica do Tocantins-Araguaia. No rio Tocantins está instalada a usina de Tucuruí, uma das maiores usinas hidrelétricas do Brasil e do mundo.

Flavio Contente/Futura Press

A pororoca no município de São Domingos do Capim (PA), onde surfistas participam do Festival do *Surf* na Pororoca, que se realiza anualmente. Foto de 2017.

Texto e ação

- Analise o mapa *Amazônia: relevo e hidrografia*, na página 252, e responda:

  a) Que altitudes predominam na Amazônia?

  b) Que cor indica as altitudes acima de 800 metros em relação ao nível do mar?

  c) Que cor indica as áreas menos elevadas da região? Onde elas se localizam?

  d) Quais são as altitudes percorridas pelo rio Xingu, da nascente à foz? O que isso significa?

Geolink 2

Leia o texto a seguir.

Fenômeno dos "rios voadores"

A cordilheira dos Andes é a maior cadeia de montanhas do mundo. Os chamados "rios voadores" encontram nela uma barreira, precipitando-se em suas encostas e formando a cabeceira dos rios amazônicos. Foto de 2015.

Os rios voadores são "cursos de água atmosféricos", formados por massas de ar carregadas de vapor de água, muitas vezes acompanhados por nuvens, e são propelidos pelos ventos. Essas correntes de ar invisíveis passam em cima das nossas cabeças carregando umidade da Bacia Amazônica para o Centro-Oeste, Sudeste e Sul do Brasil. Essa umidade, nas condições meteorológicas propícias, como uma frente fria vinda do sul, por exemplo, se transforma em chuva. É essa ação de transporte de enormes quantidades de vapor de água pelas correntes aéreas que recebe o nome de rios voadores – um termo que descreve perfeitamente, mas em termos poéticos, um fenômeno real que tem um impacto significante em nossas vidas.

A Floresta Amazônica funciona como uma bomba-d'água. Ela puxa para dentro do continente a umidade evaporada pelo oceano Atlântico e carregada pelos ventos alísios. Ao seguir terra adentro, a umidade cai como chuva sobre a floresta. Pela ação da evapotranspiração das árvores sob o sol tropical, a floresta devolve a água da chuva para a atmosfera na forma de vapor de água. Dessa forma, o ar é sempre recarregado com mais umidade, que continua sendo transportada rumo ao oeste para cair novamente como chuva mais adiante. Propelidos em direção ao oeste, os rios voadores (massas de ar carregadas de umidade, boa parte dela proveniente da evapotranspiração da floresta) encontram a barreira natural formada pela cordilheira dos Andes. Eles se precipitam parcialmente nas encostas leste da cadeia de montanhas, formando as cabeceiras dos rios amazônicos. Porém, barrados pelo paredão de 4 mil metros de altura, os rios voadores, ainda transportando vapor de água, fazem a curva e partem em direção ao sul, rumo às regiões do Centro-Oeste, Sudeste e Sul do Brasil e aos países vizinhos.

É assim que o regime de chuva e o clima do Brasil se deve muito a um acidente geográfico localizado fora do país [a cordilheira dos Andes]. A chuva, claro, é de suma importância para nossa vida, nosso bem-estar e para a economia do país. Ela irriga as lavouras, enche os rios terrestres e as represas que fornecem nossa energia. Por incrível que pareça, a quantidade de vapor de água evaporada pelas árvores da Floresta Amazônica pode ter a mesma ordem de grandeza, ou mais, que a vazão do rio Amazonas (200.000 m^3/s), tudo isso graças aos serviços prestados da floresta. Estudos promovidos pelo Inpa [Instituto Nacional de Pesquisas da Amazônia] já mostraram que uma árvore com copa de 10 metros de diâmetro é capaz de bombear para a atmosfera mais de 300 litros de água, em forma de vapor, em um único dia – ou seja, mais que o dobro da água que um brasileiro usa diariamente! Uma árvore maior, com copa de 20 metros de diâmetro, por exemplo, pode evapotranspirar bem mais de 1.000 litros por dia. Estima-se que haja 600 bilhões de árvores na Amazônia: imagine então quanta água a floresta toda está bombeando a cada 24 horas!

Petrobras Educacional. *Fenômeno dos rios voadores.* Disponível em: <http://riosvoadores.com.br/o-projeto/fenomeno-dos-rios-voadores/#prettyphoto[post-65]/0>. Acesso em: 18 jul. 2018.

Agora, responda:

1. O que são os "rios voadores"? Onde eles se formam e por quê?
2. Por que os rios voadores, quando vão para oeste, se desviam e passam a se dirigir para o Centro-Sul do Brasil?
3. Agora imagine que existem cerca de 600 bilhões de árvores na Floresta Amazônica. Sabendo que uma árvore com 10 metros de diâmetro evapotranspira cerca de 300 litros de água por dia e supondo que em média as árvores da floresta tenham 10 metros de diâmetro (algumas têm mais, outras menos), quanta água as plantas liberam para a atmosfera a cada dia?

3 A floresta e seu desmatamento

O bioma amazônico, considerado o de maior biomassa e biodiversidade total do mundo, é importante não só para a região, mas para todo o planeta. Além da Floresta Amazônica, ele inclui uma pequena faixa de Mangue (no litoral) e algumas áreas com vegetação de Cerrado.

O intenso desmatamento tem causado sérios problemas ambientais na Amazônia brasileira. Seja em razão de queimadas (o que é mais comum), seja por causa de motosserras e tratores, os desmatamentos são mais frequentes nos limites da Amazônia brasileira, tanto a leste (Pará e Maranhão), onde as madeireiras se expandem, como ao sul (Mato Grosso e Rondônia). Observe o quadro abaixo.

Degradação florestal na Amazônia Legal (km^2) (2004-2017)

	Anos													
Estados	2004	2005	2006	2007	2008	2009	2010	2011	2012	2013	2014	2015	2016	2017
Acre	728	592	398	184	254	167	259	280	305	221	309	264	372	244
Amazonas	1232	775	788	610	604	405	595	502	523	583	500	712	1129	965
Amapá	46	33	30	39	100	70	53	66	27	23	31	25	17	31
Maranhão	755	922	674	631	1271	828	712	396	269	403	257	209	258	237
Mato Grosso	11814	7145	4333	2678	3258	1049	871	1120	757	1139	1075	1601	1498	1341
Pará	8870	5899	5659	5526	5607	4281	3770	3008	1741	2346	1887	2153	2992	2413
Rondônia	3858	3244	2049	1611	1136	482	435	865	773	932	684	1030	1376	1252
Roraima	311	133	231	309	574	121	256	141	124	170	219	156	202	115
Tocantins	158	271	124	63	107	61	49	40	52	74	50	57	58	26
Amazônia Legal	27772	19014	14286	11651	12911	7464	7000	6418	4571	5891	5012	6207	7893	6624

Fonte: INPE. Disponível em: <www.obt.inpe.br/prodes/index.php>. Acesso em: 11 jun. 2018.

Texto e ação

1› O que aconteceu com o desmatamento na Amazônia Legal no período apresentado no quadro?

2› Que estados da Amazônia Legal mais desmataram no período de 2004 a 2017?

3› O que os números do quadro revelam sobre a degradação florestal em Mato Grosso?

4 Economia regional

Historicamente, a economia da região amazônica se baseou no extrativismo vegetal. Atualmente, porém, a agropecuária é a mais importante atividade econômica. Há, também, alguma industrialização, principalmente em Manaus (AM) e em Belém (PA).

Jose Caldas/Brazil Photos/LightRocket via Getty Images

A agricultura contribui para o desmatamento da Amazônia, como mostra a foto de 2016.

- **Agricultura**: A juta, a pimenta-do-reino e a malva são os três produtos comercialmente mais importantes. A juta e a malva, plantas que produzem fibras utilizadas na indústria têxtil, são cultivadas nas proximidades das cidades de Belém e Manaus. A pimenta-do-reino e a juta foram introduzidas na região por colônias japonesas e são cultivadas em Tomé-Açu (PA) e na Zona Bragantina, área localizada entre Belém e Bragança (PA). Outro produto agrícola que vem avançando na Amazônia, principalmente nas áreas que sofrem desmatamento, é a soja. Também há a produção de banana, coco-da-baía, feijão, mandioca, cana-de-açúcar, além de açaí e guaraná, dois produtos típicos do extrativismo vegetal que passaram a ser cultivados devido ao aumento da procura.
- **Pecuária**: A pecuária, geralmente extensiva e de corte, cresceu muito a partir de 1970, quando se intensificou o processo de derrubada da floresta para plantações de capim, visando à criação de gado para a exportação da carne. As exportações não corresponderam ao esperado, mas, mesmo assim, o capim substituiu a mata em enormes trechos adquiridos por grupos econômicos do Centro-Sul do país e por empresas multinacionais, resultando em enormes taxas de desmatamento da vegetação da região. Na ilha de Marajó, a criação de búfalos tem sido melhorada com a utilização de técnicas modernas.

Tarcisio Schnaider/Shutterstock

Búfalos em região de campos alagados na ilha de Marajó (PA), em 2016.

- **Extrativismo vegetal**: O extrativismo vegetal ou coleta florestal tem na borracha seu produto mais importante, responsável pela fase áurea de prosperidade da Amazônia, entre 1870 e 1910. Após esse período, a região sofreu acentuado declínio econômico em consequência da redução das exportações, ocasionada pela concorrência dos seringais do Sudeste Asiático. Durante a Segunda Guerra Mundial (1939-1945), ocorreu novo impulso dessa atividade na Amazônia, diante da dificuldade de importar esse produto do Sudeste da Ásia, que, na ocasião, era um dos palcos da guerra entre Estados Unidos e Japão. Com o fim da guerra, a situação se normalizou, e as exportações brasileiras de borracha voltaram a cair. Embora praticada de forma rudimentar, a extração da borracha ainda é uma atividade significativa na região, principalmente no Acre.

Minha biblioteca

Macaparana, de Giselda Laporta Nicolelis, São Paulo: Atual, 1988.

O paulista Gerson vai morar com o pai no Amapá e depara com uma realidade de paisagens naturais, atividades econômicas e aspectos culturais muito diferentes da que ele conhecia no Centro-Sul do país.

Outros produtos extrativos fornecidos pela floresta e que possuem certa importância econômica na Amazônia são a castanha-do-pará, produzida sobretudo nos estados do Acre e do Pará, e a madeira, que, diferentemente de outras formas de extrativismo não agressivas ao meio ambiente, causa intenso desmatamento. As empresas madeireiras e serralheiras, algumas delas multinacionais com sede em outros países (principalmente do Sudeste Asiático), multiplicaram-se no sul do Amazonas e do Pará, em Rondônia, no Maranhão e no norte de Goiás e Mato Grosso a tal ponto que algumas espécies vegetais nativas já começaram a ficar escassas.

Zig Koch/Natureza Brasileira

Processo de extração de castanha-do-pará, internacionalmente conhecida como castanha-do-brasil, em Laranjal do Jari (AP), em 2017.

Extrativismo mineral: A mineração tem grande importância para a Amazônia e tende a crescer cada vez mais. Estudos recentes dos recursos minerais da região demonstraram haver abundância de ferro, ouro e manganês, assim como boa possibilidade de existência de cobre, níquel, bauxita, petróleo e gás natural, além do óleo que já é extraído na região, especialmente no estado do Amazonas.

Na atividade mineradora da região, destaca-se a serra dos Carajás, província mineral localizada ao sul de Belém, que possui grandes jazidas de vários tipos de minério, principalmente ferro. A partir de 1985, criou-se nessa área um gigantesco complexo que inclui uma cidade na serra dos Carajás, um sistema de minas de minérios de ferro e bauxita para a produção de alumínio, instalações de beneficiamento e um pátio de estocagem, além da estrada de ferro Carajás, que interliga essa província mineral ao terminal marítimo da Ponta da Madeira, no porto do Itaqui, em São Luís, no Maranhão.

Vizinha a Carajás, também no estado do Pará, está a serra Pelada, onde houve intensa exploração de ouro desde o fim dos anos 1970. Foi considerada, nos anos 1980, a maior mina de ouro a céu aberto do mundo, com cerca de 100 mil pessoas trabalhando direta ou indiretamente na exploração do metal.

Devido à exploração, um enorme buraco foi preenchido pela água das chuvas e resultou num lago poluído por mercúrio. Os graves problemas ambientais ocasionados pelo garimpo não foram os únicos fatores que levaram à diminuição desse extrativismo mineral. Podem ser citados também a queda do preço do ouro no mercado internacional e o esgotamento das reservas mais facilmente exploráveis. Em 2014, anunciou-se a paralisação da exploração por tempo indeterminado.

Nas proximidades da serra Pelada, a partir de 2010, iniciou-se a extração de hematita (minério de ferro), após uma grande empresa obter uma licença ambiental. No Amapá, até o fim dos anos 1990, desenvolvia-se a extração do manganês na serra do Navio, exportado pelo porto de Santana, em Macapá. Praticamente todo o manganês era exportado para os Estados Unidos. A empresa brasileira que realizava a extração dividia 49% de suas ações com uma empresa estadunidense. Essas empresas encerraram suas atividades em 1997, declarando exauridas as minas, pouco antes da entrada em vigor da Lei dos Crimes Ambientais. Com o fim dessa atividade extrativa mineral, a região entrou em decadência e teve como herança rios poluídos e um meio ambiente destruído.

Outra atividade mineradora importante na Amazônia brasileira ocorre em Rondônia, onde se explora a cassiterita (minério de estanho), extraída em áreas próximas à cidade de Porto Velho.

Acervo/Agência Vale

Extração de minério de ferro na serra dos Carajás (PA). Foto de 2016.

Texto e ação

1. Qual é a utilidade da juta e da malva? Onde são cultivadas?
2. Que motivos levaram à diminuição da extração de ouro em serra Pelada?
3. Explique por que a extração mineral tem uma importância cada vez maior na Amazônia. Pesquise em jornais, revistas e na internet as razões desse crescimento.
4. Como a atividade pecuária na Amazônia contribui para o desmatamento de sua vegetação original?
5. A sua família utiliza produtos da agricultura da Amazônia? Quais?

CONEXÕES COM MATEMÁTICA, HISTÓRIA E CIÊNCIAS

Leia o texto a seguir.

Terra barata leva soja ao extremo Norte do Brasil

A regularização ambiental e fundiária e a viabilidade do cultivo da soja no Norte do Brasil transformam a região em terra de oportunidades. Com a lucratividade da *commodity* e a promessa de investimentos em portos, rodovias e hidrovias, os preços do hectare agrícola em estados como Roraima, Pará e Amapá dispararam e acumulam alta de três dígitos nos últimos cinco anos. Apesar do aumento, os valores das fazendas com potencial para a atividade ainda são baixos se comparados aos registrados no Sul, onde estão as terras mais caras do país.

Atualmente, com o valor desembolsado para a compra de um hectare em Cascavel (Oeste do Paraná) é possível arrematar 21 hectares no Amapá, 17 hectares em Roraima ou seis hectares no Pará [...]

A infraestrutura precária – em muitos locais ainda há problemas no fornecimento de energia, por exemplo – e o isolamento geográfico não limitam o potencial de valorização das áreas agrícolas na ponta superior do mapa brasileiro, garante José Vicente Ferraz, diretor da consultoria responsável pelo levantamento de preços. [...]

O principal fator que torna o Norte do Brasil um solo fértil para investidores do agronegócio é a transformação da região em um grande polo logístico, salienta o especialista. Ao menos seis grandes projetos portuários estão saindo do papel no chamado Arco Norte, que começa em Rondônia e segue até o Maranhão. [...]

Longe do restante do país e com infraestrutura em construção, a agricultura mostra-se lucrativa no extremo Norte do Brasil. A renda bruta inicial da soja chega a R$ 2,45 mil por hectare, um terço acima dos custos operacionais [...].

Essa receita bruta é maior que o preço da terra em Santarém (PA) ou Macapá (AP), por exemplo. Os demais custos impedem que uma fazenda seja quitada logo no primeiro ano.

Gasta-se cerca de R$ 1 mil por hectare no primeiro preparo do solo (abertura e adubação). É preciso considerar ainda que, normalmente, só metade da área de uma fazenda é cultivável (metade é floresta).

Na segunda safra, com o aumento da produtividade de 35 para até 50 sacas/ha, o faturamento chega a R$ 3,5 mil/ha. E quem registra esse avanço pode quitar a terra em três anos.

RIBEIRO, Cassiano. Terra barata leva soja ao extremo Norte do Brasil. *Gazeta do Povo*, 16 set. 2014. Disponível em: <www.gazetadopovo.com.br/agronegocio/agricultura/terra-barata-leva-soja-ao-extremo-norte-do-brasil-6i04a71ojsl7gffb75g2zbspl>. Acesso em: 11 jun. 2018.

Preços de terras agrícolas, em R$ por hectare (2009-2014)

	2009	2010	2011	2012	2013	2014	Variação (%)
Boa Vista (RR)	1190	1283	1517	1817	2208	2400	102
Redenção (PA)	2320	2050	2917	3500	4117	4900	111
Santarém (PA)	800	969	1834	2576	3900	6500	713
Macapá (AP)	800	942	1333	1517	1975	1900	138
Uruçuí (PI)	4550	4375	4983	6867	8267	10000	120
Alta Floresta (MT)	3000	3150	3883	5383	6412	7000	133
Sinop (MT)	7480	7400	9083	12083	14740	18000	141
Ponta Grossa (PR)	16000	14500	16667	21583	27167	29000	81
Cascavel (PR)	24200	23500	26525	31500	38500	41000	69
Londrina (PR)	19700	19667	21717	25333	32250	33500	70

Fonte: *Gazeta do Povo*, 16 set. 2014. Disponível em: <www.gazetadopovo.com.br/agronegocio/agricultura/terra-barata-leva-soja-ao-extremo-norte-do-brasil-6i04a71ojsl7gffb75g2zbspl>. Acesso em: 11 jun. 2018.

Agora, responda:

1. Com base no que você estudou, por que o cultivo da soja se expande no Brasil?
2. Qual é o grande atrativo do extremo norte do país para essa nova área de fronteira agrícola da soja – isto é, área de expansão desse cultivo?
3. Observe o preço do hectare de terra rural no sul do país (Cascavel-PR), nas áreas de Cerrado do Nordeste (Uruçuí-PI), no Brasil central (Sinop-MT) e na região de fronteira agrícola no extremo norte (Boa Vista, Macapá e Redenção).
   - **a)** Onde o preço é maior? Onde é menor?
   - **b)** No período indicado no quadro, onde o valor do hectare foi mais valorizado?
4. Quais são os aspectos negativos – econômicos e ambientais – dessa expansão do cultivo da soja na região?

ATIVIDADES

+ Ação

1› A Secretaria de Estado do Turismo do Amapá (Setur) reconhece cinco grandes polos turísticos nessa unidade da federação brasileira. Vamos conhecer um deles?

Macapá, o meio do mundo é aqui!

"Se no mundo existe um meio, ele fica em Macapá". É com esse *slogan* que a Secretaria de Turismo define o Polo Meio do Mundo, uma das atrações mais frequentadas de toda a região Norte. O Polo é conhecido por ser dividido entre o hemisfério norte e o hemisfério Sul, por meio da famosa linha do equador, fazendo com que você, com um simples passo, consiga atravessar o hemisfério enquanto se diverte no Amapá.

O lugar é repleto de atrações como o Marco Zero, que é um imenso relógio de 20 metros de altura, que simboliza a divisão dos hemisférios. [...]

Mas o Polo Meio do Mundo também tem uma atração fenomenal no Equinócio de Primavera. Nas datas 23 de setembro e 21 de março, ocorre um movimento natural. Em ambas as datas, o dia e a noite possuem exatamente 12 horas, pois a luz solar incide igualmente nos dois hemisférios, exatamente onde a linha do Equador está localizada; sendo assim, quem fica justamente em cima da linha do equador, tem a oportunidade de ver o dia e a noite de apenas um lugar, o que é bastante curioso, já que isso só é possível para quem visita o Polo Meio do Mundo. [...]

Polo Meio do Mundo – Amapá. *Veja no Mapa*. Disponível em: <http://vejanomapa.net.br/polo-meio-mundo-ap>. Acesso em: 10 jun. 2018.

Agora, responda:

a) Explique por que o Polo Meio do Mundo é uma grande atração turística no Amapá e na região Amazônica.

b) Macapá fica realmente no "meio do mundo"? Por quê?

c) Com base no texto e no que você já aprendeu, o que acontece na linha do equador nos equinócios?

2› Tráfico de animais é todo comércio ilegal de espécies da fauna que vivem fora do cativeiro. Sobre o assunto, leia o texto abaixo.

A apreensão de animais silvestres abatidos foi uma das principais ocorrências atendidas pelo Batalhão de Policiamento Ambiental do Amazonas durante o primeiro semestre deste ano (2013). Foram 6 toneladas e 193 kg apreendidos em diferentes cidades e na capital do Estado. [...]

A estatística do Batalhão Ambiental também destaca a apreensão de 454 quelônios, soltura de 6 430 quelônios e 6 200 alevinos de aruanã. [...]

Quase 23 mil kg de peixes, 107 kg de carvão e 525 metros cúbicos de madeira também foram apreendidos no período. As apreensões resultam de 1 964 ocorrências atendidas, conforme o relatório de atividades do primeiro semestre. [...]

O tenente-coronel Flávio Diniz acredita que a diminuição de ocorrências danosas ao ambiente está relacionada à educação do povo amazonense. Para ele, o melhor seria o caminho da prevenção, e não da repressão. "As pessoas têm que respeitar a natureza. Nossa região é enorme e dificulta um pouco o nosso trabalho, mas é preciso atuar para conservar o nosso grande forte que são os milhares tipos de árvores e animais, além da nossa água doce", concluiu.

MEDEIROS, Girlene. 1º semestre tem apreensão de seis toneladas de animais abatidos, no AM. *G1*, 12 out. 2013. Disponível em: <http://g1.globo.com/am/amazonas/noticia/2013/10/1-semestre-tem-apreensao-de-seis-toneladas-de-animais-abatidos-no-am.html>. Acesso em: 10 jun. 2018.

Agora, responda:

a) A dimensão territorial do Amazonas facilita ou dificulta o combate ao tráfico de animais silvestres?

b) Em sua opinião, o tráfico de animais silvestres é uma das causas da extinção de espécies da fauna da Amazônia? Explique sua resposta.

c) Em sua opinião, como a educação da população do Amazonas poderia "diminuir as ocorrências danosas ao ambiente"? Compartilhe com os colegas.

Autoavaliação

1. Quais foram as atividades mais fáceis para você? Por quê?
2. Algum ponto deste capítulo não ficou claro? Qual?
3. Você participou das atividades em dupla e em grupo e expressou suas opiniões?
4. Como você avalia sua compreensão dos assuntos tratados neste capítulo?
   - » **Excelente**: não tive dificuldade.
   - » **Bom**: consegui resolver as dificuldades de forma rápida.
   - » **Regular**: tive dificuldade para entender os conceitos e realizar as atividades propostas.

Lendo a imagem

- Observe as imagens a seguir. A que tema as charges fazem referência? Compartilhe com os colegas o que entendeu de cada uma delas.

Dalcio/Acervo do cartunista

AMAZÔNIA

Jean Galvão/Folhapress

O Brasil em revista

Ao longo da Unidade 4, você estudou as regiões brasileiras e já sabe as diferenças entre a regionalização proposta pelo Instituto Brasileiro de Geografia e Estatística (IBGE) e a proposta pelo geógrafo Pedro Geiger. A primeira divide o Brasil em cinco regiões: Norte, Nordeste, Centro-Oeste, Sudeste e Sul. Já a segunda regionalização divide o território brasileiro em apenas três regiões: Amazônia, Nordeste e Centro-Sul.

Você também já sabe que o Brasil é um país com diversificadas características econômicas, sociais, culturais e físicas. Observe algumas manifestações culturais bastante conhecidas das diversas regiões do país.

Bruno Zanardo/Fotoarena

O Festival Folclórico de Parintins é uma festa a céu aberto realizada anualmente no último fim de semana de junho do município de Parintins (AM). A festa é bastante apreciada no Norte do Brasil e atrai turistas do mundo inteiro. Na foto, apresentação do Auto do Boi, no Bumbódromo, em Parintins (AM), em 2018.

Lula Castello Branco/ASCOM

Coco de Roda é um ritmo típico do Nordeste brasileiro. A batida dos pés é marcante. A foto mostra o Festival de Coco de Roda em Maceió (AL), em 2015.

Marco Antonio Sá/Pulsar Imagens

A Congada ou Dança do Congo é uma festa afro-brasileira bastante popular na região Centro-Oeste: com dança e canto, o bailado encena a coroação de um rei do Congo. Seu enredo também conta a vida de São Benedito. Na foto, Congada em Vila Bela (MT), em 2014.

CP DC Press/Shutterstock

O Brasil é famoso pelas escolas de samba e pela exuberância do Carnaval. A festa é apreciada não somente na região Sudeste, mas em todo o país. Na foto, ala das baianas em apresentação de escola de samba no Rio de Janeiro (RJ), em 2017.

Para iniciar o projeto, junte-se a três ou quatro colegas. Em grupo, respondam:

- Com base no que aparece na mídia (rádio, televisão e internet), que imagens vêm à mente quando vocês pensam na região
  - Norte?
  - Sul?
  - Nordeste?
  - Sudeste?
  - Centro-Oeste?

Tomem nota de todos os pontos levantados pelos integrantes do grupo.

Gerson Gerloff/Pulsar Imagens

Apresentação da dança pau-de-fita em festa gaúcha em Santa Maria (RS), em 2017.

Agora, reflitam: Será que o que a mídia apresenta sobre as regiões brasileiras consegue abarcar todas as características que as regiões realmente apresentam?

Por exemplo, é comum que as pessoas pensem na região Sudeste, especialmente no estado de São Paulo, como uma área próspera e de desenvolvimento econômico constante. Entretanto, na região Sudeste há áreas bastante carentes.

O intuito deste projeto é pesquisar aspectos menos noticiados de cada região. Depois, cada grupo montará uma revista com as informações que descobriram.

Vamos começar!

Etapa 1 – O que fazer

Após a conversa inicial do grupo, escolham uma região brasileira para pesquisar.

A respeito da região escolhida, pensem nas notícias que vocês mais ouvem sobre ela e o que ainda não sabem, mas gostariam de descobrir.

Então, elenquem pelo menos quatro aspectos dessa região sobre os quais vocês gostariam de saber e que não são tão noticiados pela mídia. Vocês podem escolher temas de cultura, belezas naturais, patrimônios históricos, folclore, lazer, política, clima, etc.

Pesquisem sobre os temas escolhidos.

Etapa 2 – Como fazer

Após a realização das pesquisas sobre o(s) tema(s) escolhido(s), organizem a elaboração de uma revista. Juntem as informações pesquisadas, troquem ideias e combinem os artigos, notícias ou reportagens que vão escrever.

Cada notícia, reportagem ou artigo deve ser acompanhado de imagens (fotografias, mapas ou ilustrações).

Deem um nome para a revista.

Lembrem-se de que, além dos artigos, a revista deve ter uma capa e um sumário.

Etapa 3 – Apresentação

Em data combinada com o professor, cada grupo deverá apresentar para a turma a revista criada.

Informem aos colegas qual foi a região escolhida, quais assuntos motivaram a pesquisa e que informações encontraram.

Socializem a revista com a turma para que todos possam ler e observar as imagens.

Após o intercâmbio das revistas na turma, vocês vão perceber que sabem mais sobre as regiões do Brasil do que antes do projeto.

Bibliografia

AB'SABER, A. N. *Amazônia:* do discurso à práxis. São Paulo: Edusp, 2001.

_________. *Brasil:* paisagens de exceção. São Paulo: Ateliê, 2017.

_________. *Os domínios de natureza no Brasil:* potencialidades paisagísticas. 6. ed. São Paulo: Ateliê, 2010.

AFFONSO, R. de B.; SILVA, P. L. (Org.). *Federalismo no Brasil:* desigualdades regionais e desenvolvimento. São Paulo: Fundap/Unesp, 1995.

AGÊNCIA NACIONAL DE ÁGUAS (ANA). *Conjuntura dos recursos hídricos no Brasil:* 2017. Brasília: MMA/ANA, 2017.

ANDRADE, M. C. de. *A terra e o homem no Nordeste.* São Paulo: Cortez, 2005.

CAMPANHOLA, C.; GRAZIANO DA SILVA, J. *O novo rural brasileiro:* novas atividades rurais. Brasília: Embrapa Informação Tecnológica, 2004. v. 6.

CARVALHO, J. M. de. *Cidadania no Brasil:* o longo caminho. Rio de Janeiro: Civilização Brasileira, 2001.

CLASTRES, P. *A sociedade contra o Estado:* investigações de Antropologia política. Porto: Edições Afrontamento, 1979.

CUNHA JÚNIOR, H. *Tecnologia africana na formação brasileira.* Rio de Janeiro: CEAP, 2010.

GONÇALVEZ, C. W. P. *Amazônia, Amazônias.* São Paulo: Contexto, 2001.

HAESBAERT, R. *Regional-global:* dilemas da região e da regionalização na Geografia contemporânea. Rio de Janeiro: Bertrand Brasil, 2010.

JARMAN, K.; SUTCLIFFE, A. *Agriculture and Rural Issues.* London: Simon Ross, 1990. (Longman Co-Ordinated Geography).

KREIN, J. D.; WEISHAUPT, P. M. *Economia informal:* aspectos conceituais e teóricos. Brasília: OIT, 2010. (Trabalho Decente no Brasil; Documento de Trabalho, n. 4).

KRUGMAN, P. *Desarrollo, geografía y teoría económica.* Barcelona: Antoni Bosch, 1997.

_________; FUJITA, M.; VENABLES, A. J. *Economia espacial.* São Paulo: Futura, 2002.

LEVINAS, I. et al. *Reestruturação do espaço urbano e regional do Brasil.* São Paulo: Annablume, 2002.

LIMA, R. C. *Pequena história territorial do Brasil:* sesmarias e terras devolutas. 4. ed. Brasília: ESAF, 1988.

OLIVEIRA, F. de. *Elegia para uma re(li)gião.* 6. ed. Rio de Janeiro: Paz e Terra, 1993.

PATERSON, J. H. *Terra, trabalho e recursos:* uma introdução à Geografia econômica. Rio de Janeiro: Zahar, 1982.

PEARCE, D. *Geografia do turismo.* São Paulo: Aleph, 2003.

PIERRON-BOISARD, F. *Espaces & civilisations.* Paris: Belin, 1987.

PIFFER, M.; FURLAN, S. A. *Amazônia:* preservação natural e cultural. São Paulo: Editora Brasileira, 2018.

RIBEIRO, A. C. T. et al. *Brasil, território da desigualdade.* Rio de Janeiro: Zahar, 1991.

RIBEIRO, D. *O povo brasileiro:* a formação e o sentido do Brasil. 2. ed. São Paulo: Companhia das Letras, 1995.

ROSS, J. L. S. (Org.). *Geografia do Brasil.* 8. ed. São Paulo: Edusp, 2011.

RUBENSTEIN, J. M. *Cultural Landscape.* 11. ed. London: Prentice Hall, 2013.

SACHS, I.; WILHEIM, J.; PINHEIRO, P. S. (Org.). *Brasil:* um século de transformações. São Paulo: Companhia das Letras, 2001.

SANTOS, M. *Pensando o espaço do homem.* São Paulo: Edusp, 2004.

_________; SILVEIRA, M. L. *Brasil:* território e sociedade no início do século XXI. 13. ed. Rio de Janeiro: Record, 2011.

THE WORLD BANK. *World Development Indicators,* 2018.

TUAN, Y. *Espaço & lugar.* São Paulo: Difel, 1983.

UNWIN, T. *El lugar de la Geografía.* Madrid: Cátedra, 2007.

VENTURI, L. A. B. *Ensaios geográficos.* São Paulo: Humanitas, 2008.

VOGT, C.; FRY, P. *Cafundó:* a África no Brasil. 2. ed. Campinas: Unicamp, 2014.